基本情報技術者【科目B】

ステップアップ方式で
はじめてでも楽々！

# ゼロからわかる
# アルゴリズムと擬似言語

オールカラー

イエローテールコンピュータ●著
角谷一成●監修

# はじめに

初めまして、ようこそ！

本書は基本情報技術者試験の資格取得を目標に学習する方に向けた、科目B受験用の対策参考書です。プログラミング初挑戦の方を想定しており、コンピュータとプログラムがどのように連係して動くのか、普通のプログラム言語の入門書では省かれる「大前提」から解説を始めています。一つひとつの命令をていねいに説明するところから始めて、できるだけ問題文のプログラムとにらめっこする時間が少なくて済むように、色を使い分け、図をたくさん使って、パッと見てわかりやすいように解説を工夫しました。

ついでに、ちょっとだけ予備知識……。本書の書名にもなっている「アルゴリズム」とは、コンピュータに処理させる命令の内容とその手順のこと。プログラムを書く前に、まずアルゴリズムを考える必要がありますが、これがきちんとできていないと、正しく動作するプログラムにはなりません。

もちろん、プログラム言語の文法を知って、使いこなすことも必要ですが、プログラミングのベースとなるスキルは、アルゴリズムを考える能力なのです。本書では、基本情報のアルゴリズム問題に出題される仮想のプログラム言語「擬似言語」を使って、アルゴリズムの考え方を解説しています。

また、すでにプログラム言語の習得経験のある方には、科目Bのアルゴリズム問題攻略に的を絞った徹底対策本としても使える内容にもなっています。

擬似言語は、一般的なプログラム言語がもつ基本的な機能のみに仕様を絞り込んだ仮想言語です。Java風やPhython風、C言語風な文法が一部取り入れられてはいますが、実際のプログラム言語とは少しずつ異なるルールで出題されています。したがって、プログラム言語の経験者であっても、別途習得して慣れておくことが必要になるのです。

# CONTENTS

## 第5章 仕様があいまいな擬似言語文法



## 第6章 オブジェクト指向プログラミング

## 第8章 探索と整列のアルゴリズム



## 第9章 数理と情報に関するアルゴリズム

GUIDANCE

# 本書の使い方

## 「科目B」とはどんな試験？ 何が出題されるの？

科目Bは2023年から新しく始まった試験科目で、基礎知識を問う科目Aとともに、基本情報技術者試験は2科目で構成されています。

科目Bではプログラミングの基礎技能を問うアルゴリズム問題が出題されており、試験用に定義された擬似言語（仮想のプログラム言語）のプログラムとして出題されます。受験者は擬似言語の文法を知ったうえで、擬似言語プログラムからアルゴリズムを読み取って、擬似言語の命令を書くスキルが問われることになります。

擬似言語は、一般的なプログラム言語にも似ていますが、文法仕様が簡略化されているため、問題ごとに示される臨時ルールが多数存在します。また、プログラムには、JavaやPython、C言語やC++などの言語独自の文法なども見え隠れしています。このように、問題によって異なる点が多い試験の対策では、さまざまなパターンを事前に習得しておくほど、試験本番でもスムーズに問題が解けるようになってきます。

## ここが科目B受験の大変なところ！

科目Bで合格点を取るための対策として重要なのは、試験時間を意識した演習をしておくこと。本番の試験は20問のうちアルゴリズム問題は16問で、セキュリティ問

基本情報技術者試験の概要

| 科目名 | 試験時間 | 問題数 | 基準点／配点 | 出題内容 |
|---|---|---|---|---|
| 科目A | 90分 | 60問 | 600点／1000点満点 | 情報技術全般やシステム開発のマネジメント、一般的な業務に関する基礎知識 |
| 科目B | 100分 | 20問 | 600点／1000点満点 | 基本的なプログラミングの能力や、情報セキュリティの確保に関わる基礎的な技能 |

科目A・科目Bともに
基準点以上なら
合格だよ！

題を含めて20問を100分で解くのですから、単純に割ると1問に使える解答時間はわずかに約5分。その時間内で、問題文の意図を理解し、プログラムを把握し、解き方を判断して答えを出さなくてはなりません。そのため、事前対策として出題頻出の高いテーマを扱った問題を解き、経験値を増やしておかないと、試験本番ではアッという間に時間が過ぎてしまいます。

また、試験は科目A・Bともにディスプレイ上で問題が表示され、選択肢のクリックで解答します。出題されたプログラムを読解するときには、紙ベースの試験のようにメモが書けない(色マーカーの表示のみ可)ため、とてもやりずらいものです。どうしてもというときは、試験会場で渡されるメモ用紙に、プログラム各行の冒頭だけを書き写して、そこにメモするという裏技もあります。

ただし、メモ書きに使える時間はごくわずかですから、やはり事前にできるだけ多くの問題を経験して、メモなしで素早くプログラムの構造が読めるように、トレーニングしておく必要があります。

## 本書を使った学習のポイント

例題や演習問題の解説文を読み終わると、解けた！という気分になりますが、それだけではすぐに解き方を忘れてしまいますし、応用的な問題が出たときに対応ができません。試験本番では自力で解けるよう、「この命令文を使うんだ！」「ここが間違いポイントだぞ」と、自分なりの情報を発掘しながら読んでみてください。

もし余裕ができたら、少し時間をおいて、今度は解説を読まずに、提示されたプログラムが読めるか、空欄になっている命令が埋められるかを試してみるとよいでしょう。この演習でグッと解答スキルが上がり、時間も短縮できるはずです。

次ページに、本書の各章がどんな目的で何が書かれているのか、ポイントまとめておきます。近い将来、お手元に基本情報技術者試験の合格証書が届くことを願っています。

# 各章の学習ポイント

| | |
|---|---|
| 第1章<br>**アルゴリズム・はじめの一歩**<br>➡p.11 | アルゴリズム習得のための、準備を行う章です。いろいろな処理に使われる基本的なアルゴリズムのパーツ（代入・順次・選択・繰返し）と、アルゴリズムを見やすく表現する流れ図の読み書きを解説します。 |
| 第2章<br>**擬似言語のルールを知ろう**<br>➡p.39 | 科目Ｂのアルゴリズム問題は、擬似言語プログラムの形で出題されます。本章では、擬似言語のルール（仕様）にのっとって、第１章で説明したアルゴリズムのパーツを擬似言語ではどう書くのかを説明しています。 |
| 第3章<br>**擬似言語プログラムのポイント**<br>➡p.71 | 第2章で説明したアルゴリズムのパーツを組み合わせて、具体的な処理目的のあるアルゴリズム（プログラム）を書きます。流れ図も一緒に使いながら、アルゴリズムを擬似言語プログラムに変換する作業に慣れていきます。 |
| 第4章<br>**試験問題に慣れていこう**<br>➡p.97 | 同じ擬似言語プログラムの問題でも、計算処理の方法を考えさせたり、提示されたプログラムの不備を見つけさせたりとさまざまです。第４章では、どんな問われ方があるのか、いろいろなパターンの問題を見ていきます。 |
| 第5章<br>**仕様があいまいな擬似言語文法**<br>➡p.123 | 擬似言語の仕様はシンプル&アバウトなので、仕様に定義されていなくても、プログラムの中にはあたりまえのように使われているルールが潜んでいます。この章では、それらの隠されたルールを解説します。 |
| 第6章<br>**オブジェクト指向プログラミング**<br>➡p.145 | 擬似言語プログラムには、クラスやインスタンスと呼ばれる便利な概念を使った、オブジェクト指向言語の概念も取り入れられています。ここでは、試験のプログラムに示されている範囲で、オブジェクト指向のルールとそれらを使った問題を取り上げます。 |
| 第7章<br>**データ構造の種類とアルゴリズム**<br>➡p.167 | 第7章からは、よく出題されるテーマを取り上げて解説します。本章では、配列を手始めに、スタックやキューなど、科目Ａでもよく出題されているデータ構造を扱うアルゴリズムを説明します。 |
| 第8章<br>**探索と整列のアルゴリズム**<br>➡p.213 | データを値の順に並べ替えたり（整列）、ある文字列を探したり（探索）は、業務でもよく使うデータの操作ですが、いろいろなやり方（アルゴリズム）があります。ここでは、よく出題されている探索と整列のアルゴリズムを紹介します。 |
| 第9章<br>**数理と情報に関するアルゴリズム**<br>➡p.235 | 集合の考え方を応用した論理演算や、グラフ（経路図）をプログラムで扱う問題など、問題を解くにはベースとなる知識が必要なテーマを集めました、。処理が複雑でプログラムも長めなので、科目Ｂ対策の総仕上げとしてチャレンジしましょう。 |

第1章

# アルゴリズム・はじめの一歩

テーマ

# 1-1 コンピュータとプログラムの関係

アルゴリズムを考えることは、コンピュータの機能を理解し、行わせる動作を考えてプログラムを設計すること。このテーマでは、コンピュータがもつ機能と、それを動かすプログラムの関係を解説します。

## 「コンピュータ」ってどんなもの?

“コンピュータ”と聞いて、すぐに思いつくのはノートパソコンやタブレットなどでしょう。もちろんスマホもコンピュータの仲間に含まれています。見た目も用途も違うのに、コンピュータに分類されるのはなぜでしょう?

大まかにいうと、人の頭脳に該当するCPU(Central Processing Unit; 一般的には「プロセッサ」と呼ばれる)を備え、CPUの働きによってデータを加工したり(計算など)、関連する機器になんらかの動作を行わせたり(プリンターに印刷させるなど)する装置をコンピュータと呼んでいます。

### ●コンピュータを動かすには「プログラム」が必要

コンピュータの大きな特徴はもう一つあり、「プログラムに書かれた命令によって動作する」ということです。CPUには、「足し算を行う」、「データを移動する」といった

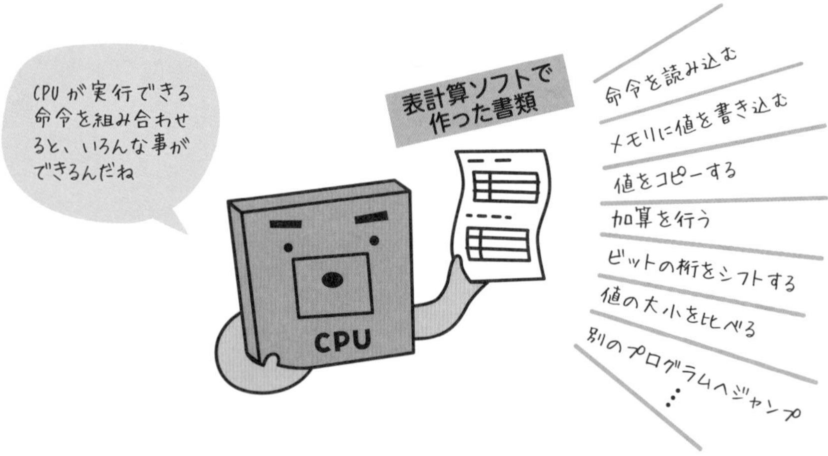

機能が備えられており、それらの機能を動作させるための**命令**があらかじめ決められています。その命令をうまく組み合わせて、目的を果たせるように書き連ねたものがプログラムということです。

実際のところ、CPUは電卓や炊飯器にも搭載されており、内蔵されている専用のプログラムで動いています。ただし、一般的には「異なるプログラムに交換することで、さまざまな処理を行うことができるもの」がコンピュータと認識されているので、機能の範囲が限られた、専用機として機能するものはコンピュータの仲間には含めません。

なお、形があって動きのある機能をもつ装置や部品のことを**ハードウェア**と呼ぶのに対して、見た目の形はなくデータとして保存されているプログラムのことを**ソフトウェア**と呼んでいます。

## コンピュータは、周辺装置との共同作業で動いている

コンピュータには、CPU以外にも必要な装置がいくつか備えられています。まず、CPUがもつ記憶装置は記憶容量がとても小さく、一時的にしかデータを記憶しておけません。そのため、処理した結果を保存するには、メモリ(メインメモリやハードディスク、SSD)などが別途必要です。また、コンピュータをさまざまな用途で幅広く使うため、必要に応じて専用の装置を繋ぐことで対応しています。例えば、人からの情報をコンピュータに伝えるにはキーボードやマウス、コンピュータからの処理結果を確認するにはディスプレイやプリンターを使います。

このような、コンピュータに内蔵されている装置や、コンピュータに繋いで使う装置は、どれもCPUが統率・制御し、連係して動いています。

## コンピュータのもつ「五つの機能」

どのコンピュータにも備えられている、基本的な機能を果たすための装置を、**五大装置**と総称します。「五大」とは、「①**制御**、②**演算**、③**記憶**、④**入力**、⑤**出力**」という、コンピュータの代表的な五つの機能を指しています。各装置の役割は下図のとおりですが、①**制御装置**と②**演算装置**はCPUを構成する半導体と呼ばれる部品の内部に収められており、③の**主記憶装置**（メインメモリ）や**補助記憶装置**もコンピュータに内蔵されているものがほとんどです。このように、「装置」と呼ばれていても、外見から装置自体の形がわかるのは、④**入力装置**と⑤**出力装置**の一部のみです。

なお、出題範囲を示すシラバスでは、CPUはパソコンなどに搭載されているプロセッサの一般名称、メモリは主記憶装置だけでなく、ハードディスクやSSD、DVDなどのストレージや記録媒体などを含む総称としています。ただし、一般には「**メモリ＝主記憶装置**」、「それ例外の記憶装置＝**補助記憶装置（ストレージ）**」と認識されています。

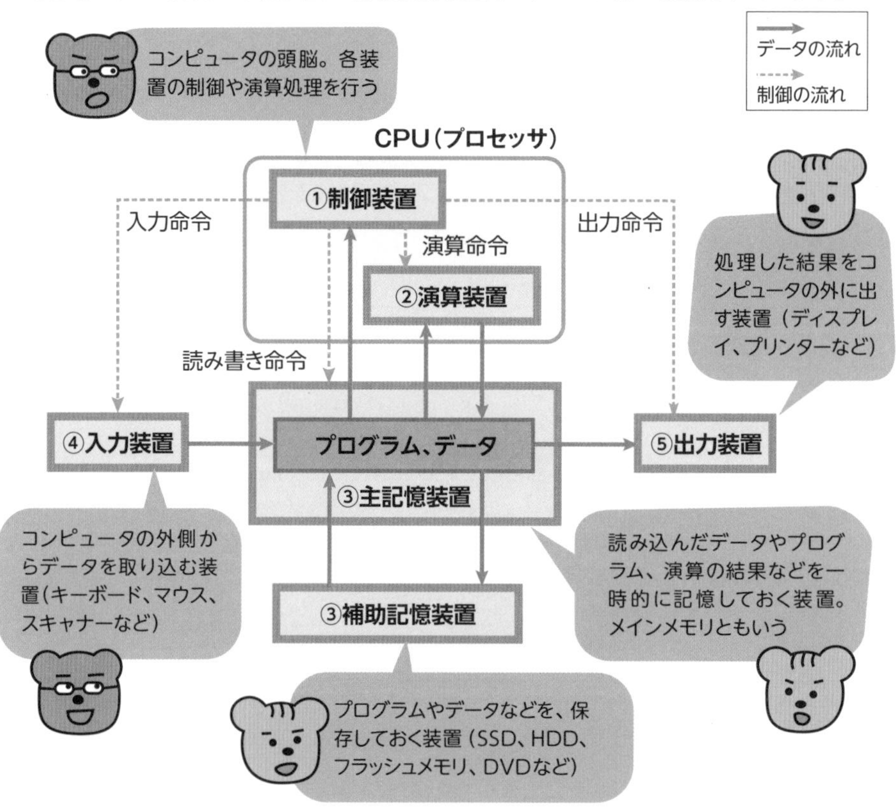


図表1-1-1　コンピュータは五大装置が連係して動作する

## プログラムでコンピュータを動作させる

コンピュータを動作させるにはプログラムが必要なことは、これまでお話ししてきた通りです。**プログラム**とは、コンピュータの動作する手順を一つひとつ指示していくためのもので、決められているルール（文法）にしたがって、命令を書き連ねていきます。

では、プログラムに書かれた命令によって五大装置はどのように動くのでしょうか。その手順を大まかに追ってみましょう。

**手順1** プログラムの起動が指示されると、CPUはプログラムとその処理に必要なデータを補助記憶装置から読み出して、主記憶装置に格納（保存）する。

**手順2** 主記憶装置に格納されたプログラムの命令を一つずつ取り出し、取り出した命令に従って、CPUの制御装置、演算装置、主記憶装置が連係しながら命令を実行していく。

**手順3** 処理の結果は主記憶装置に仮置きされるので、表示命令があればディスプレイに表示を行い、印刷命令があればプリンターなどで印刷する。また結果の保存命令があれば、補助記憶装置にデータやファイルとして書き込む。

図表1-1-2　プログラムの処理手順

### ●プログラム言語とは？

プログラムを作るときは**プログラム言語**を使って書いていきます。プログラム言語にはJavaやC（またはC++）Pythonなど、さまざまな分野で使われる汎用的なものから、特定ジャンルのプログラム作成に向くものまで、たくさんの種類があります。

また、Webページを記述するHTMLや表計算のマクロ、スケッチ用のArduino言語なども、プログラム言語の一つといえるでしょう。

プログラム言語で記述したプログラムをコンピュータが理解できる形にするには、さらにいくつかのプロセスが必要です。もう少し詳しく解説していきましょう。

## プログラムはどうやって作る?

そもそもコンピュータが理解できる情報は、0と1の組合せ(2進数)だけです。人間が2進数で命令を書くのはかなり大変で間違いやすいため、プログラム言語は人の言葉に近い形で書けるようにしてあります。そのため、プログラム言語で書いたプログラムは、コンピュータが理解できる言葉(**機械語**という)に変換する必要があるのです。

### ●機械語に変換するための手順

まず、プログラム言語を使って人が理解しやすいプログラム(**ソースプログラム**、ソースコードともいう)を作ります。それを**コンパイラ**というソフトウェアによってコンピュータが理解できる機械語に変換します(この作業を**コンパイル**と呼ぶ)。

さらに、必要に応じていくつかの機械語プログラムを組み合わせると、コンピュータが実行できる**実行形式プログラム**が完成です。これが、一般に**ソフトウェア**や**アプリ**(正式にはアプリケーションまたはアプリケーションソフトウェア)と呼んでいるものです。

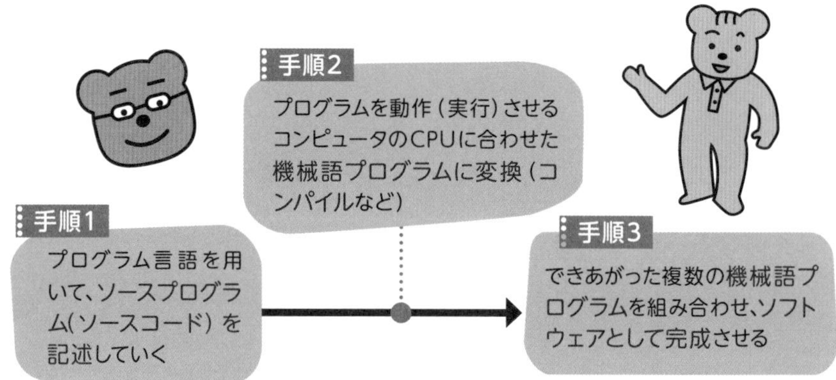


図表1-1-3　プログラムを作るときの手順

## ソフトウェアにはOSとアプリがある

私たちが普段使うソフトウェアは、担当している役割によって、OSとアプリの2種類に分けることができます。

**OS(オペレーティングシステム)**は**基本ソフトウェア**とも呼ばれ、アプリの実行を管理したり、各装置を制御するなど、人がコンピュータを使うための環境を提供してくれるソフトウェアです。コンピュータにアプリの起動を指示した場合、実際にはOSに指示を出して、OSがアプリを起動していることになります。パソコン用のWindowsやMacOS、スマホ用のAndroidやiOSなどが代表的なOSです。

これに対して**アプリ**（**アプリケーション**）は、ユーザの目的や使われる用途に合わせて必要な機能を盛り込んだソフトウェアで、Webブラウザやメールソフト、ワープロソフトや表計算ソフトなど、多種多様なものがあります。

アプリが必要なデータをメモリから読み出したり、処理のための計算にCPUを使ったり、アプリから印刷を行ったりするときなどは、OSがアプリと装置との間を仲介してやり取りする仕組みになっています。

基本情報技術者試験の科目Bで出題される擬似言語プログラムの問題は、このアプリのプログラムを作ることを想定して問題が作られているのです。

図表1-1-4　OSとアプリの役割分担

テーマ 1-2

# アルゴリズムとは手順のこと

私たちは日ごろ「午後は会議だから事務作業は午前中に」など、スムーズに仕事が進むように工夫をしています。アルゴリズムも同様で、素早く正しい結果が出るように実行順序を組み立てる必要があります。

## アルゴリズムとプログラムの関係

**アルゴリズム**は「問題を解決するための手法」を意味する言葉で、情報処理では「求められる機能を実現するためのプログラムの“手順”」を表す用語になっています。

プログラムを作るときは、まずアルゴリズム（使う命令とそれらの命令を組み合わせた処理の流れ）を考えてから、プログラム言語を使ってプログラム（ソースコード）を記述し、テストと修正を繰り返しながら完成させていきます。

アルゴリズムは、なぜこういう手順になっているのかが明確で、わかりやすいロジック（論理構造）でなければなりません。これは、ミス（バグ）の発生防止のために欠かせない重要ポイントです。そのため、下図のような条件を満たすことが求められます。

アルゴリズムを作る段階で、その手順を「どこまで詳細に考えておけば、ちゃんとしたソースコードが書けるの？」と迷ってしまうかもしれません。まずは、アルゴリズムに書かれた一つの処理が、プログラム上の1行に対応すると考えておきましょう。

つまり、アルゴリズムが完成したら“プログラムは出来たも同然”ということ。反対に、アルゴリズムに不備があると、これを基に書いたプログラムは正しく動きません。

**その1　同じ値なら結果は同じ**

「同じデータを処理したのに、1回目に実行したときと、2回目に実行したときの結果が違う」というアルゴリズムでは、信頼できない。

**その2　処理に例外がない**

「通常は正しい値になるけど、ある条件がそろうと間違った結果が出る」というアルゴリズムでは、結果が怖くて使えない。

**その3　必ず正常に終わる**

「いつまで待っても終わらない」、「異常を示す警告が出て終了する」というのでは、そもそもアルゴリズムが成立してない。

図表1-2-1　アルゴリズムに求められること

## プログラムの“命令”って何?

アルゴリズムを作成するには、「プログラムで解決すべき問題」を正確に理解したうえで、解決するための手順を考えます。この先では、例題を使いながら解説を進めていきますが、その前にどんなアルゴリズムにも必ず使われる**変数**と、基本的な命令である**代入**と**選択**について先に説明しておきましょう。

**変数**とは、値を一時的に入れておく器のようなものです。処理に必要な値は変数に入れておき、処理結果は変数で受け取るなど、アルゴリズムやプログラム上では変数を使って値をやり取りします。また、変数は自由に定義することができ、どんな名前（変数名）も付けられますが、後から見てもわかるような名前にしておくとよいでしょう。

### ●“代入”には、いくつかの意味がある

プログラムの１行※には、一つの処理を行うための“**命令**”が書かれています。最もベーシックで単純な命令には、**代入**と**選択**があります。

※命令文が長い場合には、2行に分けて記述することもある。

**代入**は、変数に値を入れる命令で、三つのパターンがあります。一つ目は“変数に新たな値を代入して置き換える（①）”。二つ目は“変数に入っている値を、別の変数の値で置き換える（②）”。三つ目は、“変数の値を使って演算を行い、その結果の値を元の変数の値と置き換える（③）”です。

それでは、使う変数をx, y, zとして、代入の具体例を見ていきましょう。なお、［　　］は命令を実行する前の値、［　　（網掛け）］は命令を実行した後の値を示しています。

**①の例　値３を変数ｘに代入する**

x ← 3

《実行前》 x ［0］

《実行後》 x ［3］

「値を入れる」ってことなんだね

命令は、「変数xに3を代入する」という意味になります。矢印の向きが気になるかもしれませんが、プログラム言語のルールでは、右から左（矢先が左側に付く）に書く方法が一般的なので、こちらに慣れておくほうが実際にプログラミングをするときのミスを減らせます。

この例を見ると、代入は置換えであることがわかります。代入を実行すると、変数xの元の値はなかったことにされ、新しい値に置き換わって上書きされます。

**②の例　変数 y を変数 x に代入する**

x ← y

《実行前》 x [3] y [5]

《実行後》 x [5] y [5]

代入が変数xの値の置換えであるとともに、変数yにも元の値がそのまま残されることから、変数yからxへの値のコピー機能を果たしていることがわかります。

**③の例1　y に 4 を掛けたものを変数 x に代入する**

x ← y × 4

《実行前》 x [5] y [5]

《実行後》 x [20] y [5]

変数yの値を使って演算を行い、その結果を変数xに代入しています。計算は、単純な四則演算のほか、割り算の余りを求める剰余算なども使えます。

**③の例2　変数 x の値に、5 を掛けたものを元の変数 x に代入する**

x ← x × 5

《実行前》 x [20]

《実行後》 x [100]

アルゴリズムやプログラムでよく見かける③の変則パターンです。変数xが←の左と右の2か所に出てきて混乱するかもしれませんが、アルゴリズムやプログラムでは、あたりまえのように登場する書き方なので、慣れておきましょう。

命令の意味は、矢印の右側の変数xの値（元の値）を使って計算を行い、その結果を変数xの新しい値として置き換えるということです。

## ●“選択”は後で実行する処理を振り分けること

もう一つのベーシックな命令である**選択**は、条件によって値を判断した結果で、その後に行う処理を振り分ける機能をもちます。

例えば、「もし変数xの値が1だったら、変数をyを10とせよ」という命令であれば、判断の結果として行われる処理は、次のようになります。

| | x | y | |
|---|---|---|---|
| 《実行前》 | 1 | 5 | |
| 《実行後》 | 1 | 10 | (変数xが1なので、yに10が代入される) |

上記の例は、「変数xの値が1でなかったとき」、つまり「条件にあてはまらなかったとき」は、後の処理(yに10を代入)は行いません。

条件にあてはまらないときは、何もしないんだね

今度は、「条件にあてはまるとき」と「あてはまらないとき」で、処理の方法が二つに分かれる場合を見てみましょう。「もし変数xの値が2だったら変数yを100とし、変数xの値が2ではなかったら変数yを500とせよ」という命令であれば、次のような結果になります。

| | x | y | |
|---|---|---|---|
| 《実行前》 | 3 | 5 | (変数xは2ではないので、 |
| 《実行後》 | 3 | 500 | yに500が代入される) |

さらに、「もし変数xの値が1以上だったら変数yを10に、2以上なら変数yを20に、3以上なら…」と、いくつでも条件を追加して記述することもできます。ただし、処理の分岐が多くなるほどアルゴリズムは複雑になり、プログラムの記述もわかりにくくなっていきます。

## 大まかなアルゴリズムを考えてみる

それでは、次のような「請求金額を求める問題」を使って、実際にアルゴリズムを考えてみましょう。

**例題　「送料を含んだ請求金額の算出」**

**「顧客は三つの商品を購入する。代金の合計金額が5000円以上なら送料の500円を無料とする。購入した各商品の代金は、変数a、b、cに納められており、合計金額に送料を加えた値を請求金額とする。」**

### ①大まかな手順を考える

上記の請求金額を求めるには、どんな処理が必要なのかを考えてみましょう。

手順1　三つの変数a、b、cに格納されている金額を合計する
手順2　合計値が5000円以上なら送料は0円、それ以外なら500円
手順3　合計値に送料を加算し、請求金額を求める

**②どんな変数が必要になる？**

問題文には変数a、b、cしか説明されていませんが、上記の手順から、ほかに必要になりそうな変数をピックアップしてみましょう。

変数“合計”　… 商品の代金を順に合計した結果の値を格納するために使用
変数“送料”　… 送料を格納するために使用
変数“請求”　… “合計”結果に送料を加えた結果の値を格納するために使用

## 言葉を使いアルゴリズムを簡単に書いてみる

それでは、精算金額を求めるプログラムのアルゴリズムを書いてみましょう。ここでは、アルゴリズムの考え方に慣れるために、日本語を交えた簡易的なもので書いてみます。まずは、上記でピックアップした変数を使って、処理内容を整理しておきます。

例題

**「送料を含んだ請求金額の算出」**

**顧客は三つの商品を購入する。代金の合計金額が5000円以上なら送料の500円を無料とする。購入した各商品の代金は、変数a、b、cに納められており、合計金額に送料を加えた値を請求金額とする。**

**手順1　三つの変数a、b、cに格納されている金額を合計する**
**手順2　“合計”が5000円以上なら送料は0円、それ以外なら500円**
**手順3　“合計”に“送料”を加算し、結果の値を“請求”に入れる**

---

**変数“合計”… 変数a～cを順に合計した結果の値を格納するために使用**
**変数“送料”… 送料を格納するために使用**
**変数“請求”… “合計”に“送料”を加えた結果の値を格納するために使用**

アルゴリズムの始めには、処理に使う変数を定義します。**変数の定義**とは、メモリ上に変数の値を格納（保存）する場所（領域）を作っておくことです。

また、あらかじめ変数に入れておく値のことを**初期値**といいます。ここでは、三つの商品の代金を示す変数の初期値を a＝700円、b＝1800円、c ＝2400円とします。なお、記述したアルゴリズムの左端の数字は、説明のために付加した行番号です。

**《変数とその初期値の定義》**

```
1    変数  a ← 700, b ← 1800, c ← 2400, 合計, 送料, 請求
```

変数を使うには、処理より手前であらかじめ定義しておく必要があります。また、このアルゴリズムの例では、変数a、b、cの初期値もここで代入しておきます。

続いて定義した変数を使いながら、処理の手順（命令）を記述します。なお、"/＊"と"＊/"に囲まれた文字列は、処理には影響しないコメント（メモ書き）とします。

**《アルゴリズムの処理部分》**

```
2    合計 ← a              /＊ 変数aに格納されている値を"合計"に代入 ＊/
3    合計 ← 合計＋b         /＊ 変数bに格納されている値を"合計"に加算 ＊/
4    合計 ← 合計＋c         /＊ 変数cに格納されている値を"合計"に加算 ＊/

5    選択  "合計"は5000円以上である
6             送料 ← 0
7    それ以外のとき
8             送料 ← 500

9    請求 ← 合計＋送料      /＊ "合計"と"送料"の加算結果を"請求"に代入 ＊/
```

これで完成です。アルゴリズムが正しいか、変数の値の変化を見ながら確かめてみましょう。なお、色網の ［　　］ は、その行の命令で値が変更されたことを示しています。

1　a ［700］　b ［1800］　c ［2400］
合計 ［　　］　送料 ［　　］　請求 ［　　］

2　a ［700］　b ［1800］　c ［2400］
合計 ［700］　送料 ［　　］　請求 ［　　］

3 a 700 b 1800 c 2400
合計 2500 送料 請求

4 a 700 b 1800 c 2400
合計 4900 送料 請求

8 a 700 b 1800 c 2400
合計 4900 送料 500 請求 ←送料は500円

9 a 700 b 1800 c 2400
合計 4900 送料 500 請求 5400

5000円以下なので

"合計"に
累計されていくね

上図の結果によって、書き出したアルゴリズムが正しいことがわかりました。このように、値を仮定して1行ずつ処理を追いながら変数の値の変化を見ていく（トレース）ことで、実際にコンピュータで動作させなくても、アルゴリズムの内容を確認することができます。

それだけではなく、ていねいに1行ずつ確認していくことで、アルゴリズムを改良できる点に気づくこともあります。9行目の命令を次のように変えると、"合計"が"請求"を兼ねるので、変数"請求"は不要になります。

```
9  合計 ← 合計 + 送料
```

扱う変数の数が減れば、不要な変数の定義をなくし、処理命令ももっとシンプルに書くことができます。ただし、後から見直したり、第三者がこのアルゴリズムを読もうとしたときには、"合計"が"請求"を兼ねていることが、すぐにはわからないかもしれません。

「効率重視」か「わかりやすさ重視」かは、プログラミングの永遠の課題ともいえるのですが、コンピュータの性能が格段に高くなり、多少プログラムが長くなっても処理スピードが落ちることもなくなってきたので、現在ではわかりやすさを優先する考え方が一般的です。

テーマ 1-3

# 流れ図の記述形式と使い方

流れ図は、アルゴリズムをわかりやすく表現するための図式手法です。一見複雑なアルゴリズムも流れ図にすると見やすくなり、ミスの発見も容易になります。簡単な記号の組み合わせなので習得も容易です。

## 「アルゴリズム」はプログラムの設計図

前テーマで例にあげたような比較的単純なアルゴリズムなら、文章で箇条書きにするだけでも処理の抜けや記述のミスは見つけられますが、もっと複雑なアルゴリズムの場合には、よりわかりやすく整理するための方法が必要になります。

**流れ図**は**フローチャート**とも呼ばれ、アルゴリズムを表現する図式手法として定着してきました。大きな特徴は記号の種類が少なく、記述ルールが簡単なこと。この特徴によって、誰でも容易に処理の流れをつかむことができます。基本情報技術者試験でも出題されている手法なので、手早くマスターしておきましょう。

### ●流れ図で用いる記号と使い方

**①端子**

アルゴリズムの開始または終了を示す。

流れ図の始まりに"開始"や"START"、終わりに"終了"や"END"と入れる。また、始まりにサブルーチン名や関数名、終わりに"戻る"や"RETURN"などが書かれることもある。

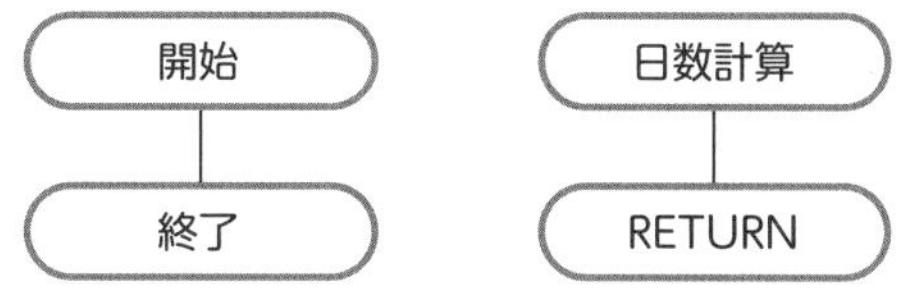


**②処理**

処理内容（代入など）を記述する。処理内容は、言葉で記述されることもある。

計算式を含む代入の処理を記述する。処理が多いときは、一つの記号の中に、複数行でひとまとまりの処理を記述することもできる。

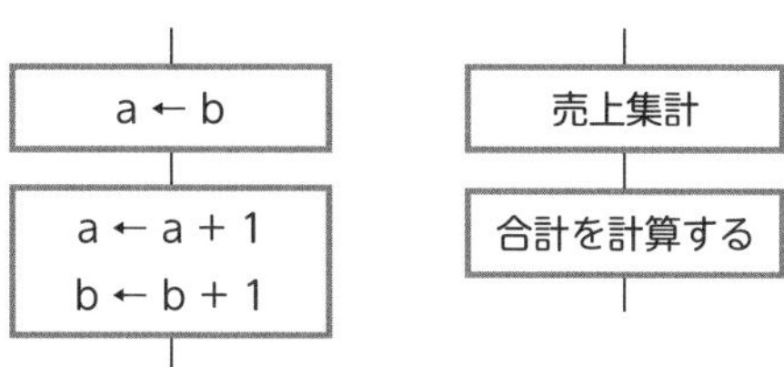

### ③定義済み処理

ほかの場所（プログラムなど）で定義された処理であることを示す。

ほかのプログラムを呼び出して処理を行うときなどに、呼び出すプログラムのプログラム名を記述する。また、括弧内には、データの受け渡しのための変数名（引数）を指定することもできる。

### ④判断

記述された条件で判断し、処理の流れを分ける。

判断に使われる条件は、“Yes”または“No”で判定を選択できる式や言葉で記述する。
3分岐以上の場合は、値の大小の比較を表す“：”を使う形もある。

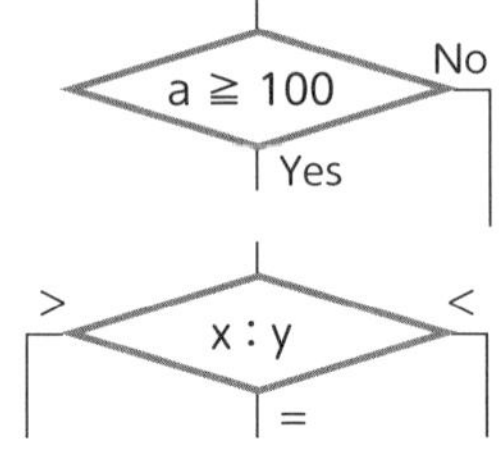


### ⑤線／矢線

各処理の連続性と順序を示すために、処理の記号を線で結ぶ。また、矢線は矢先を付けることで、条件分岐や制御の流れの方向がわかりやすくなる。

基本的には上から下、左から右へ処理が進むので、逆の流れになるときは、矢先を付ける。また、分岐した別の処理から合流する場合も、矢先を付けると流れを追いやすくなる。

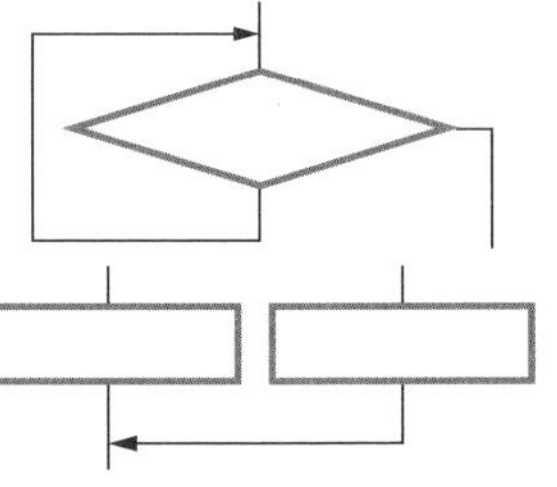

### ⑥入出力

外部（キーボードやファイルなど）からのデータ入力や、外部（プリンターやファイルなど）へのデータ出力を表す。

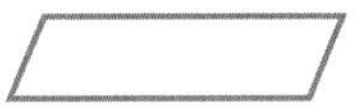

試験に出題される流れ図では、入出力の方式やデバイス（装置）の種類に関係なく、同じ記号を使う。そのため、外部からの入力、または外部への出力であることがわかるように記述して、必要があればコメントを添えておけばよい。

### ⑦ループ端記号

繰返し処理を見やすく表現するための特殊記号。条件に合致する間は、始端と終端の間の処理を繰り返す。

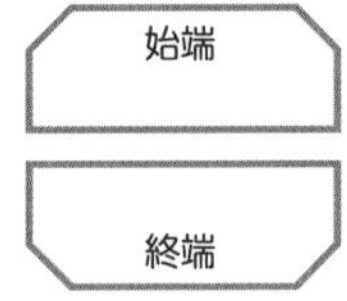


始端と終端はペアで使用し、始端と終端の間に書かれている処理が、繰返し処理の対象になる。前判定の繰返しでは条件を始端側に記述し、後判定の繰返しでは条件を終端側に記述する※。

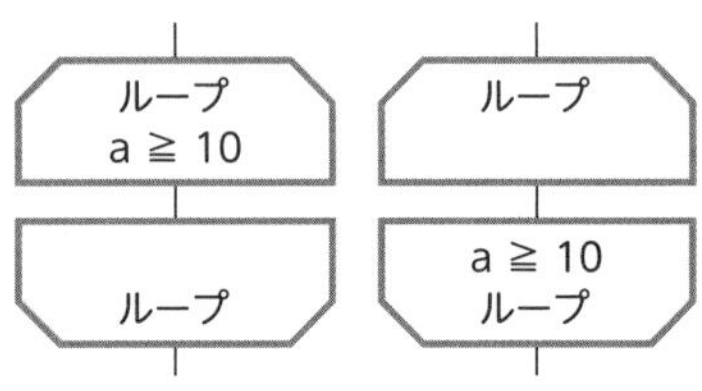


※制御記述による書き方は、第3章で取り上げます。

## アルゴリズムの基本は三つの構造

アルゴリズムのベーシックな処理命令として、p.19～21で“代入”と“選択”を解説しましたが、もう少し実用的な命令を書くには、それらを組み合わせて論理的な処理構造を作る必要があります。

アルゴリズムの処理構造には、**順次**、**選択**、**繰返し**の三つのパターンがあり、これらを**基本制御構造**と呼びます。どんなに複雑なアルゴリズムも、これらの構造の組み合わせによって実現することができるのです。

### ●“順次”構造は上から下へと処理を行っていく

「一つの処理が終了したら次の処理を行う」というように、処理を上から下へと順番に行っていくのが**順次**構造です。流れ図では ▭ （処理記号）を並べることで表すことができ、 ▭ の中に処理内容を記述します。下図の構造では、処理1→処理2→処理3と、連続して処理を行うという意味になります。

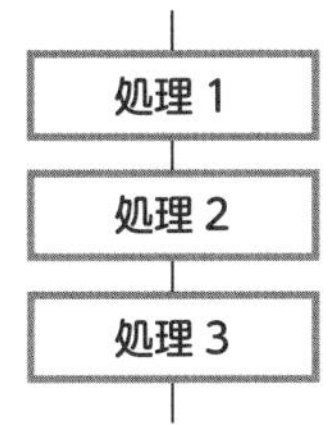


上から下だね

〔使い方〕

処理記号の中に処理内容を記述し、処理の順番にしたがって、上→下に並べて書いていく。

図表1-3-1　順次構造の流れ図

### ●条件に該当するかを判断して、行う処理を変える“選択”構造

**選択**構造は、条件を満たした（Yes）場合には"処理1"を行い、満たさない場合（No）には"処理2"を行うというように、条件によって次に行う処理を変えるときに使うアルゴリズムです。下図では、条件を使って判断を行い（「**評価**」という）、処理1または処理2のいずれかに進みます。

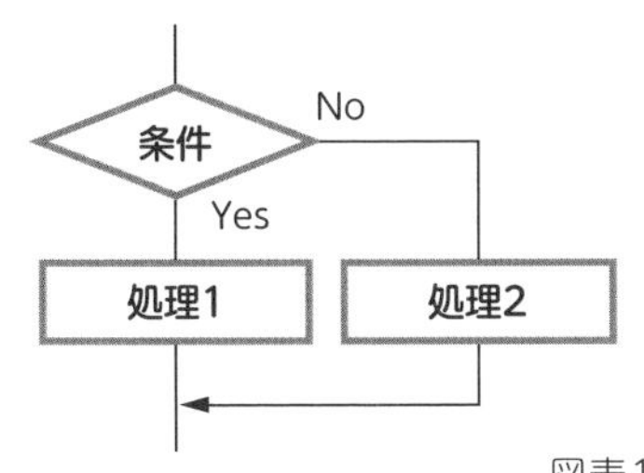


判断の結果で分岐するんだ

〔使い方〕

菱形の記号の中に判断に用いる条件を書き入れ、その条件を満たすときは処理1へ、満たさないときは処理2に進む。

図表1-3-2　選択構造の流れ図

## ●条件が成立する間、同じ処理を繰り返す"繰返し"構造

**繰返し**構造では、条件を満たす状態が続いている間は同じ処理を繰り返す**継続条件**と、条件を満たす状態になったら繰返し処理を終了する**終了条件**の二つがあり、どちらを示しているのかは流れ図や問題文に記載されます。さらに、条件の判断をどの時点で行うかによって、**前判定**と**後判定**の二つの種類に分けられます。

### 《前判定繰返し》

処理に入る前に、繰返し条件の評価を行います。このため、繰返しの内部にある処理が1度も実行されないこともあります。

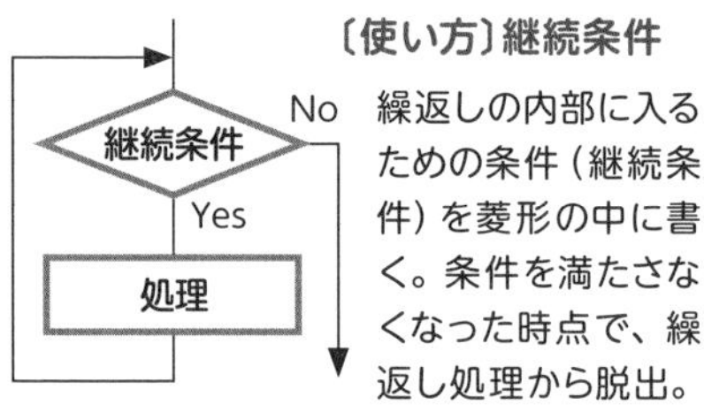


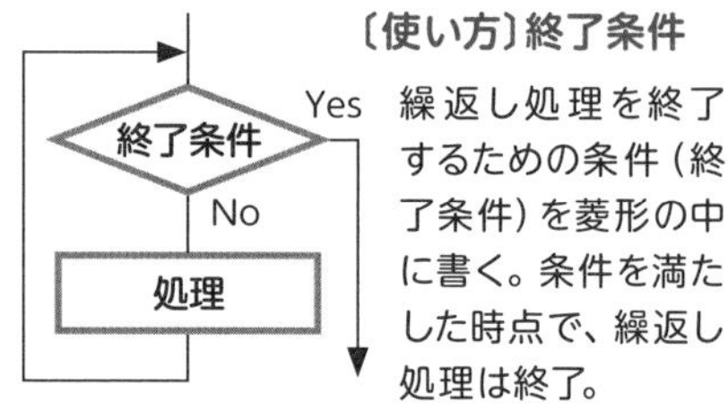


図表1-3-3　前判定繰返しの流れ図

### 《後判定繰返し》

処理を行った後に繰返し条件を評価します。1度目は判定を行わず無条件に処理が実行されてしまうので、不都合がないか確認が必要です。

1度目を処理した後に条件で評価するんだ

〔使い方〕継続条件

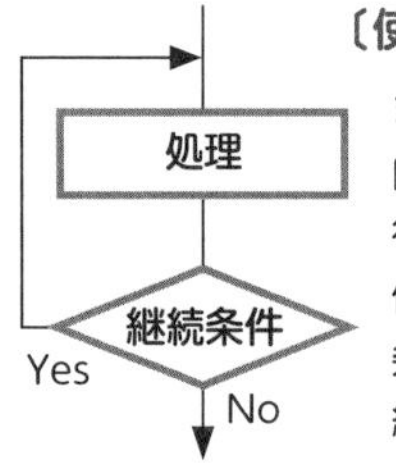


まずは無条件に繰返し内部に書かれた処理を行い、その処理結果を使って**継続条件**を評価。条件を満たす場合は、繰返し処理を続行する。

〔使い方〕終了条件

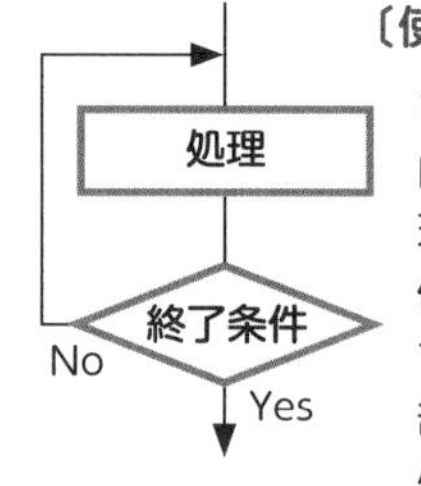


まずは無条件に繰返し内部の処理を行い、処理結果を用いて**終了条件**を評価。条件を満たす場合、次の繰返し内部には入らず、繰返し処理を終了する。

図表1-3-4　後判定繰返しの流れ図

## 流れ図を読み解いてみよう

ここからは、流れ図による実践的なアルゴリズムを見ていきます。ますは、アルゴリズムの構造や処理の流れを大まかにつかみ、ひととおり理解できたところで細かく読み取るトレースを行ってみます。

## ●アルゴリズムの流れをつかもう

### 「会員向け割引金額の算出」

購入品の代金を累計していき、合計額が確定したら、次の条件で割引金額を算出します。

・合計額が5,000円以上なら1割引の金額を表示する

・5,000円未満ならそのままの金額を表示する

〔流れ図の概要〕

このアルゴリズムは大きく二つの処理に分かれており、前半は流れ図の1～4で、合計額を計算する処理になります。1で合計額を0で初期化したら、2～4の繰返し部分で買い物が終了するまで合計額を累計していきます。繰返し部分では、商品を購入するたびに「単価と数量」を入力して2、代金を計算し、合計額に足し込んで上書き3します。

後半の5～7では、割引額を計算しています。まず、5の選択の条件式で合計額を評価します。合計額が5,000円以上なら、6で割引額を算出（1割引）し、そうでなければ何もせずに次の処理7に進みます。最後の7で、割引を反映した合計額を表示します。

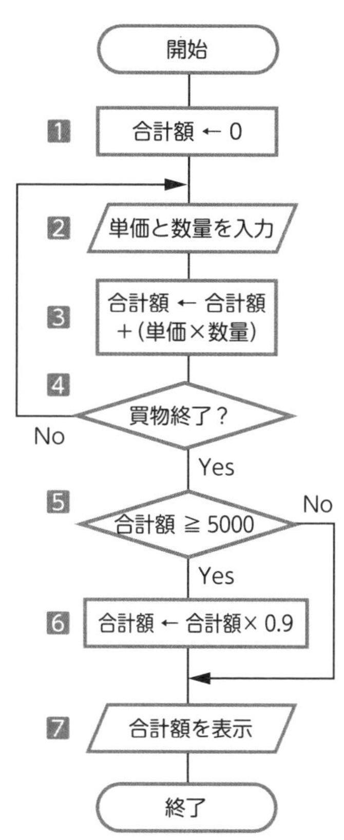


図表1-3-5　例題の流れ図（全体）

〔処理のポイント〕

**1 合計額 ← 0**

変数“合計額”の初期化を行い、あらかじめ0を代入しておきます。変数用に定義したメモリの領域には、どんな値が残ったまま保存されているかわかりません。そのため、値を足し込む累積用に使う変数などは、処理前に初期化しておくのがセオリーです。

**3 合計額 ← 合計額 ＋（単価×数量）**

元の合計額に、「単価×数量」で計算された値を加えたものを、新たな合計額として置き換えることを意味しています。

### 4 買物終了？＜終了条件＞

4の繰返し条件は**終了条件**になります。後判定なので、必ず一つ以上の商品が購入されることが前提であることに注意！ なお、「買物終了？」の判断に使われる動作が明示されていませんが、実際には会計ボタンを押すなどのアクションが必要になります。

## ●流れ図をトレースしてみよう

トレースを行う場合は、そのアルゴリズムに求められる機能を把握し、「あるテストデータを用いた場合に、どんな結果がでなくてはならないか」といった仮説を立てて検証していきます。実際に検証するときは変数の値の変化を追っていくので、まずはこの流れ図で使われている変数を洗い出してみます。

変数“合計額” … 代金の金額を合計していくために使用
変数“単価” …〔値が入力される〕※ 購入した商品の単価
変数“数量” …〔値が入力される〕※ 購入した商品の数量

※実際にはキーボードなどから入力されるが、試験に出題される流れ図では、詳細は記述されない。

ここでは、3件のテストデータ「1200円×2個、500円×3個、700円×3個」を想定して、流れ図をトレースしてみます。合計額は6000円になるので、割引の対象です。

### ●初期化処理

1 合計額 ← 0

《実行前》 合計額 ？
《実行後》 合計額 0

“合計額”を初期化しておくのを忘れないでね

### ●購入金額の累計処理（後判定繰返し処理）

2 単価と数量を入力
3 合計額 ← 合計額＋（単価×数量）
4 買物終了？ ＜終了条件＞

〔1回目の繰返し〕

《実行前》 合計額 0
《実行後》 合計額 2400 ←1200×2
買物終了の判断 No

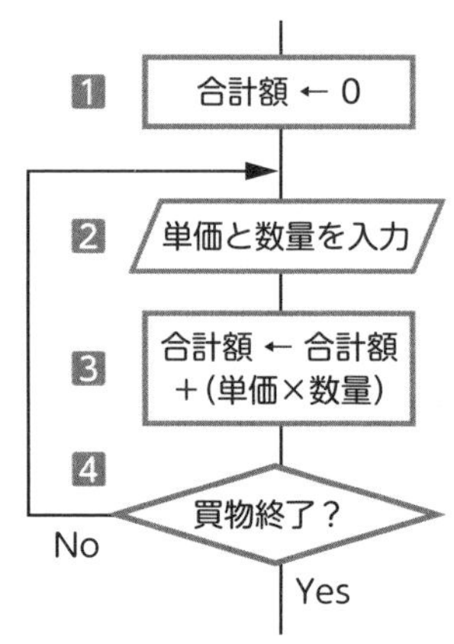


図表1-3-6 例題の流れ図（前半部分）

〔2回目の繰返し〕

《実行前》 合計額 2400

《実行後》 合計額 3900 ← 2400＋1500 （500×3）

買物終了の判断 No

〔3回目の繰返し〕

《実行前》 合計額 3900

《実行後》 合計額 6000 ← 3900＋2100 （700×3）

買物終了の判断 Yes

### ●割引金額の算出（選択による処理の分岐）

**5 合計額 ≧ 5000 ＜選択処理の条件式＞**

合計額 6000

6000 ≧ 5000なので Yes

**6 合計額 ← 合計額 × 0.9**

《実行前》 合計額 6000

《実行後》 合計額 5400 ←合計額×0.9

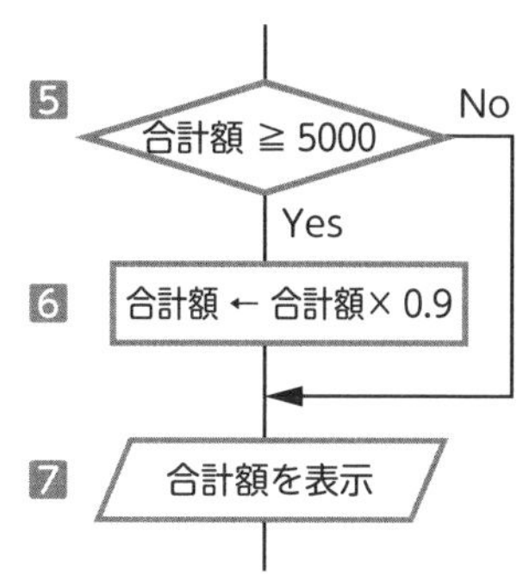


図表1-3-7 例題の流れ図（後半部分）

**7 合計額を表示**

合計額 5400

「合計額は、5400円です」と（ディスプレイに）表示する。

以上でこの流れ図のアルゴリズムを追うトレースは終了です。この例は比較的単純なアルゴリズムでしたが、複雑な流れ図だとその分トレースにも手間がかかります。

根気のいる作業ですが、アルゴリズムを素早く読み解くスキルを向上させるには、この方法が一番の近道なので、面倒でも処理の最後までトレースをやりきることが大切。慣れてくれば、流れ図を見ただけで「この部分はこういう処理で、変数はこう動くはず…」という勘が働くようになるので、トレース作業を省けるようになります。

試験には、「この繰返し部分を何回行ったか」「この時点の変数の値を答えよ」という問題も出ていますので、実践的なトレーニングにもなります。

## 繰返し判定のタイミングによる違い

**前判定繰返し**と**後判定繰返し**の違いはp.28で解説しましたが、ここでは具体的な例で処理の違いを確認してみましょう。右側の前判定の流れ図は、「割引金額の算出」の前半部分（後判定）を、前判定を使ったアルゴリズムに変更したものです。

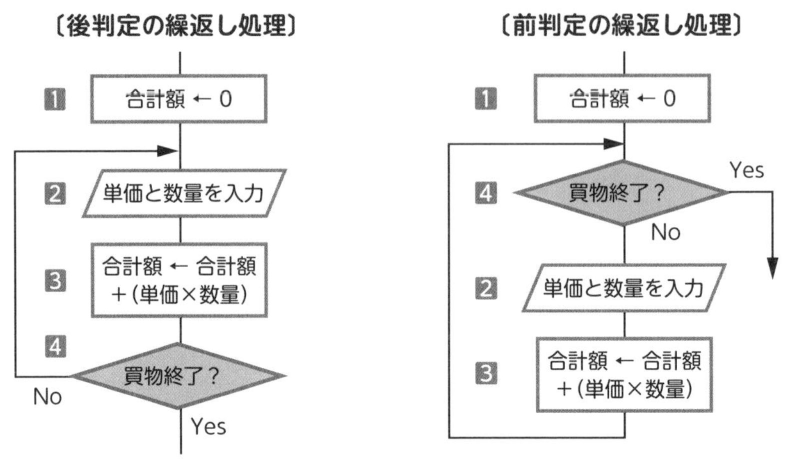


図表1-3-8　繰返し判定による違い

二つの流れ図の違いは、繰返し処理の終了判定を行う4の位置です。「まだ何もしないうちに終了判定をするなんて変？」と言われそうですが、例えば、「コンビニに入ったけれど目的のものがなくて、何も買わずに店を出た」なんて経験はありませんか？ この場合、代金の合計金額は初期値のままの0です。

### ●前判定と後判定の使い分け

もし、「何も買わない」ケースが予想されるときに、後判定の繰返し処理のアルゴリズムでプログラムを作ったとしたら、「何も買わなかった」場合は、単価と数量を入力する場面2で処理が"入力待ち"状態になり先へ進めません。入力を想定していた単価と数量はずっと存在しないのですから、いずれ時間切れによって、プログラムは異常終了することになります。これを回避するには、エラーになったときの処理を新たに追加する必要がありますが、前判定の繰返し処理にしておけばすっきり解決できるのです。

後判定の繰返し処理は不要かというと、もし「買物は1件以上行うものとする」という条件付きならば、後判定のほうが自然でわかりやすいアルゴリズムになるので、どちらかが優れているとは、一概には言えません。

## ループ端記号を使った"繰返し"の流れ図

ここまでの流れ図に含まれていた繰返し構造は、菱形の選択記号を使って表現されていました。繰返し構造にはもう一つ、**ループ端記号**を使った記述方法もあります。

「ループ」とは繰返し部分のことを指し、ループ端記号は文字通り繰返し部分の始端と終端を表す記号です。ループ端記号を使った流れ図の特徴は、逆方向（上方向）に進む矢線が不要なので構造が見やすいこと。左ページと同じアルゴリズムの例で、流れ図を見比べてみましょう。

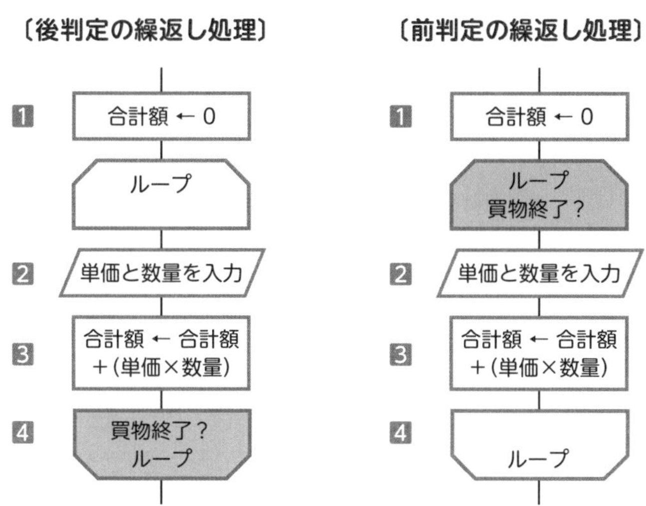


図表1-3-9 ループ端記号による繰返し記述

後判定の繰返し処理では、ループ記号の終端側に繰返し処理の終了・継続を判断するための条件を記入します。反対に、前判定の繰返し処理を記述する場合は、ループ記号の始端側に条件を記入します。

## ●継続条件と終了条件？

流れ図の条件文は言葉や式で表現することが多いため、ループ端記号による表現では誤った解釈がされないよう注意が必要になります。判断記号による繰返し表現では、条件式に対する“Yes”、“No”を添えて、判断を行った先に進む処理を示しているので迷うことはありません。

一方、ループ端記号では繰返し処理の続行や終了を示す線を省いて書くため、条件文が「繰返しを継続する条件（継続条件）」なのか、「繰返しを終了する条件（終了条件）」なのかが明確になるように記述する必要があります。

例えば、前ページのループ端記号による流れ図では「買物終了？」と書かれているので、言葉の意味を解釈して「買物が終了したら、繰返しを抜ける」と判断できます。

でも、もし条件文が「商品の購入点数＞3」だったらどうでしょう？「商品の購入点数＞３なら繰返しを終了する」のか「商品の購入点数＞３なら繰返しを継続する」のか、流れ図を見ただけでは判断に迷います。

一般的には、ループ端記号を使った場合、繰返し処理の条件文には終了条件を記載することが多いようです。試験に出題される流れ図では、どちらの条件を示しているのかは、問題文などに記載があります。

## ●試験問題の擬似言語では“継続条件”のみ

第２章で詳しく解説しますが、情報処理試験用として仕様が決められている擬似言語では、繰返し処理の条件記述は**継続条件**のみと決められています。

問題文や流れ図で「商品の購入点数が3点に達したら繰返しを終了する（終了条件）」と書かれていた場合、条件に含まれている意味内容をくみ取って、擬似言語プログラム用に条件の内容を継続条件に反転する必要があります。間違えやすいポイントなので、試験問題を解くときは注意しましょう。

＜条件を反転する場合の例＞

- **終了条件**　…流れ図や問題文の表現。「商品の購入点数＞3」なら繰返し処理を終了。
- **継続条件**　…擬似言語の表現。「商品の購入点数≦3」なら繰返し処理を継続。

# 第1章　確認問題

**問1**　次の「プログラムの機能」を実現するためのアルゴリズムを流れ図で表した場合に、流れ図中の [ a ] と [ b ] に入れる正しい答えを、解答群の中から選べ。

〔プログラムの機能〕

あるレジャー施設では、年齢によって入場料が異なり、15歳以上は大人料金として2000円、6歳以上15歳未満は子供料金として1000円、6歳未満の幼児は無料となっている。

このプログラムは、入力された年齢から判断して正しい入場料を表示させる。

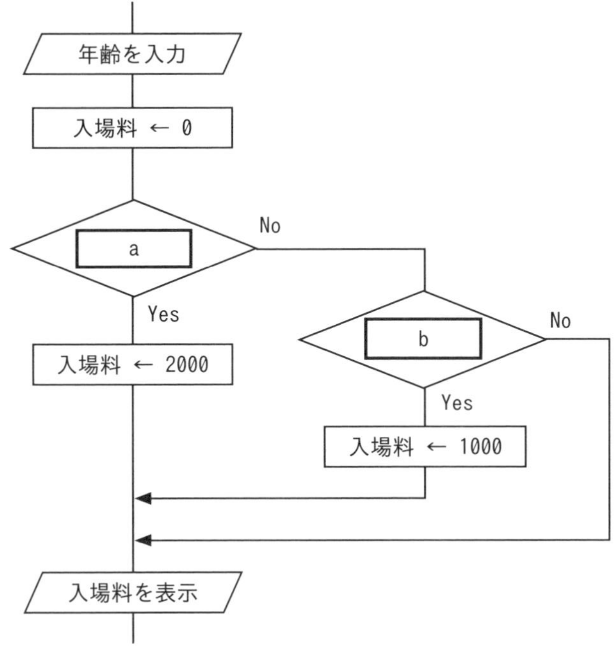


解答群

| | |
|---|---|
| ア　年齢が15歳以上 | イ　年齢が15歳未満 |
| ウ　年齢が6歳以上 | エ　年齢が6歳未満 |

**問2** 下の流れ図は、変数aと変数bに入力された値（a は b 以下とする）を使い、繰返し処理（α部分）で変数aを2倍する処理を繰り返して、bの値未満で最大となるaの値を求めて表示させる。

例えば、変数aが2、変数bが10なら、βの条件文におけるaの値は、αの繰返し1回目→4、2回目→8、3回目→16と変化する。ただし、「変数b未満」という条件があるので、結果として表示される変数aの値は8になる。

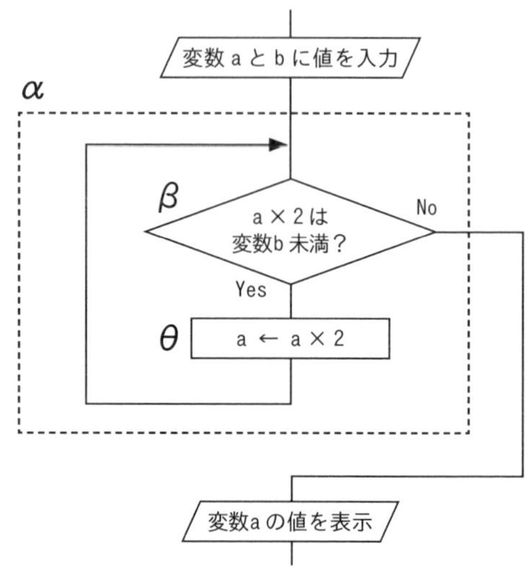


変数aに7、変数bに100を入力した場合、θ部分の代入文を何回繰り返すことになるか、解答群の中から選べ。なお、解答にあたり下表に式や値を書き入れ、繰返し処理をトレースして繰返し回数を確認すること。

| | βの条件文を実行するときのaの値 | 「a×2」は100未満？ | θで代入される新しいaの値 |
|---|---|---|---|
| 変数a初期値 | 7 | ー | ー |
| αの繰返し1回目 | | | |
| αの繰返し2回目 | | | |
| αの繰返し3回目 | | | |
| αの繰返し4回目 | | | |

解答群

ア　1回　　イ　2回　　ウ　3回　　エ　4回

## 問1 選択処理の条件（問題文から条件を考える）

選択構造の判断部分◇に書かれた条件を予想するときは、分岐した先でどんな処理が行われているのかをまず整理してみましょう。

**①空欄aの先にある処理**：Yesのときは入場料に2000が代入され（大人：15歳以上のときの入場料）、Noのときは空欄bの判断部分に進む。

**②空欄bの先にある処理**：Yesのときは入場料に1000が代入され（子供：6歳以上15歳未満のときの入場料）、Noのときは何も処理を行わない。

①からは、空欄aには大人かどうかを判断する選択条件が書かれていることが予想できるので、空欄aの正解はアの「年齢が15歳以上」になります。

②から予想すると、空欄bには子供かどうかを判断する条件が入りそうですが、選択肢には「6歳以上15歳未満」という条件がありません。これは、15歳以上の場合には、空欄aの分岐でYesに進むことがすでに決まっているためです（上図）。そのため、空欄bの選択条件では「6歳以上（ウ）」かどうかを判断すればよいことになります。

また、空欄bの時点で「6歳以上ではない（6歳未満である）」ならば、6歳未満（幼児）としてNoに進むほうに振り分けられることになりますが、空欄bでNoへ進んだ先には「入場料に金額を入れる処理」が書かれていません。これは、流れ図の２番目の処理で、入場料の初期値として「0」が代入されているからです。幼児の入場料は無料なので、すでに代入されている初期値の0をそのまま表示します。

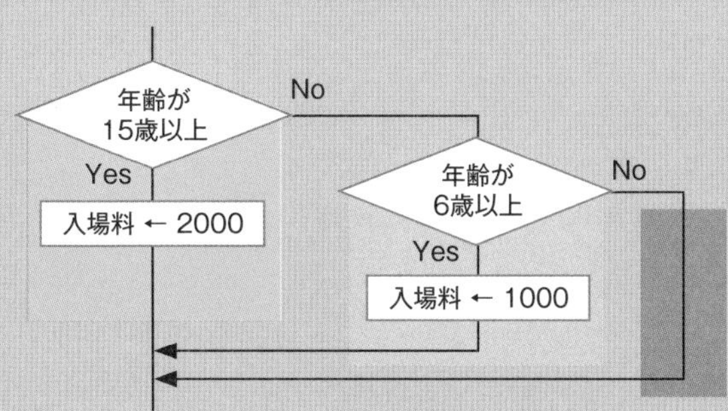


**解答** 空欄a：ア（年齢が15歳以上）、空欄b：ウ（年齢が6歳以上）

## 問2 繰返し回数を数える（変数のトレース）

処理の流れを追いながら、変数の変化を書き出してトレースしてみましょう（下表）。初めのうちは手間がかかって面倒に思えますが、慣れてくるとポイントになる値だけを手早くメモすれば答えがわかるようになってきます。

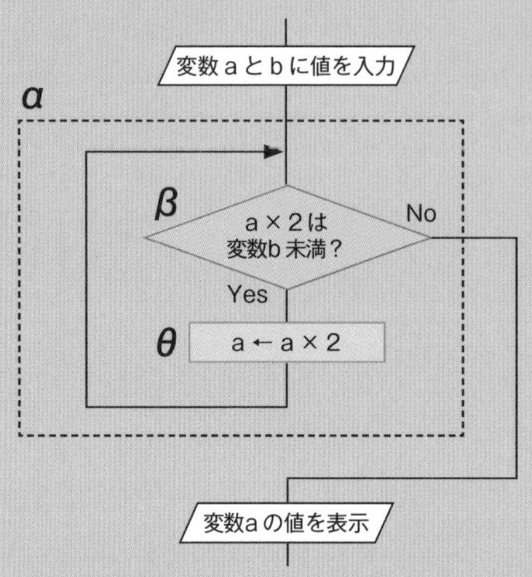


| | βの条件文を実行するときのaの値 | 「a×2」は100未満？ | θで代入される新しいaの値 |
|---|---|---|---|
| 変数aの初期値 | 7 | — | — |
| αの繰返し1回目 | 7×2＝14 | Yes | 14 |
| αの繰返し2回目 | 14×2＝28 | Yes | 28 |
| αの繰返し3回目 | 28×2＝56 | Yes | 56 |
| αの繰返し4回目 | 56×2＝112 | No | — |

変数aに7、変数bに100が入力されている場合、上の表からわかるように、α部分の繰返し処理には4回入ります。ただし、4回目の条件判定でaの値が112になるので繰返しを抜け、θの代入文は行われません。したがってθが行われるのは3回です。

なお、この流れ図ではβとθの2か所に同じ「a × 2」という計算処理が行われていますが、β（判断部分）では、θの代入文でaを2倍したときに、100を超えないかどうかをチェックするためだけに「a × 2」を計算しています。これは、問題文の「bの値未満で最大となるaの値を求めて表示させる」を実現するためで、実際に計算値を代入してしまうと、bの値以上の値が表示されてしまうからです。

**解答** ウ（3回）

第2章

# 擬似言語のルールを知ろう

テーマ 2-1

# 擬似言語ってどんなもの？

擬似言語はプログラム言語の一つとしてIPAが仕様を作成した仮想的な言語です。情報処理技術者試験では、擬似言語を使ってプログラムが出題されるので、仕様や扱いには十分に慣れておきましょう。

## 擬似言語と流れ図の関係

流れ図を使って検討してきたアルゴリズムは、プログラムとして具体化していきます。プログラムは、C言語やJavaなど、多種多様なプログラム言語によって記述しますが、情報処理技術者試験では、公平を期すために特定のプログラム言語に依存しないよう、擬似言語を使って出題されます。

試験に出題される擬似言語プログラムの最新の仕様については、IPAがホームページで公開している「試験で使用する情報技術に関する用語・プログラム言語など」で確認しておきましょう。

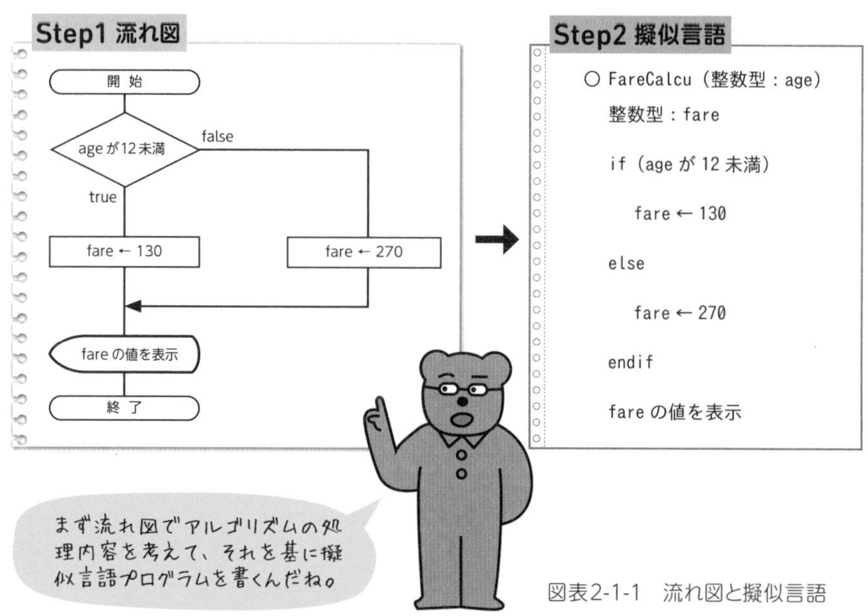


図表2-1-1　流れ図と擬似言語

## 擬似言語の仕様は、かなりアバウト

基本情報技術者試験で擬似言語の出題があるのは、アルゴリズムの読解力やプログラミングのスキルを評価するためです。したがって、実際に動作させるために必要となる詳細な仕様ではなく、最低限の文法のみが定義されています。問題の中で、仕様で決められていない文法やルールが必要になった場合は、そのつど問題文に記載されます。

特に入出力に関する命令などは、普通のプログラム言語なら細かく決められていますが、擬似言語の仕様には記載がなく、「出力する」など必要に応じて言葉（日本語）で書かれます。また、問題で問われている内容とは直接関わらない部分も、簡易的に言葉で書かれることがあります。

## 問題には書かれない、擬似言語問題の大前提

ソフトウェア（アプリケーション）を作るときは、すべての機能を一つの手続または関数内に記述することはしません。限られた機能をもつプログラム部品（一般には**モジュール**や**コンポーネント**と呼びます）をいくつも書き、それらを連係させることで、全体として動作させます。モジュールを連係させるには、あるモジュールから別のモジュールを呼び出し、さらに呼び出されたモジュールから、また別のモジュールを呼び出すといった仕組みを使っています。なお、モジュールはプログラム開発を行う言語の種類によって、**関数**や**手続**、**サブルーチン**、**クラス**（フィールドやメンバ変数とメソッド）などとも呼ばれます。

試験に出題される擬似言語プログラムは、モジュール間の呼出しがあることが前提になっており、ほぼすべてが「呼び出される側のモジュール」を題材としています。問題を解く際には、「呼び出す側のモジュールから必要なデータを受け取る」→「処理を行う」→「処理結果があればそれを返す」というルールを意識しておくとよいでしょう。

## ●モジュールどうしのやり取り

複数のモジュール(関数やサブルーチンなど)間では、どのようなやり取りが行われるかを見ていきましょう。まず、モジュール(便宜上親モジュールと呼びます)の中でほかのモジュールがもつ機能を使った処理が必要になると、そのモジュール(子モジュールと呼びます)を呼び出します(下図①)。

このとき、同時に子モジュールの処理に必要なデータを渡しますが、これを**引数**(ひきすう)といいます。なお、引数は役割としての呼び名であり、実体は親モジュールで定義した変数<p.50>や配列<p.51>などです。一方、呼び出される側の子モジュールでも、データを受け取るための引数(実体は変数や配列)を定義しておきます。これによって、モジュール間でデータが受け渡されます(下図②)。

子モジュールでは、引数で渡されたデータを使って処理を行い、結果を**戻り値**として親モジュールに返します(下図③)。戻り値により処理結果を受け取った親モジュールは、その値を使って引き続き処理を続けていきます。

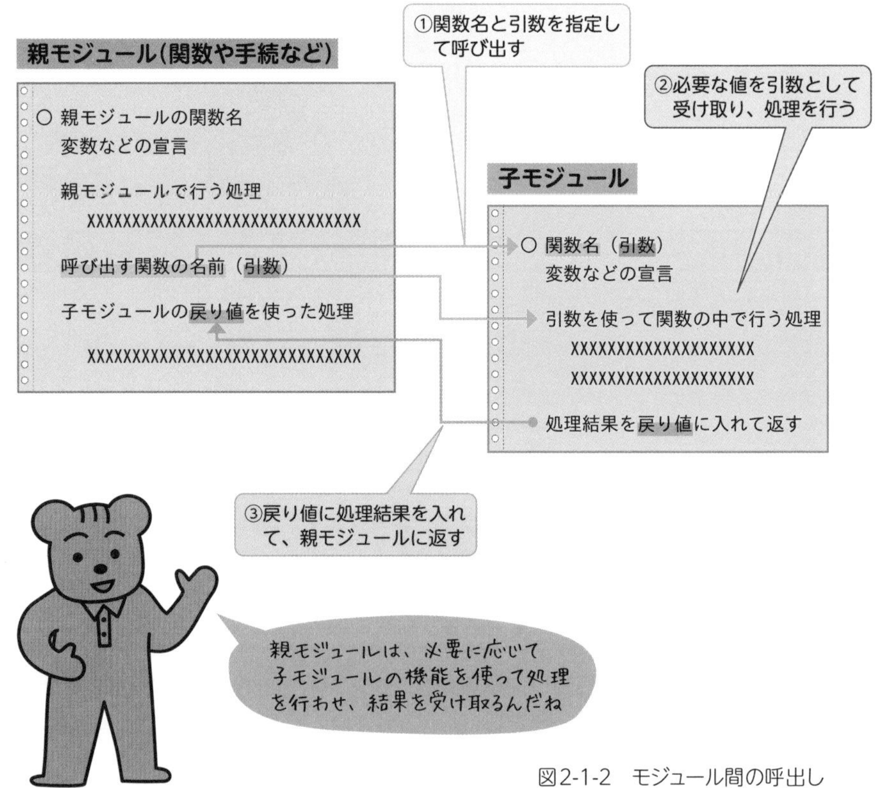


図2-1-2 モジュール間の呼出し

### ●引数とは、受け渡しのための箱のようなもの

引数として使う変数や配列などは、親モジュールと子モジュールの双方で定義する必要があります。その際、後述する**データ型**（整数型、実数型、文字型など）も指定しておくのが基本です。

つまり、双方で同じデータ型や値の長さ（擬似言語の仕様では値の長さは明示されない）の箱を用意しておき、呼出しを行う際には、値を“箱から箱へと受け渡す”というイメージです。

また、子モジュールから親モジュールに処理結果として値を返す場合は、子モジュールでの処理が終了したときに、**戻り値**として受け渡します。

戻り値は、用意した箱に値を入れて返すときもあれば、メッセージを値として返すケースもあります。また、共通の場所に置いてある箱の中身を入れ換えることでデータの受け渡しを行うこともあれば、必要な処理だけ行って何も返さないこともあります。

## そもそも、モジュールにする理由は?

このように複数のモジュールを組み合わせてソフトウェアを構築する方法は実務でもよく行われており、多くの場合はまとまりのある機能ごとに分割を行います。また、機能で分割する以外にも作業分担やテストのしやすさなども考慮します。

例えば、保険料の算出を行うソフトウェアのプログラムを例に機能を洗い出してみると、次ページの図のようになります。

**情報入力**
名前、生年月日の入力
保障内容を選択
etc

**算出処理**
入力された情報を
基にして、
保険料を算出

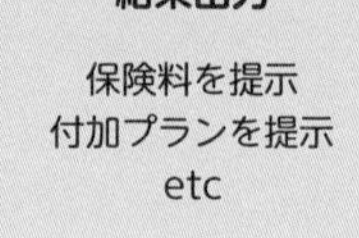


図2-1-3　分割された機能

機能だけ取り上げてみると、これだけの処理で事足りるのですが、利用者が実際に操作するソフトウェアとして成り立たせるには、保険内容を説明したり、プランを選択させたりといった、上図の三つの処理の前段階となるトップ画面も必要です。

この場合、トップ画面を表示する役割を親モジュールに担わせるとすると、見積もりの算出以降の処理は、該当する機能をもつ子モジュールを呼び出す形になります。

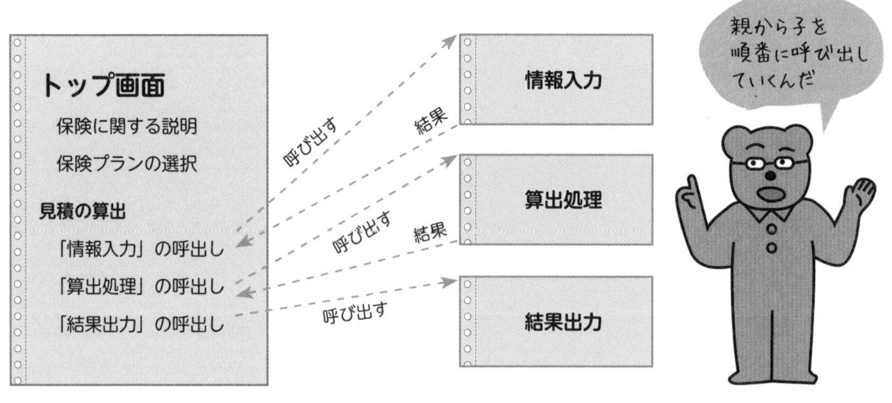


図2-1-4　処理ごとにモジュールを構成した形

また、プランが複数あれば、どのプランもそれぞれに保険料の見積算出が必要になります。上記の情報入力〜結果出力までの各機能が、どのプランの場合も順番に実行されることを考慮すると、三つの機能を「見積の算出」としてまとめてしまったほうが、すっきり収まります。

さらに、日数計算や給付金の計算など、各機能で必要となる詳細機能をもつ孫モジュールを呼び出すこともあります。

このようにして、親モジュールが子モジュールを呼び出し、さらに別の孫モジュールを呼び出すといった仕組みをうまく利用して、規模の大きなプログラムを実現します。

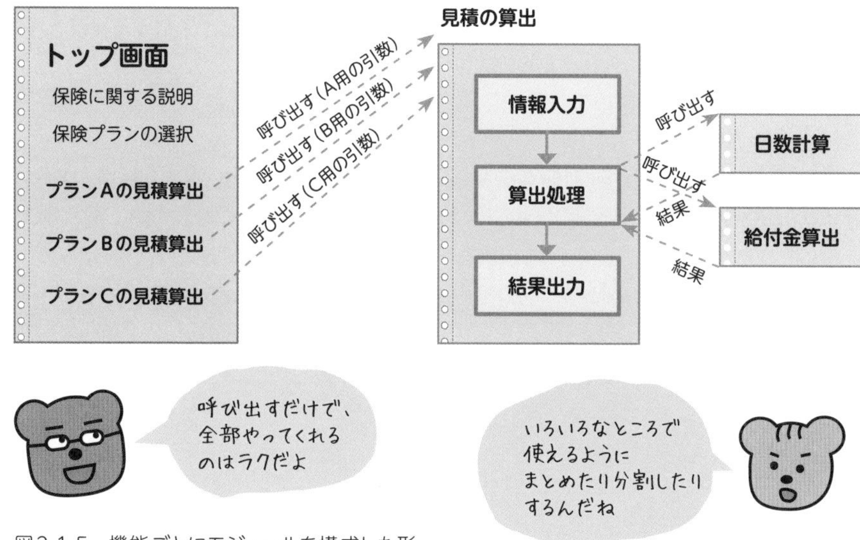


図2-1-5　機能ごとにモジュールを構成した形

## ●モジュールの部品化で開発を効率化

さまざまなモジュールから呼び出される汎用的な機能をもつモジュールであれば、プログラムを部品化しておきます。「サブルーチンライブラリ」や「関数ライブラリ」、「クラスライブラリ」として、それらの共通で使えるプログラムをまとめて用意しておけば、効率よくソフトウェアを開発できるようになります。

また部品化されたモジュールは、多くのモジュールから利用されることで、不具合が発見され、それらが解消されることで、モジュール自体の品質も向上していきます。

以上のようなことが、一つのモジュールにすべての機能を盛り込むのではなく、機能ごとにモジュールに分割する理由の一つになっています。

## 擬似言語プログラムは、宣言部と処理部に分かれている

擬似言語では、呼び出す側、呼び出される側にかかわらずモジュールをプログラムと呼んでおり、個々のプログラムを“関数”または“手続”と呼びます。

擬似言語のプログラムは、**宣言部**と**処理部**で構成されています。宣言部には、そのプログラムの名前や処理部で使う変数や配列を定義します。一方の処理部は、宣言部で定義した変数や配列を用いて、アルゴリズムを実現するための処理命令を記述していきます。なお、ここでは宣言部と処理部の大まかな役割を理解しておきましょう。

### ●擬似言語プログラムの構成

まずは、実際の擬似言語プログラムを見てみましょう。次のプログラムは、「引数として税抜価格を受け取り、税込の価格を計算して、計算結果の税込価格を戻り値として返す」という簡単なものです。プログラム左端の番号は、解説のために付番したもので、プログラムには含まれません。以降、プログラム左端の数字は解説用の番号とします。

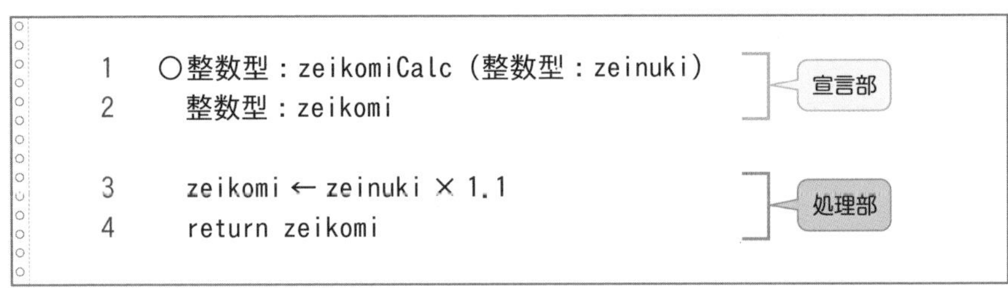

```
1  ○整数型：zeikomiCalc (整数型：zeinuki)
2    整数型：zeikomi

3    zeikomi ← zeinuki × 1.1
4    return zeikomi
```



図2-1-6　擬似言語のプログラム例

#### ①宣言部

このプログラム例の1～2行目は**宣言部**です。プログラムの冒頭では、そのプログラム自身の名前を関数名や手続名として宣言しており、このプログラムの名前は関数zeikomiCalcです。括弧の中には、呼び出す側から値を受け取る**引数**を定義します。

なお、擬似言語の問題文中では、個々のプログラムを手続または関数と呼んでいますが、戻り値がないものは**手続**、戻り値があるなら**関数**と捉えておけばよいでしょう。名称以外に大きな違いはありません。

2行目は計算した税込価格の値を入れる変数zei-komiの宣言です。1～2行目に出て

宣言部は、プログラム実行に必要なものを準備しておくところだよ

くる「整数型」は**データ型**<p.49>の一種で、ほかにも実数型や文字列型などがあり、そのプログラムや変数で扱う値の種類に応じて型を指定しておく必要があります。

**②処理部**

3～4行目は**処理部**です。処理部の始まりを示すものは特にありませんが、宣言部との間に空行がとられていることが多く、容易に判断が付きます。3行目は、1行目で呼び出す側のプログラムから受け取った"税抜金額"を1.1倍して、結果の値を変数zeikomiに代入しています。

最後の4行目の「return」は、プログラムの終わりを示す命令で**return文**と呼ばれています。この例ではreturn文に変数zeikomiが書かれていますが、戻り値として、変数zeikomiの値を親プログラムへ渡す指示となります。なおreturn文が実行されるか、記述が終了すると(戻り値がない場合)、呼び出した親プログラムに制御が戻ります。

## 擬似言語における手続や関数の役割

擬似言語問題に出てくる呼び出す側のプログラム(親)と呼び出される側のプログラム(子)の関係には、引数や戻り値の有無によって次のようなパターンがあります。

**パターン1**

最も一般的なパターンで、親→子への引数と、子→親への戻り値がある。

**パターン2**

子側は自分で入力値を受け取り、子→親への戻り値だけがある。

**パターン3**

子側は引数を使って処理を行い、結果を表示するなど、親→子への引数だけがある。

**パターン4**

子側のみで処理を完結し、親→子への引数も、子→親への戻り値もない。

本章では、これ以降の擬似言語プログラムを親プログラムから呼び出される子プログラムであることを前提にして、解説を進めていきます。

テーマ 2-2

# 擬似言語の文法①
## ―宣言部―

ここからは、擬似言語プログラムの命令が、どのようなルールで書かれるのかを、具体的な例で説明していきましょう。まずは、プログラムが自分自身を宣言する、いわば自己紹介を書く宣言部からです。

**宣言部**は、処理部を記述するための下準備の部分です。その役割を大きく分けると、プログラムに名前を付け、処理部で使用する変数や配列を定義すること。擬似言語の仕様には大まかな項目しか書かれていないため、問題のプログラムには複数の書き方が混在しています。問題を見て混乱しないように記述パターンを知っておきましょう。

## プログラム名を宣言する

擬似言語プログラムの最初の行には、先頭に「○」が付いており、ここがプログラムのスタート地点であることを示しています。最初に記述するのがプログラムの名前で、擬似言語の仕様では「手続名」、「関数名」となっています。両者の違いは明示されていませんが、子→親への戻り値がない場合を「**手続**」、戻り値がある場合を「**関数**」と呼んでいるようです。呼び方の違いだけなので、特に区別する必要はありません。

**《擬似言語の仕様》**

| | |
|---|---|
| **○手続名または関数名** | …… 手続または関数を宣言する |

プログラムの名前に使える文字数や文字の種類の規定はないので、処理内容がわかるような名前を付けておきましょう。実際の試験問題では、アルファベットと数字を使ったプログラム名が付けられており、名前自体が処理内容を示すヒントになっています。

記述例には、いくつかのパターンがあるので見ていきましょう。

**《プログラム名の記述例①》**

```
○整数型：zeikomiKeisan(整数型：kakaku)
```

親プログラムへの戻り値がある場合に使われるパターンで、関数名に“**データ型**(型)”を指定します。このとき、データ型は戻り値に合わせます。戻り値が整数型なら関数を整数型とし、戻り値が論理型なら関数を論理型とします。

関数名に続く括弧内は、親プログラムから値を受け取る**引数**の定義です。引数の実体は変数や配列なので、名前とデータ型の指定が必要です。引数のデータ型は、呼び出す親側のプログラムに合わせる必要があります。

**《プログラム名の記述例②》**

```
○zeikomiKeisan(整数型：kakaku)
```

プログラム名に型を指定しないパターンは、このプログラムから親プログラムへの戻り値がない手続でよく使用されます。このパターンが出てきたら、戻り値がない処理と考えておけばよいでしょう。引数の宣言については、記述例①と同じです。

## ●データ型（型）の種類

**データ型**とは「どんな形式のデータなのかを示す情報」です。また型を指定するのは、その変数や配列に代入されている値が文字なのか、数値なのかによって、データの扱いが変わるからです。

例えば、整数型として宣言された変数に、文字列を代入しようとするとエラーになります。また実数型の変数の値どうしで計算を行い、計算結果を整数型の変数に代入した場合は、自動的に型変換が行われ小数点以下が切り捨てられます。ただし、切捨てによって値の精度が失われるため、プログラム言語によってはエラーとして扱われます。

データ型の種類についても擬似言語の仕様には定められていませんが、これまでの試験では次の五つが使われています。

| データ型の名称 | 説 明 |
|---|---|
| **整数型** | 小数点以下の値のない数値。正と負の数、および0も含まれる。 |
| **実数型** | 小数点以下の値も含む数値。 |
| **文字型** | アルファベット、数字、漢字、ひらがな、カタカナの1文字。 |
| **文字列型** | 複数の文字を連ねた値。 |
| **論理型** | 値がある条件にあてはまるかどうかを判断した結果を示す論理値。<br>「true(真)」または「false(偽)」のいずれかのみ。 |

図表2-2-1　データ型の種類

## 変数を宣言する

これまでも出てきたように、**変数**とは値を入れ換えて使うことができる箱のようなもの（領域という）のことです。処理部で必要になる変数は、あらかじめ宣言部で宣言しておかないと使うことができません。なお、すでに引数として宣言部で定義してある変数（p.48《プログラム名の記述例①》）は、あらためて宣言し直す必要はありません。

**《擬似言語の仕様》**

| | |
|---|---|
| **型名: 変数名** | …… 変数を宣言する |

変数名は、プログラム名と同じく、文字数や文字種の制限はありません。データ型についても、プログラム名のときと同じです。

**《変数の宣言例①》**

```
整数型：goukei, zeikomi
```

上記の例では、同じ整数型の二つの変数を宣言しています。カンマ「,」で区切ることで複数の変数を宣言できますが、行を分けてそれぞれ指定してもかまいません。データ型が異なる変数を宣言するときは、次の例のように行を変えます。

**《変数の宣言例②》**

```
整数型：goukei, zeikomi
文字型：moji
```

### ●宣言部で変数の初期化を行う

変数の宣言と同時に、変数に初期値を格納しておくことも可能です。初期値には、後の処理で都合がよい値を入れておきます。この例では、整数型の変数valueに、初期値として0を格納しています。

```
整数型：value ← 0
```

## 配列を宣言する

**配列**とは、複数の値をまとめて扱いたいときに使う器のようなもので、変数と同様に宣言部で名前とデータ型を定義しておきます。

### ●配列って、どんなもの？

**配列**は、変数をいくつかまとめた形のデータ構造になっています。値を入れておく箱がたくさん並んだものだと考えるとわかりやすいでしょう。「10人のグループに属する学生の成績」など、同じ意味合いをもつデータをまとめて処理するときに使います。

成績表

| | 一河 | 二藤 | 三東 | 四谷 | 五藤 | 六田 | 七山 | 八巻 | 九重 | 十川 |
|---|---|---|---|---|---|---|---|---|---|---|
| 期末 | 392点 | 325点 | 436点 | 346点 | 328点 | 371点 | 383点 | 412点 | 334点 | 411点 |



図表2-2-2　変数と配列の違い

配列に含まれるそれぞれの「箱」のことを**要素**といいます。試験仕様の擬似言語では一つの配列の要素数に制限はありません。上図の[ ]内の数字は**要素番号**といい、配列内のある要素を特定するときは、seiseki[1]のように配列名と要素番号を指定します。

**《配列の宣言例》**

```
整数型の配列：seiseki
```

一般的なプログラム言語では配列は要素数の定義が必要ですが、擬似言語では定義しません。ただし、次ページの例のように、配列の初期値が設定されていればそこから要素数が特定できますし、問題文の中で要素数が明示されている場合もあります。

## ●配列要素に値を設定する

一般的に、配列の要素の値は、あらかじめ親プログラムから引数として渡されたり、プログラムの処理部で新たな値を代入するケースが多くあります。試験では、トレース問題のテストデータとして配列にあらかじめ数値を設定しておき、「値の並べ換えを実行したときの、結果の値を答えよ」といった形の問題がよく出ています。

宣言部で初期値を設定するケースは、あまり多くありません。例えば、日数計算のために各月の末日（1月31日、2月28日…）を設定したり、十二支の干支の漢字を代入しておいたりといったケースが想定されます。

配列の初期値は、{　}で括り、要素ごとの値を ,（カンマ）で区切って記述します。“{”は配列の内容の始まりを、“}”は配列の内容の終わりを表しています。

**《配列の初期値設定例》**

```
整数型の配列：seiseki ← {85, 75, 88, 95, 65, 83,76, 86, 79, 94}
```

| | [1] | [2] | [3] | [4] | [5] | [6] | [7] | [8] | [9] | [10] |
|---|---|---|---|---|---|---|---|---|---|---|
| seiseki | 85 | 75 | 88 | 95 | 65 | 83 | 76 | 86 | 79 | 94 |

## ●二次元配列を宣言する

**二次元配列**とは、縦横の表形式で構成される配列です。要素が1行のみで記述される上記の一次元配列より、処理の操作は複雑になりますが、その分用途は広がります。先の成績表であれば、生徒ごとに複数科目の成績を管理することもできます。

二次元配列を定義するには、右ページのように記述します。この成績表では、5行10列の要素をもつ配列が必要になりますが、配列の要素数は書きません。また、この例では要素の値を代入していませんが、変数や配列を宣言しただけで値が代入されていな

成績表

| | 一河 | 二藤 | 三東 | 四谷 | 五藤 | 六田 | 七山 | 八巻 | 九重 | 十川 |
|---|---|---|---|---|---|---|---|---|---|---|
| 国語 | 85点 | 75点 | 88点 | 95点 | 65点 | 83点 | 76点 | 86点 | 79点 | 94点 |
| 数学 | 80点 | 65点 | 93点 | 60点 | 51点 | 86点 | 89点 | 88点 | 61点 | 62点 |
| 地理歴史 | 75点 | 55点 | 75点 | 58点 | 81点 | 71点 | 64点 | 81点 | 54点 | 90点 |
| 情報 | 65点 | 75点 | 91点 | 45点 | 45点 | 68点 | 91点 | 73点 | 69点 | 68点 |
| 外国語 | 87点 | 55点 | 89点 | 88点 | 86点 | 63点 | 63点 | 84点 | 71点 | 97点 |

ボクの
グループの
成績表だねっ

い状態のことを、「値が“未定義”」といいます。宣言部で初期値を代入しない記述方法では、値が“未定義”の二次元表ができると考えておけばよいでしょう。

### 《二次元配列の宣言例》

```
整数型の二次元配列: seiseki2
```

seiseki2

| | [1] | [2] | [3] | [4] | [5] | [6] | [7] | [8] | [9] | [10] |
|---|---|---|---|---|---|---|---|---|---|---|
| [1] | | | | | | | | | | |
| [2] | | | | | | | | | | |
| [3] | | | | | | | | | | |
| [4] | | | | | | | | | | |
| [5] | | | | | | | | | | |

## ●宣言部で二次元配列に初期値を代入する

二次元配列も一次元配列と同様に初期値を設定できます。一次元配列では配列の始まりと終わりを示す中括弧で囲んで値を記述しましたが、二次元配列では中括弧を二重にして使います。外側の中括弧は二次元配列を表し、内側の中括弧に囲まれた部分が1行分の要素に該当します。3行5列の二次元配列を想定すると次のようになります。

### 《二次元配列の初期値設定例》

```
整数型の配列：seiseki2 ← {{85, 75, 88, 95, 65}, {80, 65, 93, 60, 51},
  {75, 55, 75, 58, 81} }
```

seiseki2

| | [1] | [2] | [3] | [4] | [5] |
|---|---|---|---|---|---|
| [1] | 85 | 75 | 88 | 95 | 65 |
| [2] | 80 | 65 | 93 | 60 | 51 |
| [3] | 75 | 55 | 75 | 58 | 81 |

二次元配列で、ある要素を指定したい場合には、**配列名[行番号, 列番号]**という形式で記述します。例えば、上の例の二次元配列で、3行目・2列目の要素（入っている値は55）を指定したい場合には、seiseki2[3, 2]と指定します。

テーマ 2-3

# 擬似言語の文法② — 処理部 —

処理部では、プログラムを実際に動作させる命令の記述を行います。擬似言語の仕様には、1章の流れ図で整理したアルゴリズムに該当する命令文が用意されているので、対応付けながらプログラムに変換しましょう。

処理部の命令には、変数や配列への代入文、条件文、前判定と後判定の繰返し文などが用意されており、これらはアルゴリズムの基本制御構造（順次、選択、繰返し）を書き表すために使われています。試験問題のプログラムには、擬似言語の仕様には書かれていない多くのバリエーションがありますので、これらも一緒に理解しておきましょう。

## 変数や配列に値を代入する命令 — 順次処理 —

順次処理は、変数や配列に対して、変数や値、式を代入します。新たな値が代入されると、それまで変数や配列要素に入っていた値は上書きされるので、元の値を残しておきたいときには、別の変数に値を代入して保存して（退避という）おく必要があります。また、式を記述する際に使用できる演算子は擬似言語の仕様で決められています。

**《擬似言語の仕様》**

変数名 ← 式　　　　…… 変数に式の値を代入する

仕様には「式」と書かれていますが、実際には変数や配列の要素や値も含まれます。

**代入文の記述例①**

```
a ← 0                          /* 変数aに0を代入 */
tokuten ← tanka                /* 変数tokutenに変数tankaの値を代入 */
```

上は宣言済の変数に値そのものを代入するパターンで、主に初期値の設定に使います。下は左側の変数に右側の変数の要素の値を代入するときの指示の書き方です。なお、/＊～＊/は補足説明用のコメントで、詳しくはp.57で説明します。

### 代入文の記述例②

```
tanka[1] ← 0          /* 配列tankaの要素番号1の要素に0を代入 */
tanka2[2, 3] ← 0      /* 配列tanka2の2行3列目の要素に0を代入 */
```

配列も変数と同じ書式で代入が行えます。配列では、[　]の内側に要素番号を指定します。二次元配列の場合は[ ]内をカンマで区切り、[行番号, 列番号]と指定します。

### 代入文の記述例③

```
goukei ← tanka × kingaku      /* 変数tankaとkingakuの値の積を代入 */
a ← (b mod 3)                 /* 変数bの値を3で割った剰余を代入 */
```

右辺に書かれた、変数と演算子（下表）を用いた演算結果の値を代入します。“mod”は剰余算を表す演算子で、上の例では「bを3で割った余り」が変数aに代入されます。

### 代入文の記述例④

```
ruikei ← ruikei ＋ goukei     /* 累計額に合計額を加算する */
```

式の左辺と右辺に同じ変数が使われているパターンで、値の増減や累計などに利用します。この場合は、左辺の変数の値が右辺の結果で更新されます。

## ●命令文で用いる演算子の種類（擬似言語の仕様）

命令文には、さまざまな演算子が用いられていますので、ここでまとめておきます。

| 演算子の種類 | | 演算子 | 優先度 |
|---|---|---|---|
| 式 | | ( ) . | 高 |
| 単項演算子 | | not ＋ − | ↑ |
| 二項演算子 | 乗除 | mod × ÷ | |
| | 加減 | ＋ − | |
| | 関係 | ≠ ≦ ≧ ＜ ＝ ＞ | |
| | 論理積 | and | ↓ |
| | 論理和 | or | 低 |

図表2-3-1　擬似言語仕様における演算子と優先順位

注記
演算子 . は、メンバ変数またはメソッドのアクセスを表す（詳しくは第6章）。

四則演算に用いる演算子では、同じ式内の演算の優先順位に注意しましょう。乗算（×）と除算（÷）が先で、加算（＋）と減算（－）は後で計算します。

論理演算子は、選択処理や繰返し処理などの条件式を複数組み合わせるときに用います。**and**（かつ）は「前後の条件のどちらも満たす」場合に、**or**（または）は「前後の条件のいずれかを満たす」場合に、**not**（ではない）は「後ろに書かれた条件式を満たさない」場合に、条件式の評価が真となります。

**比較演算子**は条件式で値の大小を比較するときに用います。＞（より大きい）と≧（以上）、＜（未満）と≦（以下）で、値が含まれる範囲が異なることに注意が必要です。例えば、条件式がa≦10だとaが10のときの評価は“真”となり、a＜10だと“偽”となります。

## 選択処理とその構造

**選択処理**として擬似言語の仕様で記載されている命令文は**if文**のみです。さらに条件を追加して処理の分岐を増やしたいときは**elseif**で追加し、どの条件にもあてはまらなかった場合の処理は**else**に書きます。**endif**は、if文全体の終了を示します。

### 《擬似言語の仕様》

```
if (条件式1)
  処理1
elseif (条件式2)
  処理2
elseif (条件式n)
  処理n
else
  処理n+1
endif
```

……選択処理を示す。

条件式を上から評価し、最初に真になった条件式に対応する処理を実行する。以降の条件式は評価せず、対応する処理も実行しない。どの条件式も真にならないときは、処理 n ＋ 1 を実行する。

各処理は、0 以上の文の集まりである。

elseif と処理の組みは、複数記述することがあり、省略することもある。

else と処理 n ＋ 1 の組みは一つだけ記述し、省略することもある。

擬似言語にif文の条件式の数の制限はないので、else文を追加していけば、いくつにも処理を分岐することが可能です。

## 処理をするか、しないかに分ける　— 選択処理① —

もっともシンプルなパターンで、「後に書かれた処理をするか、しないか」で分岐を行います。命令文は**“if〜endif”**の形になり、if文の条件式を評価したときに値が該当（真）すれば処理を行い、該当しなければ（偽）何も行わないというアルゴリズムです。

### 選択処理①の例

```
if (合計額が5000円未満)
  goukei ← goukei + 700                /* 合計額に送料を加算する */
endif
```

上記は、「合計額が5000円未満なら送料700円を加算し、5000円以上なら送料をサービスする」という処理を行うアルゴリズムです。送料を加算するときだけ処理を行うので、このパターンに該当します。

また、流れ図では右のようになります。

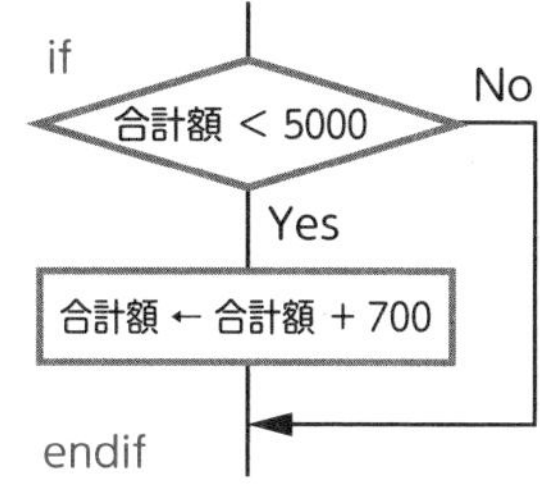


図表2-3-2　選択処理①の流れ図

## ●注釈を記述する

ここで、先ほどからプログラム中に記載している“/*”の説明をしておきます。プログラム中に記述できるメモを**注釈**といいます。コメントの中に書かれたものは、プログラムの処理には影響を与えません。試験問題のプログラムでは、コメントの中に行っている処理内容が説明されていることが多いので、注釈がある場合は最初に目を通すとよいでしょう。なお、擬似言語の仕様には二つの書き方があります。

### 《擬似言語の仕様》

| | |
|---|---|
| /* 注釈 */ | …… プログラムの文中に注釈を記述する。 |
| // 注釈 | …… プログラムの1行分に注釈を記述する。 |

使い分けの方法は仕様には明記されていないので、問題によっては違っていたり混在していたりする場合もあります。どちらも注釈と捉えておけばよいでしょう。

## 2通りの処理に分ける ― 選択処理② ―

**if～else文**によって、処理を２通りに分けるパターンです。**else**は「そうでないとき」を意味しており、if文の条件式に合致しないときの処理を記述します。

### 選択処理②の例

```
if（合計額が5000円未満）
  goukei ← goukei × 0.95          /* 合計額から5%割り引く */
else
  goukei ← goukei × 0.8           /* 合計額から20%割り引く */
endif
goukei ← goukei ＋ 700            /* 合計額に送料を加算する */
```

この例では、「合計額が5000円未満」を条件式として、5000円未満と5000円以上に場合分けしています。elseの条件式は、すでにifの条件式で判断された結果、「偽」となった値であることが前提になっているので、else条件として「5000円未満でなければ、5000円以上である」と解釈しなければなりません。

また、endifの下にある代入文は、if文全体の終了後の処理なので、条件の場合分けにかかわらず実行されます。プログラムを読み取るとき、if文の効力が及ぶのはendifまでということを意識しておくとよいでしょう。こちらも流れ図にすると処理が明確になります。

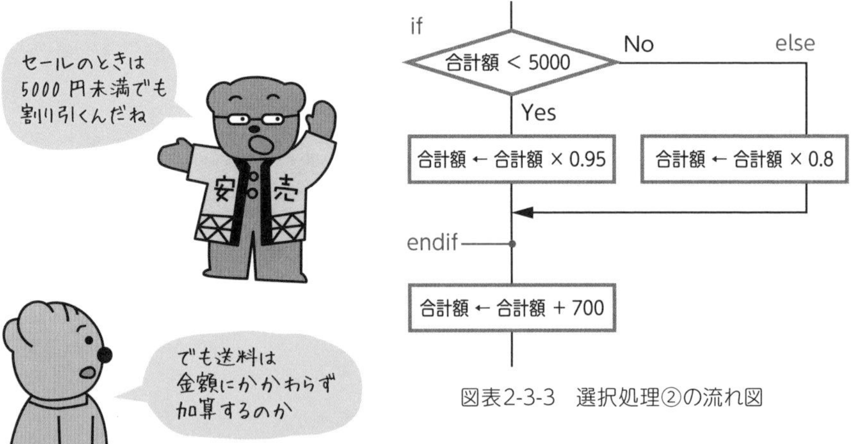


図表2-3-3　選択処理②の流れ図

## 3通り以上に分ける — 選択処理③ —

選択処理を使った処理の分岐は、3通り以上に分けることもできます。**elseif**を使うと、「そうでないとき」に、さらに条件式を追加することが可能です。elseifの数には制限がないので、4通り5通りと分岐を増やすこともできますが、プログラムの構造が複雑になるので、3通りくらいに留めておいたほうがよいでしょう。

### 選択処理③の例

```
if (合計額が5000円以上)
  goukei ← goukei × 0.8          /* 合計額から20%割り引く */
elseif (合計額が3500円以上)
  goukei ← goukei − 500          /* 合計額から500円割り引く */
else
  goukei ← goukei − 200          /* 合計額から200円割り引く */
endif
```

割引額を3通りに振り分ける選択処理の例です。if文の条件式「合計額が5000円以上」によって、5000円以上と未満に振り分けます。さらに、elseifの条件式「合計額が3500円以上」によって、3500円以上か未満に場合分けしています。条件式と真のときの処理を流れ図を使って整理すると、次のようになります。

**条件1**
　if (合計額が5000円以上)
　　…合計額が5000円以上

**条件2**
　elseif (合計額が3500円以上)
　　…合計額が3500円以上
　　　～5000円未満

**条件3**
　else
　　…合計額が3500円未満

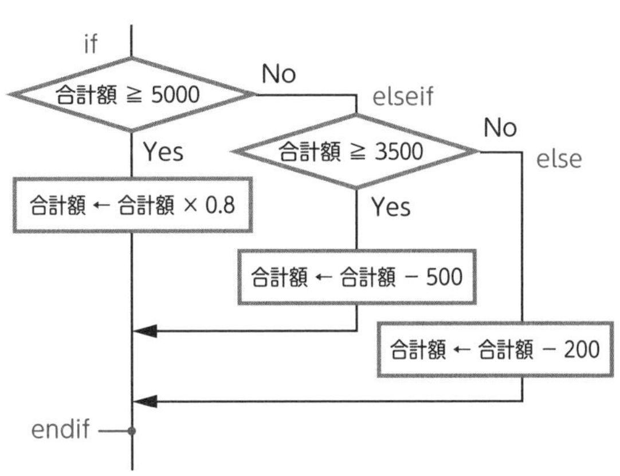


図表2-3-4　選択処理③の流れ図

## 繰返し処理とその構造

**繰返し処理**は選択処理と順次処理を組み合わせたもので、変数の値を変化させながら、条件文に合致しなくなるまで処理を繰り返します。「1〜1000までの値を加算」「500の要素を並べ換える」といった作業を、人がやるのはたいへんでミスも起こりやすいもの。繰返し処理のプログラムを使い、コンピュータで処理すれば一瞬で作業が完了します。つまり、コンピュータの真骨頂ともいえる作業が繰返し処理です。

### ●繰返し処理に必要なもの

繰返し処理には、条件式の評価を使って繰返しを制御するための変数の**初期値**と**終了条件**の記載が必須です。1〜1000までの累計なら、最初に加算するのは1で、1000を加算し終わった時点で繰返しを終える必要があるからです。さらに、1の次の繰返しでは2を加算するのですから、加える数の**更新処理**が必要になります。これら三つの処理を組み合わせることで、繰返し処理が成り立つのです。

**《繰返し処理のポイント》**

**1 初期値の設定**

・累計値を入れておく変数「累計」を0にしておく
・加える数（変数 i ）の初期値を1にしておく

**2 繰返しの終了条件の判定**

・加える数が1000を超えているか？
（超えていたら、繰返し処理を終了）

**3 累計処理および制御変数の更新**

・変数「累計」に加える数（i）を加算する
・加える数（i）を1増加させ、累計処理を繰り返す

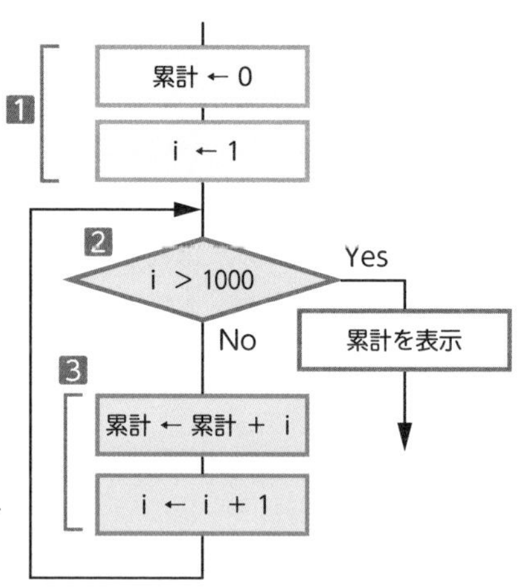


図表2-3-5　繰返しの流れ図

この例では、変数 i は「加える数」としての役割のほかに、繰返しの条件にあてはまるかどうかを判断するための値としても使われています。このように、繰返しの制御に使う変数のことを、**制御変数**と呼びます。

なお、この例の変数 i のように、値の更新をするために繰り返すごとに値を1ずつ増やしていく処理のことを**インクリメント**（増分）、反対に1ずつ減らしていくことを**デクリメント**（減分）と呼ぶことがあります。

## 擬似言語の繰返し判断は、必ず「継続条件」にする

繰返しの条件文を書くときに迷ってしまいがちなのが、「**終了条件**」か「**継続条件**」なのかということ。p.34でも取り上げましたが、もう少し具体的に解説します。

左ページの例で、「1000を超えたらループ処理を抜けて終了する」というのは**終了条件**で、**継続条件**では「1000を超えなければループ処理を継続する」になります。言葉で書けば、どちらも同じ意味を表していることがわかります。ところが、「i >1000」のように式で記述されていると、終了の条件か、継続の条件なのか、判断ができません。

このように紛らわしい条件記述ですが、擬似言語の仕様では「条件が真の間、処理を繰返し実行する」、つまり必ず**継続条件**で記述すると決められています。

### ●問題文の記述が終了条件のときは反転が必要

例えば問題文で、「変数 i の値が1000を超えたら(1000より大きい)繰返し処理を終了する」という終了条件になっていたら、擬似言語で記述する条件式は「変数 i の値が1000以下なら繰返しを続ける」という継続条件に反転します。

このとき、特に関係演算子の反転には注意が必要です。比較演算子を使った条件式を反転すると、それぞれ、「a＞bは、a≦b」、「a＜bは、a≧b」、「a≧bは、a＜b」、「a≦bは、a＞b」となります。「以上」と「より大きい」、「未満」と「以下」では、含まれる値の範囲が違うことを意識しておきましょう。

**《繰返し条件の反転とは……》**

| | | |
|---|---|---|
| 問題文が終了条件で書かれていたら… | **if ( i ＞ 1000)** | …変数 i が1000より大きくなったら**終了** |
| | ↓ 条件を反転する | |
| 擬似言語では継続条件に変換する | **if ( i ≦ 1000)** | …変数 i が1000以下なら繰返しを**継続** |

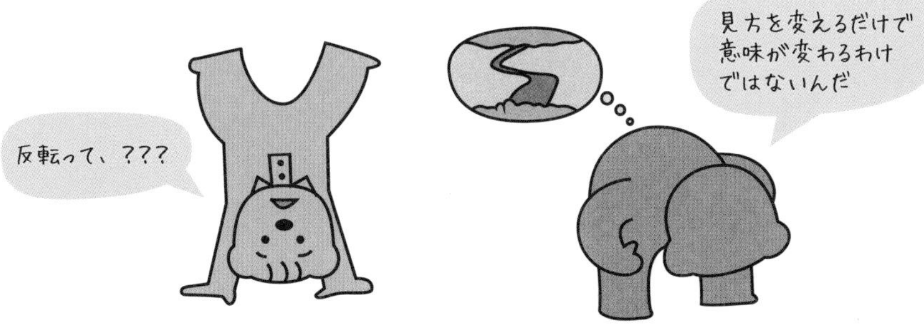

## 前判定を行うwhile文 ― 繰返し処理① ―

擬似言語には、3種類の繰返し処理が用意されています。最も大きな違いは、継続条件を「繰返しのループに入る前に判断する」か、「ループの中の処理を行った後で判断する」かです。**前判定**と**後判定**を使い分けるうえでのポイントがありますので、それぞれの使い方を見ながら考えていきましょう。

**while文**は、繰返しループに入る前に継続条件を判定します。while～endwhileの中に処理を記述し、継続条件の判断が真（条件にあてはまる）になる間は、記述された処理を繰返します。

前判定の特徴は、継続条件を判定した結果、繰返しループに入らないケースがあること。無条件に繰返し処理を行わないので、安全な判定方法です。

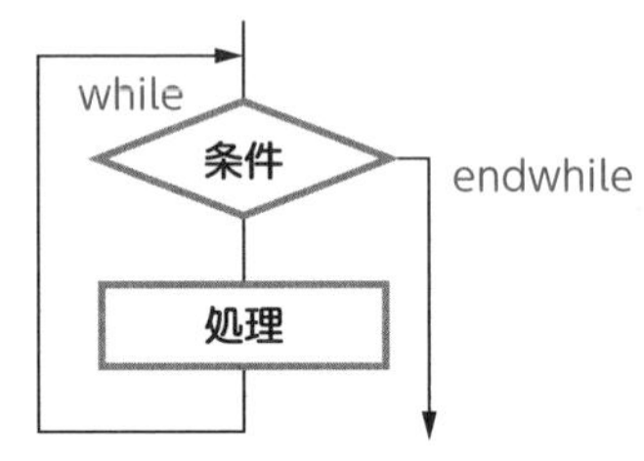

図表2-3-6　繰返し処理①の流れ図

### 《擬似言語の仕様》

| | |
|---|---|
| while（条件式） | ……前判定繰返し処理を示す。 |
| 　処理 | 条件式が真の間、処理を繰返し実行する。 |
| endwhile | 処理は、0 以上の文の集まりである。 |

p.60の1～1000までの数を累計するアルゴリズムをwhile文を使って書くと、次のようになります。流れ図の終了条件（ i ＞1000）が、擬似言語プログラムでは継続条件（i≦1000）になっていることに注意しましょう。

### 繰返し処理①の例

```
ruikei ← 0                          /* 累計した値を入れる変数の初期化 */
i ← 1                               /* 制御変数に初期値を設定 */
while(i ≦ 1000)
  ruikei ← ruikei ＋ i              /* 値を累計 */
  i ← i ＋ 1                        /* 制御変数を更新 */
endwhile
```

## 後判定を行うdo while文 — 繰返し処理② —

**do while文**は、まずdoの次行からwhileまでの中に記述された処理を行い、その後のwhileの条件式で継続条件を判断します。判断結果が真（条件にあてはまる）であれば、さらに次の繰返し処理に入ります。

後判定の特徴は、必ず1回はループ中の処理が無条件に行われること。この処理によって支障が出ないか、しっかり確認する必要があります。

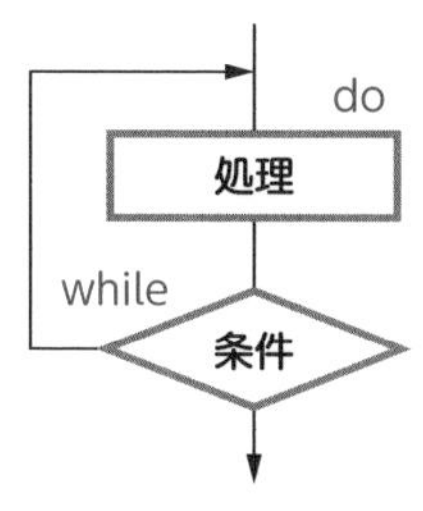


図表2-3-7　繰返し処理②の流れ図

**《擬似言語の仕様》**

| | |
|---|---|
| do | ……後判定繰返し処理を示す。 |
| 　処理 | 処理を実行し、条件式が真の間、処理を繰返し実行する。 |
| while（条件式） | 処理は、0 以上の文の集まりである。 |

左ページと同じ、1～1000までの数を累計するアルゴリズムを、do while文を使って書いてみましょう。継続条件を判断する位置が変わるだけで結果は変わりません。これは、1回目の処理（ruikei ← ruikei＋1）が必ず行われ、条件を判定せずに無条件に1回目を行っても、支障なく処理が行われることが確認されているからです。

**繰返し処理②の例**

```
ruikei ← 0                              /* 累計した値を入れる変数の初期化 */
i ← 1                          /* 制御変数に初期値を設定 */
do
  ruikei ← ruikei + i          /* 値を累計 */
  i ← i + 1                              /* 制御変数を更新 */
while (i ≦ 1000)
```

## 制御記述を使うfor文　— 繰返し処理③ —

**for文**は、ループ端記号を使った“繰返し”の流れ図の書き方をほぼそのまま表現できる命令文で、繰返し条件は**前判定**で行われます。繰返しの制御には、①**制御変数の初期値設定**、②**繰返し終了条件の判定**、③**制御変数の更新**、の三つの要件が必須ですが、このすべてをまとめて記述できるのがfor文の特徴です。

for文は試験問題でも多用される繰返し処理なので、しっかりと慣れておきましょう。まず始めに、流れ図を使って、前判定の繰返し処理とループ端記号を使った処理の違いを確認しておきます。

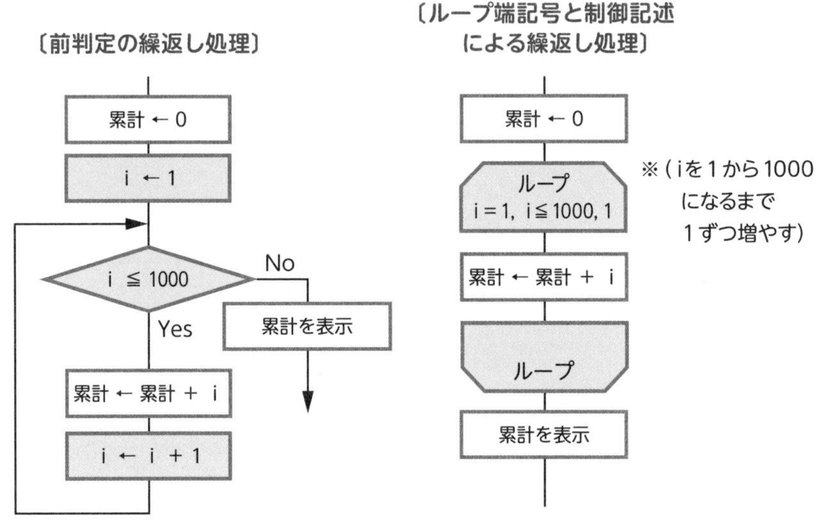


図表2-3-8　繰返し処理③の流れ図

前判定の流れ図（左側）では3か所に分けて記述していた繰返し処理の制御を、右側のループ端記号と制御記述を使う流れ図だと、ループの始端にひとまとめに記述できることがわかります。このアルゴリズムを、擬似言語のfor文を使って記述してみましょう。

**《擬似言語の仕様》**

| | |
|---|---|
| for（条件式）<br>　処理<br>endfor | ……繰返し処理を示す。<br>制御記述の内容に基づいて、処理を繰返し実行する。<br>処理は、0 以上の文の集まりである。 |

### 繰返し処理③の例

```
ruikei ← 0                    /* 累計する値を入れる変数の初期化 */
for( i を1から1000まで 1ずつ増やす)
  ruikei ← ruikei + i         /* 値を累計 */
endfor
```

この例でも、繰返しをコントロールする制御変数としてiを使っていますが、while文と見比べるとスッキリ記述できていることがわかります。

注意したいのは、試験問題のプログラムでは条件式が言葉で記述されること。「～まで」となっているので、継続条件であることがわかりにくいのですが、正確には「 i の値が1から始まり、1000を超えない間、1ずつ値を増やしていく」ことを意味しています。もちろん、最後の値である1000も、累計する値の対象に入ります。

## 手続または関数を呼び出す命令

擬似言語の仕様には、手続や関数を呼び出す親側の命令も用意されています。これは、親子のプログラム間のやり取り（p.42を参照）のための命令です。出題頻度は高くありませんが、親側から呼び出すケースの出題に備えて、記憶の片隅に入れておきましょう。

**《擬似言語の仕様》**

| | |
|---|---|
| **手続名または関数名(引数, …)** | ……手続または関数を呼び出し、引数を渡す。 |

この命令文は、子プログラム側の手続名または関数を指定し、渡す引数の指定を行うために、親プログラム側の処理部に記述します。

# 第2章　確認問題

**問1**　次の記述中の［　　　］に入れる正しい答えを、解答群の中から選べ。

プログラムを実行すると、“［　　　］”と出力される。

〔プログラム〕

```
整数型: x ← 1
整数型: y ← 2
整数型: z ← 3
x ← y
y ← z
z ← x
yの値とzの値をこの順にコンマ区切りで出力する。
```

解答群

| | | |
|---|---|---|
| ア　1,2 | イ　1,3 | ウ　2,1 |
| エ　2,3 | オ　3,1 | カ　3,2 |

出典：2022年12月公開　基本情報技術者試験 科目Bサンプル問題 問1

**問2** 次のプログラム中の [ a ] ～ [ c ] に入れる正しい答えの組合せを、解答群の中から選べ。

関数fizzBuzzは、引数で与えられた値が、3で割り切れて5で割り切れない場合は“3で割り切れる”を、5で割り切れて3で割り切れない場合は“5で割り切れる”を、3と5で割り切れる場合は“3と5で割り切れる”を返す。それ以外の場合は“3でも5でも割り切れない”を返す。

〔プログラム〕

```
○文字列型: fizzBuzz(整数型: num)
  文字列型: result
  if (num が [ a ] で割り切れる)
    result ← ” [ a ] で割り切れる”
  elseif (num が [ b ] で割り切れる)
    result ← ” [ b ] で割り切れる”
  elseif (num が [ c ] で割り切れる)
    result ← ” [ c ] で割り切れる”
  else
    result ← ”3でも5でも割り切れない”
  endif
  return result
```

解答群

| | a | b | c |
|---|---|---|---|
| ア | 3 | 3と5 | 5 |
| イ | 3 | 5 | 3と5 |
| ウ | 3と5 | 3 | 5 |
| エ | 5 | 3 | 3と5 |
| オ | 5 | 3と5 | 3 |

出典：2022年12月公開　基本情報技術者試験 科目Bサンプル問題 問2

**問3** 次のプログラム中の[    ]に入れる正しい答えを、解答群の中から選べ。

ある施設の入場料は、0歳から3歳までは100円、4歳から9歳までは300円、10歳以上は500円である。関数feeは、年齢を表す0以上の整数を引数として受け取り、入場料を返す。

〔プログラム〕

```
○整数型: fee(整数型: age)
  整数型: ret
  if (ageが3以下)
    ret ← 100
  elseif ([    ])
    ret ← 300
  else
    ret ← 500
  endif
  return ret
```

解答群

ア (ageが4以上) and (ageが9より小さい)

イ (ageが4と等しい) or (ageが9と等しい)

ウ (ageが4より大きい) and (ageが9以下)

エ ageが4以上

オ ageが4より大きい

カ ageが9以下

キ ageが9より小さい

出典：2022年4月公開 基本情報技術者試験 科目Bサンプル問題 問1

## 問1 変数への値の代入

このプログラムでは、プログラム名の宣言（冒頭に○が付く）が省略されています。また、擬似言語の仕様には出力に関する仕様がないため、最後の行の処理内容が言葉で記述されています。問題のプログラムではたまに見る形なので、覚えておきましょう。最初の3行は宣言部の記述で、変数を定義しながら初期値として値を格納しています。

整数型: x ← 1　　x [1]
整数型: y ← 2　　y [2]
整数型: z ← 3　　z [3]

x ← y　《実行前》 y [2] → x [1]　《実行後》 x [2]
y ← z　《実行前》 z [3] → y [2]　《実行後》 y [3]
z ← x　《実行前》 x [2] → z [3]　《実行後》 z [2]

yの値とzの値をこの順にコンマ区切りで出力する。

y [3], z [2] → 3, 2

**解答** カ

## 問2 選択処理の条件記述

選択処理を記述するif～elseif文は、endifまでの一連の選択条件を上から評価していき、ある条件にあてはまる（真）とその条件に該当する処理が行われ、それ以降に記述されている処理は無視されるルールになっています。各条件式の判断とその処理に入るケース、そのケースにあてはまる問題の条件の組合せを、表組みで整理しましょう。

| | if文の条件式の判断 | elseif文①の条件式の判断 | elseif文②の条件式の判断 | else文 | 該当する問題の条件 |
|---|---|---|---|---|---|
| if文の処理に入るケース | 真 | — | — | — | 3でも5でも割り切れる |
| elseif文①の処理に入るケース | 偽 → | 真 | — | — | 3で割り切れる（5で割り切れるでも可） |
| elseif文②の処理に入るケース | 偽 → | 偽 → | 真 | — | 5で割り切れる（3で割り切れるでも可） |
| else文の処理に入るケース | 偽 → | 偽 → | 偽 → | 真 | 3でも5でも割り切れない |

**空欄a**

もし、最初のif文の条件式が「3で割り切れる」という条件になっていると、3と5の両方で割り切れる値も「真」と判断され、「3で割り切れる」という結果が返されてしまいます(「5で割り切れる」も同じ理由で不適)。そのためif文の条件式には、「3でも5でも割り切れる」を記載する必要があります。

**空欄b、c**

残りは空欄bとcですが、これは「3で割り切れる」が先でも「5で割り切れる」が先でもかまいません。ただ選択肢の組み合わせを見ると、bが3でcが5しかないことから、一つに絞ることができます。

**解答** ウ

## 問3 比較演算子による条件の組合せ

if～elseif文の条件が空欄になっていますので、まずは条件を整理してみましょう。

| | | |
|---|---|---|
| ①**0～3歳** | ：3歳以下 | 100円 |
| ②**4～9歳** | ：4歳以上 かつ 9歳以下 | 300円 |
| ③**10歳以上** | ：10歳以上 | 500円 |

選択肢にあるandやorはいくつかの条件を組み合わせて一つの複合条件とするときに用いる**論理演算子**です。**and**(**かつ**)は「前後の条件のどちらも満たす」、**or**(**または**)は「前後の条件のいずれかを満たす」を意味します。プログラムの空欄は、②の条件のところです。各条件には値の範囲の重なりがないので、それぞれの条件を記述すればよさそうですが、複合条件となっている選択肢を見ると、②にあてはまる条件式がありません。

| | | |
|---|---|---|
| ア | (age が 4 以上) and (ageが 9 より小さい) | ：**4歳以上 かつ 8歳以下** |
| イ | (age が 4 と等しい) or (age が 9 と等しい) | ：**4歳 または 9歳** |
| ウ | (age が 4 より大きい) and (age が 9 以下) | ：**5歳以上 かつ 9歳以下** |

ここでもう一度if文の条件式の記述ルールを確認すると、「条件を上から評価していき、一度条件に当てはまると、それ以降の記述は無視される」ということです。つまり、それぞれの条件を単独で評価するのではなく、上から条件を絞り込んでいくように条件を記述すればよいのです。if文の最初の条件で、すでに3歳以下が振り分けられているので、elseif文では単体の条件式で「9歳以下」としておけば、最後のelseは必然的に10歳以上になり、①～③の条件への振分けができたことになります。

**解答** カ

第 3 章

# 擬似言語プログラムのポイント

テーマ 3-1

# 複雑な条件式の考え方 — if文 —

**選択処理における条件式が複雑になってくると、思わぬミスが発生します。まずは流れ図を使い、きちんとアルゴリズムを整理しておくことが重要。プログラムの書き方に迷ったら第2章の文法を確認しましょう。**

選択処理の条件式は、判定条件が増えるほどプログラムの構造がわかりにくくなるものです。ただ擬似言語の文法は、シンプルな条件式しか記述できないようになっています。その分、アルゴリズムの自由度が制限されるので、条件を記述する順番をしっかりと考慮する必要があります。まずは、例題を使って考えていきましょう。

## 複合条件を考える　— うるう年の判定 —

うるう年は、4年に一度だけ2月29日が出現して1年が366日になります。なぜそうなるかはさておき、保険料や利息の計算などの日数計算には「うるう年の判定」は欠かせません。うるう年の判定自体はセオリーがありますが、単純に4年おきとはいきません。

実際のうるう年を見ていくと、2020年、2024年、2028年、2032年、2036年……もうしばらくは、4年に一度で間違いありません。ただ、……2088年、2092年、2096年、**2100年**。ここで、2100年はうるう年ではないため、4年に一度でなくなります。

2100年は遠い未来のようですが、例えば、今年生まれてくる子どもの保険料や年金を計算するときには考慮しておく必要がありますよね。

ここで、正確にうるう年を判定するセオリーは次のとおりです。

### 《うるう年の判定方法》

① 西暦が4で割り切れる年はうるう年である
② ①のうち西暦が100で割り切れる年はうるう年ではない
③ ②のうち西暦が400で割り切れる年はうるう年である

まずは、そのまま流れ図にしてみると、次のようになります。

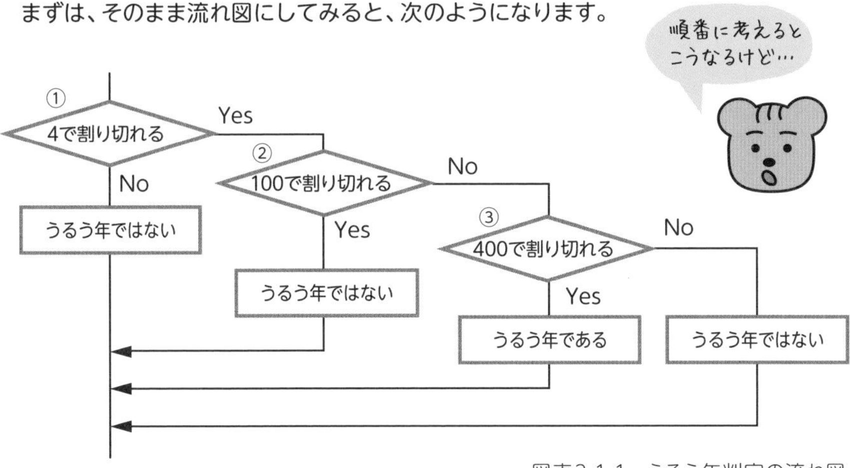


図表3-1-1　うるう年判定の流れ図

ここで、テストデータを、2000年、2020年、2100年とし、トレースしてみましょう。

・2000年…4で割り切れる(Yes)→100で割り切れる(Yes)→「うるう年でない」
・2020年…4で割り切れる(Yes)→100で割り切れる(No)
　→400で割り切れる(No)→「うるう年でない」
・2100年…4で割り切れる(Yes)→100で割り切れる(Yes)→「うるう年でない」

上記のような結果が出ますが、実際には2000年も2020年もうるう年です。もし、最後の「400で割り切れる」でNoを「うるう年である」に変えても、2000年の誤りは解消できません。このように誤って処理された理由は、集合でいう包含関係を見落としていることにあります。つまり、「400で割り切れるなら4でも割り切れる」、「100で割り切れるなら4でも割り切れる」、「400で割り切れるなら100でも割り切れる」という判定に対して、「4で割り切れて100で割り切れる年はうるう年ではない」という例外が含まれているのです。これは、次ページのようなベン図にしてみるとよくわかります。

これは、図にしてみるとよくわかります。

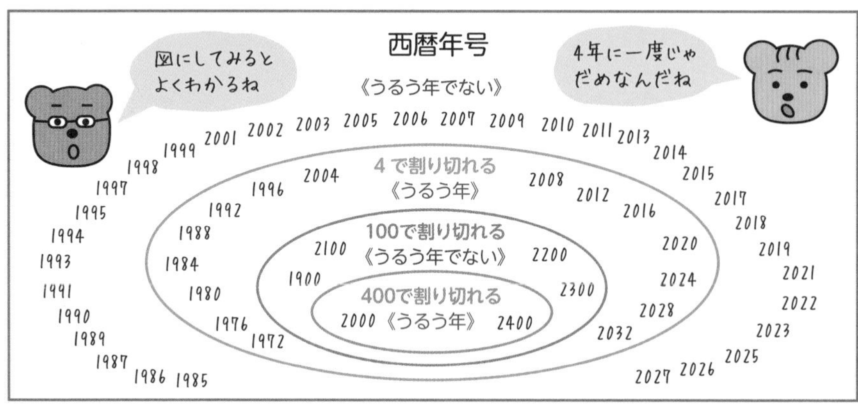


図表3-1-2 うるう年の年号

「4で割り切れる年」の中に、「100で割り切れる年」も「400で割り切れる年」も含まれているため、正しい判断ができなかったのです。

### 《擬似言語文法の文法》

① 条件式を記述順に評価し、最初に真 (Yes)になった条件式の処理を実行する
② ①に該当した場合は以降の条件式は評価せず、対応する処理も実行しない
③ どの条件式も真にならないときは、処理n＋1を実行する

**擬似言語仕様による記述**

```
if (条件式1)
  処理1   …条件式1＝真
elseif (条件式2)  …条件式1が偽のとき
  処理2   …条件式1＝偽、条件式2＝真
elseif (条件式n)  …条件式2が偽のとき
  処理n   …条件式1＝偽、条件式2＝偽、
            条件式n＝真
else              …条件式nが偽のとき
  処理n＋1 …条件式1＝偽、条件式2＝偽、
            条件式n＝偽
endif
```

**条件をわかりやすく書いた例**

```
if (4で割り切れる)
  if (100で割り切れる)
    if (400で割り切れる)
      真にする …400で割り切れたとき
    else
      偽にする …100で割り切れて
                400で割り切れないとき
    endif
  else
    真にする …4で割り切れて
              100で割り切れないとき
  endif
else
  偽にする …4で割り切れないとき
endif
```

## ●正しい判定条件を考える

擬似言語の仕様では、ある条件式の評価結果が真になると、それ以降に書かれた条件式の判断へと進むことはできません。そこで、最も範囲が狭い条件「400で割り切れる年」から判断していけばよいことになります。変更した流れ図は次のようになります。

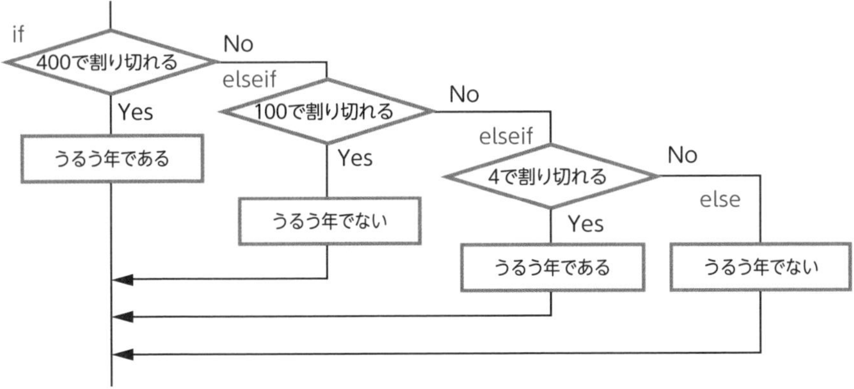


図表3-1-3　うるう年判定の流れ図（改変）

それではプログラムにしてみましょう。関数uHanteiは、引数で西暦年yearを受け取って、うるう年の判定を行います。また、戻り値としてuruに論理値を返し、呼び出した側は、引数で渡した西暦年が、うるう年かどうかを戻り値で判断します。

### うるう年判定のプログラム

```
○論理型: uHantei(整数型: year)
  論理型: uru
  if (400で割り切れる)
    uru ← true                  /* うるう年と判定 */
  elseif (100で割り切れる)
    uru ← false                 /* うるう年でないと判定 */
  elseif (4で割り切れる)
    uru ← true                  /* うるう年と判定 */
  else
    uru ← false                 /* うるう年でないと判定 */
  endif
  return uru
```

なお**論理値**とは、条件式などの評価を行った場合に、真であればtrue、偽であればfalseという結果を示す値のことです。

## ●複合条件を使う

さて、最後に**複合条件**を使う方法です。複合条件とは、いくつかの条件を組み合わせて一つの条件式としたものです。このプログラムでは、論理演算子**and**(**かつ**)を使って「前後の条件のどちらも満たす」複合条件を作ります。「100で割り切れる年」は、「4で割り切れる年」でもあるので、二か所あったelseif文の条件式を、まとめて複合条件にすることができます。注意したいのは、この条件式の評価に進んできたyearの値には、「4で割り切れない年(=うるう年ではない平年)」が含まれていることです。

### 2番目の条件式にかかるyearの判別

①「4で割り切れる年」 かつ 「100で割り切れる年」→うるう年でない(=平年)
②「4で割り切れる年」 かつ 「100で割り切れない年」→うるう年である(=うるう年)
③「4で割り切れない年」→うるう年でない(=平年)

複合条件によって、「うるう年である」、「うるう年でない」の二つに分けることが必要なので、②の「4で割り切れる年 かつ100で割り切れない年」が判定条件に入ればよいことがわかります。もし、①の「4で割り切れる年」によって判定してしまうと、②と③の振分けができず、「4で割り切れない年」の判断が正しくできません。

このように複合条件を使うと、条件式の数を減らして選択処理の構造をシンプルにできます。ミスが生まれやすくなることもあるので注意が必要です。無理に使わなくて

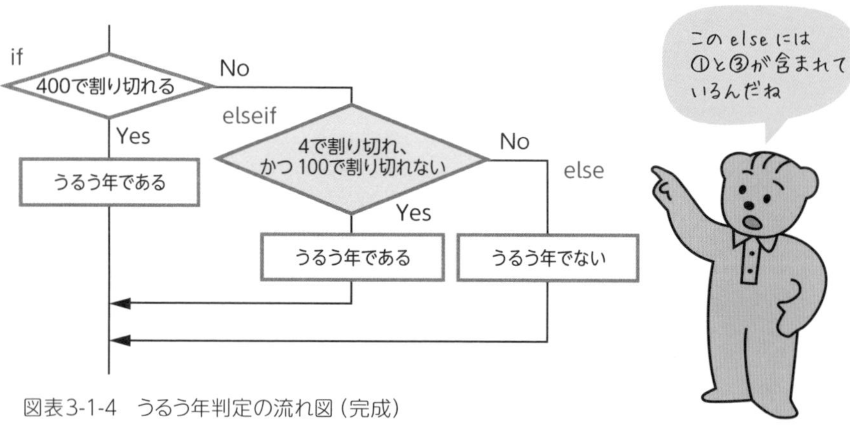


図表3-1-4 うるう年判定の流れ図(完成)

もよいのですが、問題に含まれることもあるので、慣れておくことも重要です。

以上を考慮することによって、ようやくプログラムの完成となります。ここで、「～で割り切れる」は、演算子modを使うことで表現します。

### うるう年判定のプログラム

```
○論理型: uHantei(整数型: year)
  論理型: uru
  if (year mod 400 = 0)
     uru ← true                    /* うるう年と判定 */
  elseif ((year mod 4 = 0) and (year mod 100 ≠ 0))
     uru ← true                    /* うるう年と判定 */
  else
     uru ← false                   /* うるう年でないと判定 */
  endif
  return uru
```

確認のためトレースもやっておきましょう。テストデータは、図表3-1-4の流れ図に従い、すべての条件を試せるように作ります。次の年号が正しい結果になればOKです。

- 2000年 →「うるう年」
- 2020年 →「うるう年」
- 2023年 →「うるう年でない」
- 2100年 →「うるう年でない」

テーマ 3-2

# 多重の繰返し処理 — for文 —

多重の繰返しとは、繰返し処理の中に繰返し処理が含まれる、いわば入れ子の構造です。複雑なプログラムになりますが、ループ端記号による流れ図で記述すると、入れ子の構造が視認しやすくなります。

多重の繰返し処理では、繰返し部分が入れ子になっており、複数の制御変数を同時に使って繰返し処理を制御します。代表的な用途としては、二次元配列を使った処理が挙げられます。二次元配列を扱うプログラムでは、処理の対象となる要素の位置（要素番号）を変化させるために、要素の行番号と列番号を別々に制御します。また、二つの一次元配列を個別に制御する文字列照合でも、多重の繰返しを使います。

なお、多重の繰返し処理の流れ図は、下図のようにループ端記号を使ったほうが視認しやすく、処理がわかりやすくなります。

〔判断記号による多重繰返し〕

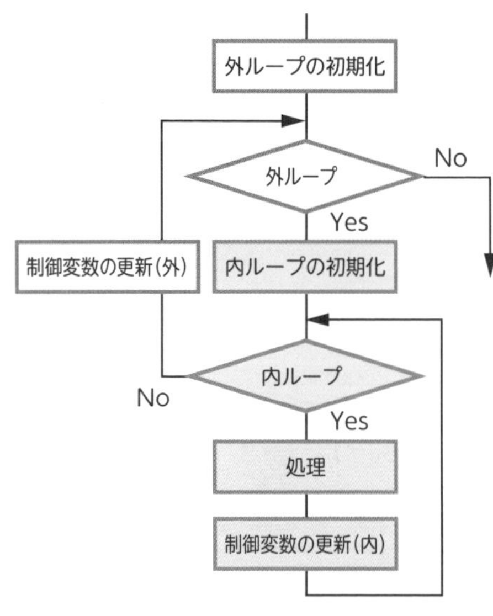


〔ループ端記号による多重繰返し〕

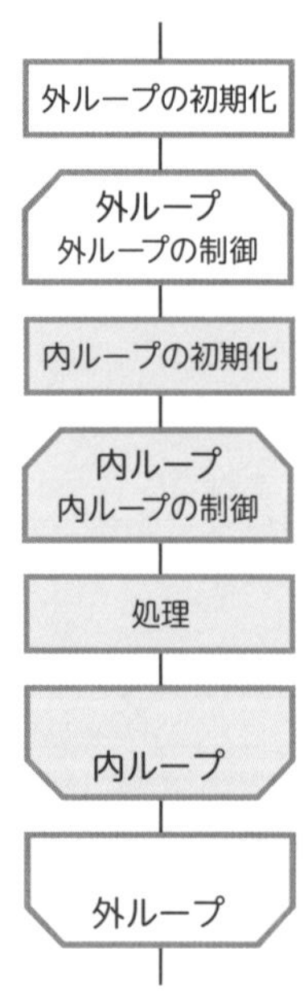


図表3-2-1　多重繰返し処理の流れ図

## ●流れ図の概要

多重繰返しの流れ図で注目したいのは、外ループにも内ループにも、「初期化(ループに入る前の初期設定)」、「処理」、「制御変数の更新」の３要件が含まれていることです<p.60>。

各要件がどの位置にあるかを把握しておくと、適切な繰返し処理を作ることができます。なお、ループ端記号の流れ図では、「制御変数の更新」を「ループ開始端（または終端）の制御記述」の中で行います。

また、右のように繰返しの中に、二つの繰返しが入っており、順に処理を進める入れ子構造もあります。こちらは、例えば二次元配列の操作において、前処理と後処理のように役割を分けるときに用います。

〔多重繰返し、並列の繰返し〕

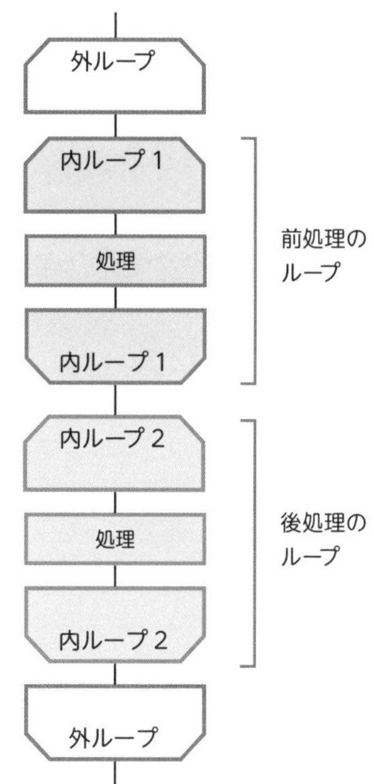


図表3-2-2　多重繰返し並列処理の流れ図

## 多重の繰返し処理を考えてみよう

代表的な二次元配列の操作として、掛け算の九九表の作成があります。九九表は、1×1、1×2、…、1×9と1の段を計算したら、2の段 2×1、2×2、……と段を移動しながら積を求めていきます。これを多重の繰返し処理を使って考えていきましょう。

例題

### 「九九表を出力するアルゴリズム」

九九の1段分の値を1行として、1～9の段までの印刷を行う。

- 値の印刷は、印刷（atai）により、値と文字の区切りとなるスペースを印刷できるものする。
- 1段分の印刷が終わったら、1行分の改行を行う。この処理は、印刷（改行）によって行う。

## ●流れ図の概要

前ページのアルゴリズムを整理した流れ図は下記のようになり、二つの変数 i と j を使って掛け算の回数の制御と積の計算を行っています。具体的には、変数i(段)が1のとき変数 j (掛ける数)を1, 2, …, 9と変化させ、1×1、1×2、…、1×9の結果を順に計算して印刷します。これを変数 i が9になるまで繰り返すことで九九表が完成します。

まずは、外側のループと内側のループの機能(ループごとに行う変数の初期化を含む)を分けて考えると処理を把握しやすくなります。

〔九九表を出力する〕

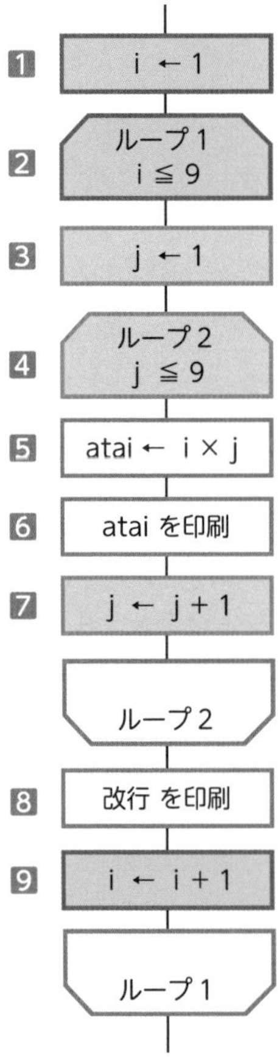

| | |
|---|---|
| 1 | i ← 1 |
| 2 | ループ1<br>i ≦ 9 |
| 3 | j ← 1 |
| 4 | ループ2<br>j ≦ 9 |
| 5 | atai ← i × j |
| 6 | atai を印刷 |
| 7 | j ← j + 1 |
| | ループ2 |
| 8 | 改行 を印刷 |
| 9 | i ← i + 1 |
| | ループ1 |

図表3-2-3
九九表を出力する流れ図

**1 i ← 1**

外側のループ1を制御する変数 i の初期化 (1を代入)を行っています。

**2 i≦9 (外側のループの条件式)**

変数 i が1から順に(1)、1ずつ変化しながら(9)、9になるまで繰り返すという継続条件です。

**3 j ← 1**

内側のループ2を制御する変数 j の初期化 (1を代入)を行っています。

**4 j≦9 (内側のループの条件式)**

変数 j が1から順に(3)1ずつ変化しながら(7)、9になるまで繰り返すという条件です。

**5 atai ← i × j**

その時点における i × j の計算結果を一時的に保管するため、変数ataiに代入します。

**6 atai を印刷**

印刷 (atai) により、値と1文字分のスペースを印刷します。

**7 j ← j + 1**

次列の掛け算を行うため、変数 j を1増分します。

**8 改行 を印刷**

印刷 (改行) により、印字位置を次の行に移します。

**9 i ← i + 1**

次行の掛け算を行うため、変数 i を1増分します。

なおプログラムにする際、for文<p.78>を使う場合は、1と3の初期化と、7と9の制御変数の更新は、for文の制御記述に含めます。流れ図でも右のような形にすることで、for文の書き方に近づけることができます。

なお試験のプログラムでは、「制御変数の初期値・継続条件・制御変数の更新（増分値）」の三つをまとめて、「iを1から9まで1ずつ増やす」という言葉で記述されます。

言葉で書かれていても“継続条件”だということを忘れないでね

〔九九表を出力する 2〕

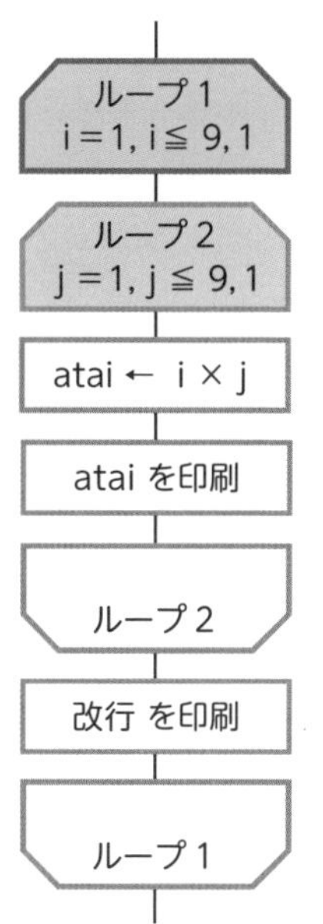


図表3-2-4　制御記述による九九表出力の流れ図

## ●処理のポイント

このプログラムでは、制御変数 i と j の操作がポイントです。九九表を二次元配列の表と考えると、1行目から1列目～9列目の印刷を行い、終わったら2行目に移り1列目～9列目の印刷、3行目に……という形で処理が行われます。

例えば、i＝1のときは、ループ1（外側）とループ2（内側）によって、次のように変化させていきます。

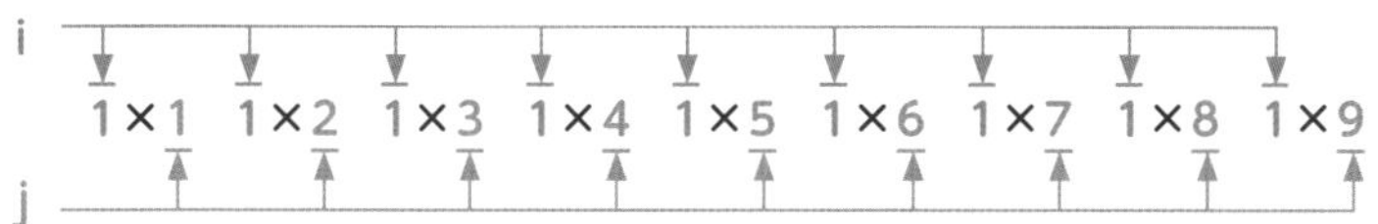


変数iとjの変化によって、値が変わる変数ataiの値（積）を、表組みで示してみます。

→ j の変化

↓ i の変化

| 行（i）＼列（j） | 1 | 2 | 3 | 4 | 5 | 6 | 7 | 8 | 9 |
|---|---|---|---|---|---|---|---|---|---|
| 1 | 1 | 2 | 3 | 4 | 5 | 6 | 7 | 8 | 9 |
| 2 | 2 | 4 | 6 | 8 | 10 | 12 | 14 | 16 | 18 |
| 3 | 3 | 6 | 9 | 12 | 15 | 18 | 21 | 24 | 27 |
| 4 | 4 | 8 | 12 | 16 | 20 | 24 | 28 | 32 | 36 |
| 5 | 5 | 10 | 15 | 20 | 25 | 30 | 35 | 40 | 45 |
| 6 | 6 | 12 | 18 | 24 | 30 | 36 | 42 | 48 | 54 |
| 7 | 7 | 14 | 21 | 28 | 35 | 42 | 49 | 56 | 63 |
| 8 | 8 | 16 | 24 | 32 | 40 | 48 | 56 | 64 | 72 |
| 9 | 9 | 18 | 27 | 36 | 45 | 54 | 63 | 72 | 81 |

←1行ごとに出力（1の段の積の値）

## ●トレースして動きを理解しよう

多重の繰返し処理は、外側と内側で動きが異なるのが特徴です。どんな動きをするのかトレースして確かめてみましょう。次のように流れ図を変形して、外側と内側を分けて書くと見やすくなります。

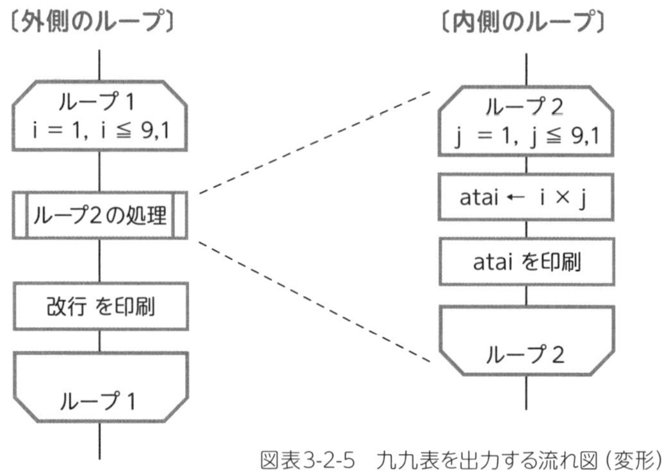


図表3-2-5　九九表を出力する流れ図（変形）

### 九九表を出力するプログラム

```
○整数型: kuku
  整数型: i, j, atai
  for (i を 1 から 9 まで 1 ずつ増やす)
    for (j を 1 から 9 まで 1 ずつ増やす)
      atai ← i × j
      ataiを印刷
    endfor
    改行を印刷
  endfor
```

それでは、変数i（行番号）、変数 j （列番号）、変数atai（積の値）について、トレースしてみましょう。右表を見ると、外側のループの実行回数と変数 i の値、内側のループの実行回数と変数 j の値が、それぞれ一致しています。つまり、制御のための変数 i と j の値を、掛け算の計算式にもうまく取り入れているのです。

〔九九表を出力するプログラムの値の動き〕

| 外 | 内 | i | j | atai |
|---|---|---|---|---|
| 1 | 1 | 1 | 1 | 1 |
| 1 | 2 | 1 | 2 | 2 |
| 1 | 3 | 1 | 3 | 3 |
| 1 | 4 | 1 | 4 | 4 |
| 1 | 5 | 1 | 5 | 5 |
| 1 | 6 | 1 | 6 | 6 |
| 1 | 7 | 1 | 7 | 7 |
| 1 | 8 | 1 | 8 | 8 |
| 1 | 9 | 1 | 9 | 9 |
| 2 | 1 | 2 | 1 | 2 |
| 2 | 2 | 2 | 2 | 4 |
| 2 | 3 | 2 | 3 | 6 |
| 2 | 4 | 2 | 4 | 8 |
| 2 | 5 | 2 | 5 | 10 |
| 2 | 6 | 2 | 6 | 12 |
| 2 | 7 | 2 | 7 | 14 |
| 2 | 8 | 2 | 8 | 16 |
| 2 | 9 | 2 | 9 | 18 |
| 3 | 1 | 3 | 1 | 3 |
| 3 | 2 | 3 | 2 | 6 |
| 3 | 3 | 3 | 3 | 9 |
| 3 | 4 | 3 | 4 | 12 |
| 3 | 5 | 3 | 5 | 15 |
| 3 | 6 | 3 | 6 | 18 |
| 3 | 7 | 3 | 7 | 21 |
| 3 | 8 | 3 | 8 | 24 |
| 3 | 9 | 3 | 9 | 27 |
| 4 | 1 | 4 | 1 | 4 |
| 4 | 2 | 4 | 2 | 8 |
| 4 | 3 | 4 | 3 | 12 |
| 4 | 4 | 4 | 4 | 16 |
| 4 | 5 | 4 | 5 | 20 |
| 4 | 6 | 4 | 6 | 24 |
| 4 | 7 | 4 | 7 | 28 |
| 4 | 8 | 4 | 8 | 32 |
| 4 | 9 | 4 | 9 | 36 |

| 外 | 内 | i | j | atai |
|---|---|---|---|---|
| 5 | 1 | 5 | 1 | 5 |
| 5 | 2 | 5 | 2 | 10 |
| 5 | 3 | 5 | 3 | 15 |
| 5 | 4 | 5 | 4 | 20 |
| 5 | 5 | 5 | 5 | 25 |
| 5 | 6 | 5 | 6 | 30 |
| 5 | 7 | 5 | 7 | 35 |
| 5 | 8 | 5 | 8 | 40 |
| 5 | 9 | 5 | 9 | 45 |
| 6 | 1 | 6 | 1 | 6 |
| 6 | 2 | 6 | 2 | 12 |
| 6 | 3 | 6 | 3 | 18 |
| 6 | 4 | 6 | 4 | 24 |
| 6 | 5 | 6 | 5 | 30 |
| 6 | 6 | 6 | 6 | 36 |
| 6 | 7 | 6 | 7 | 42 |
| 6 | 8 | 6 | 8 | 48 |
| 6 | 9 | 6 | 9 | 54 |
| 7 | 1 | 7 | 1 | 7 |
| 7 | 2 | 7 | 2 | 14 |
| 7 | 3 | 7 | 3 | 21 |
| 7 | 4 | 7 | 4 | 28 |
| 7 | 5 | 7 | 5 | 35 |
| 7 | 6 | 7 | 6 | 42 |
| 7 | 7 | 7 | 7 | 49 |
| 7 | 8 | 7 | 8 | 56 |
| 7 | 9 | 7 | 9 | 63 |
| 8 | 1 | 8 | 1 | 8 |
| 8 | 2 | 8 | 2 | 16 |
| 8 | 3 | 8 | 3 | 24 |
| 8 | 4 | 8 | 4 | 32 |
| 8 | 5 | 8 | 5 | 40 |
| 8 | 6 | 8 | 6 | 48 |
| 8 | 7 | 8 | 7 | 56 |
| 8 | 8 | 8 | 8 | 64 |
| 8 | 9 | 8 | 9 | 72 |
| 9 | 1 | 9 | 1 | 9 |
| 9 | 2 | 9 | 2 | 18 |
| 9 | 3 | 9 | 3 | 27 |
| 9 | 4 | 9 | 4 | 36 |
| 9 | 5 | 9 | 5 | 45 |
| 9 | 6 | 9 | 6 | 54 |
| 9 | 7 | 9 | 7 | 63 |
| 9 | 8 | 9 | 8 | 72 |
| 9 | 9 | 9 | 9 | 81 |

テーマ 3-3

# 配列を操作するアルゴリズム

配列は同じデータ型の変数を複数まとめたものです<p.51>。試験では、あらかじめ値が格納された配列を引数として受け取ったり、格納された値を使いプログラムのトレースを行うという形で出題されます。

配列は、一次元配列のほか、二次元、三次元も扱うことができます。次元が増えてくると扱いが複雑になるため、よく使われるのは二次元配列までです。

## 配列中の文字を探索する

一次元配列に格納されている文字や文字列を探索したり置換するアルゴリズムは、典型的な配列操作の題材として、よく取り上げられます。ここでは、線形探索による文字列探索のアルゴリズムを考えていきましょう。まずは、1文字の探索からです。

### ●線形探索とは

線形探索（sequential search）は、配列の要素を端から順に照合していく方法です。アルゴリズムのポイントは「要素が見つからなかったとき」の対応です。探索範囲を越えないように、要素数の最大値を終了条件に加えておく必要があります。

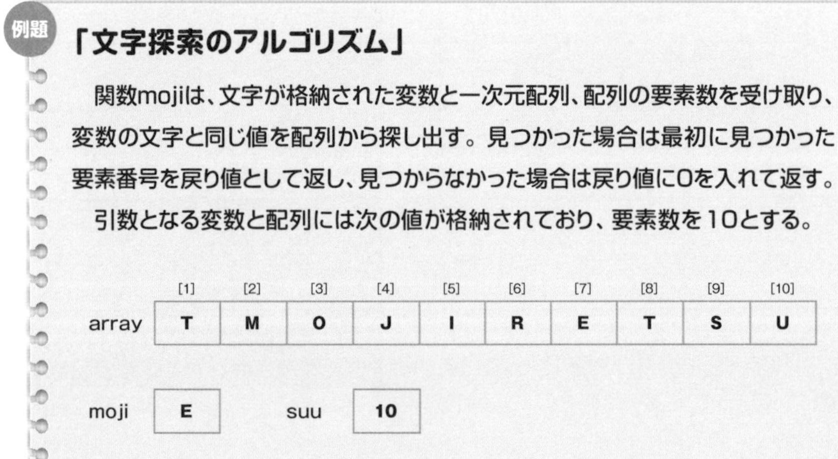

例題

**「文字探索のアルゴリズム」**

関数mojiは、文字が格納された変数と一次元配列、配列の要素数を受け取り、変数の文字と同じ値を配列から探し出す。見つかった場合は最初に見つかった要素番号を戻り値として返し、見つからなかった場合は戻り値に0を入れて返す。

引数となる変数と配列には次の値が格納されており、要素数を10とする。

| | [1] | [2] | [3] | [4] | [5] | [6] | [7] | [8] | [9] | [10] |
|---|---|---|---|---|---|---|---|---|---|---|
| array | T | M | O | J | I | R | E | T | S | U |

| moji | E | suu | 10 |
|---|---|---|---|

**1 ret ← 0**

配列arrayの要素に照合している文字が見つからなかったときの値となる0を、あらかじめ戻り値retに入れておきます。

**2 ループ**

「変数 i を1から順に1ずつ増分しながら、配列arrayの要素数suu（＝10）になるまで繰り返す」という継続条件です。値が見つかった時点（戻り値retが0以外になったとき）で繰返しのループを抜けます。

**3 4 選択処理の条件式**

照合値が見つかった（変数mojiと配列arryの i 番目の要素が一致）ときは、戻り値retにarrayの要素番号となる i を代入します。

**5 retを返す**

探索が完了したので、戻り値retを返し、プログラムを終了します。

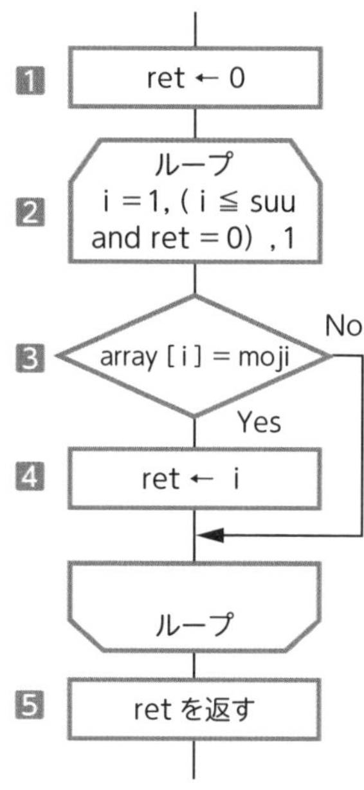


図表3-3-1　文字探索の流れ図

## 文字を探索するプログラム

```
○整数型: moji(文字型の配列 : array, 文字型 : moji, 整数型 : suu)
  整数型 : ret, i
  ret ← 0
  for (iを1から, i ≦ suu かつ ret＝0 まで 1ずつ増やす)
    if (array[i] = moji)
      ret ← i
    endif
  endfor
  return ret
```

## 2文字以上の文字列を探索する

1文字のみの探索は、配列を探索する位置を一つずつ移動していけばよかったので、比較的シンプルなアルゴリズムでした。2文字以上を探索する場合は、探索対象の文字列と比較する文字列がどちらも配列になるため、より複雑なアルゴリズムになります。

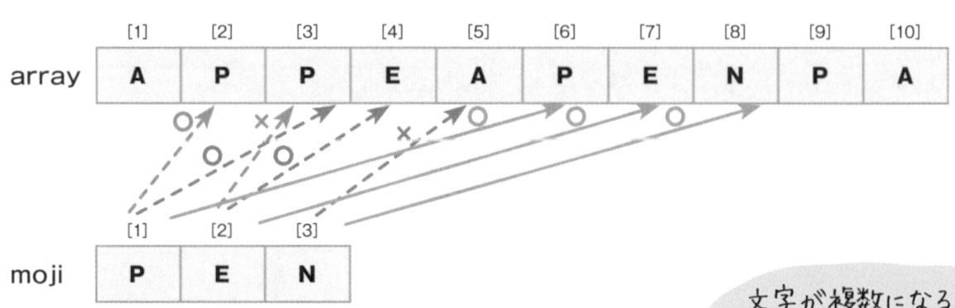

上の例の最初の比較（→）では、mojiの1文字目Pがarray[2]と一致しますが、2文字目Eは合いません。この場合、次の比較（→）の前にmojiの比較位置を1文字目に戻す必要があります。今度の比較は2文字目まで一致していますから、その次の比較（→）の前には、arrayとmojiの両方の比較位置を戻す操作が必要です。

例題

### 「文字列探索のアルゴリズム」

関数mojitanは、配列arrayに格納されている文字列の中から、配列mojiに一致する文字列を探索する。

- 文字列が探索できた場合は、配列array内の見つかった先頭位置を示す値を戻り値ichiに格納して返す。
- 一致する文字列が探索できなかった場合は、戻り値ichiに0を入れて返す。
- 引数となる変数と配列には下記の値が格納されており、それぞれの要素数はsuu1、suu2に格納されている。

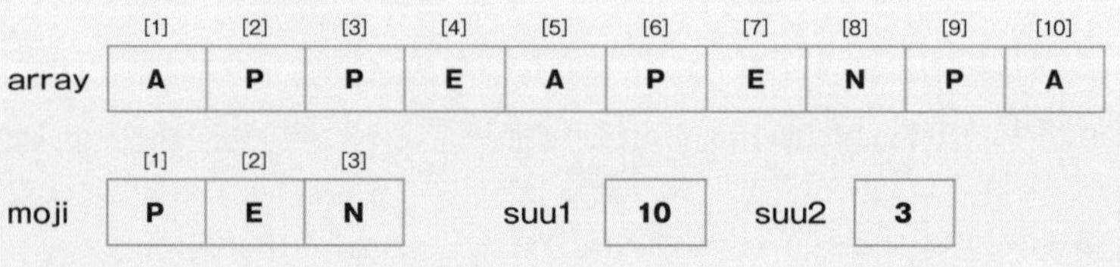

## ●処理の場合分けをする

複雑なアルゴリズムは、役割ごとに考えていくと整理しやすくなります。ポイントは要素番号の操作で、arrayの要素番号を i とし、mojiの要素番号を j として、照合対象の位置を移動します。

### ①最初の1文字目を見つける

二つの配列の照合のスタートは、mojiの最初の文字をarrayの中に見つけること。moji[1]と同じ値がないか、array[1]、array[2]……、と動かしながら照合します。ただし見つからないこともあるので、「arrayの要素数を超えない間」という継続の制約を設けます。

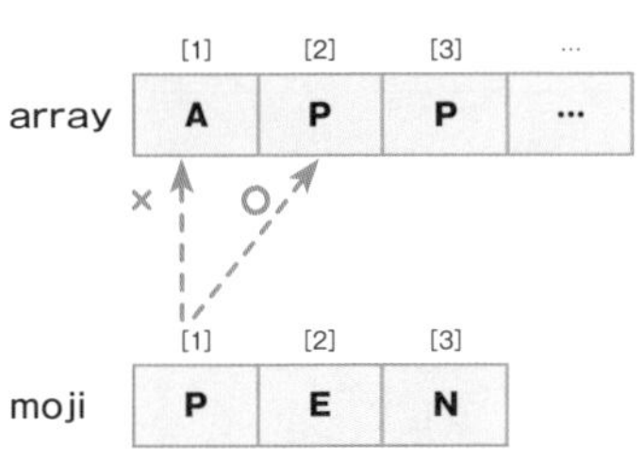


### ② 1文字目が見つかったとき

1文字目が一致したら、2文字目以降を照合します。このときは、arrayとmojiの両方の要素番号を同時に増やしていきます。これは、照合する文字が不一致になるまで行います。また、制約条件は「arrayとmojiのどちらかが要素数を超えるまで」となります。

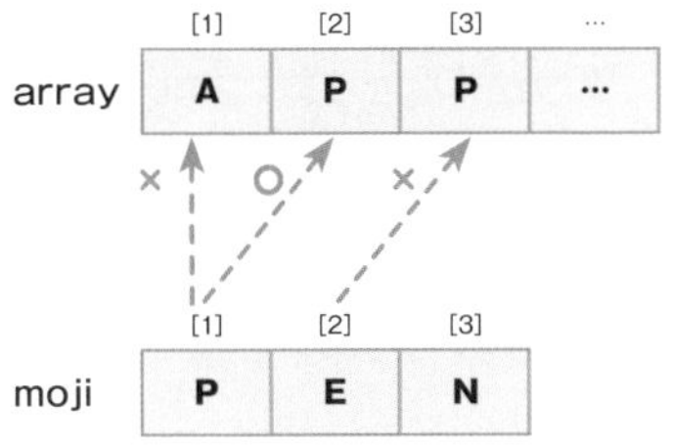


### ③文字列一致の判断と処理

mojiの全要素がarrayの中に見つかったときの判断は、②の照合の結果、それぞれの要素番号と要素数を比較します。

- **完全に一致した：**　moji[1]～moji[要素数]の照合が完遂したとき、つまり照合する文字の入っているmojiの要素番号が要素数を超えたときです。このときは、照合を開始した1文字目のarrayの要素番号を、戻り値ichiに入れます。

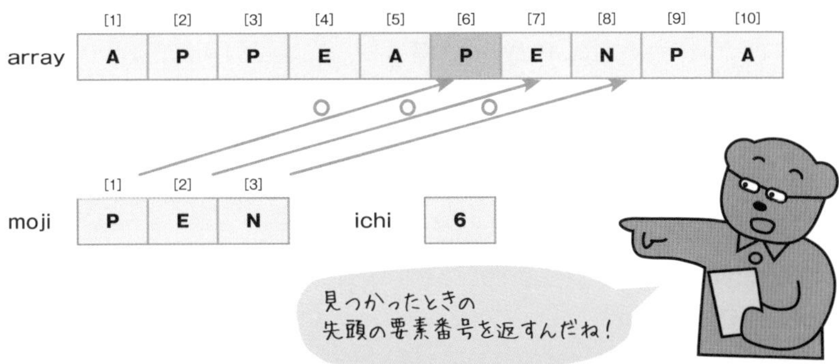

- **一部が一致した：** 途中で不一致になったときは、arrayとmojiの要素番号が、ともに要素数を超えていないときです。再び照合を行うため、arrayの要素番号は、そのときに照合していた1文字目の次の位置に移動し、mojiの要素番号は1に戻します。

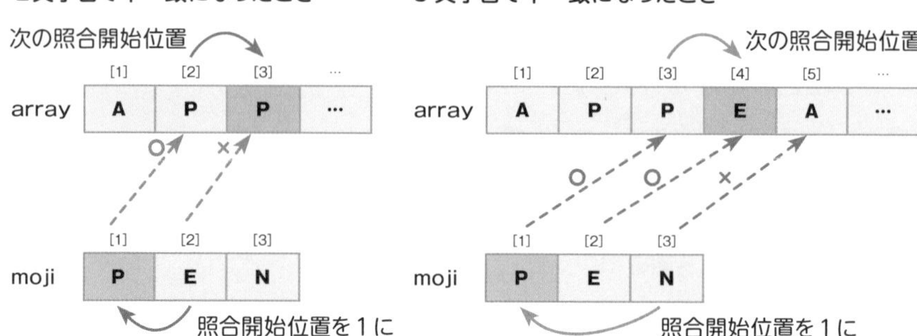


- **見つからなかった：** arrayの要素番号が要素数を超えたときは、見つからなかったと判断して、処理を終了します。このときの戻り値は0を返します。

## ●アルゴリズムを考える

場合分けを踏まえて、プログラムのアルゴリズムを考えていきましょう。

**• 必要な変数**

引数として受け渡された変数のほかには、配列arrayとmojiの要素番号を示すiとj、戻り値ichiが必要です。また、arrayの次の照合開始位置を決めるため、元の照合開始位置を保存しておく必要があり、これをisvとします。

**• 処理の組立て**

前ページ「処理の場合分け」の①～③を、順に組み立てていきましょう。

①「最初の1文字目を見つける」は、外側のループの中で行います。moji[1]と同じ文字が見つかるまで、arrayの要素番号を上げて照合する位置を動かしていきます。

②「1文字目が見つかったとき」は、mojiの要素番号とarrayの要素番号を上げながら位置を動かして照合していきます（内側のループ）。

③「文字列一致の判断と処理」は、arrayの要素数とmojiの要素数によって場合分けをして判断します。

以上により、流れ図を作ると右ページのようになります。

〔文字列を探索する〕

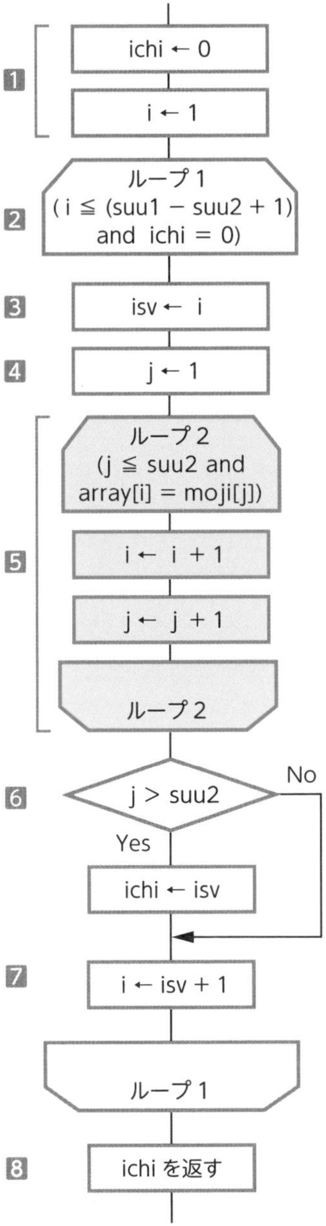

図表3-3-2　文字列探索の流れ図

**1 初期値の設定**

戻り値ichiは初期値として0を設定しておき、文字列が見つからなかったときはそのまま0を返します。また、文字列を最初から照合するため、arrayの要素番号 i に1を代入します。

**2 ループ1（外側）**

照合全体の処理を制御するためのループです。arrayの要素番号 i が、mojiと比較可能な要素数を超えたらループを終了します。

**3 isv← i**

照合が成功したときはisvの値（照合範囲の1文字目の要素番号）が戻り値になります。また、照合が途中で失敗したときは、この値を使ってarrayの照合位置を戻します。

**4 初期値の設定**

mojiの要素番号jに1を代入します。

**5 ループ2（内側）**

1文字目が合致したとき、後に続く文字列を照合します。条件式の評価でmojiの要素番号 j が要素数を超えた場合は、文字列が見つかったことになります。

**6 j > suu2**

Yesになるのは文字列が見つかった場合なので、照合を開始したときの位置を示す値をisvを戻り値ichiに代入します。

**7 i ← isv + 1**

arrayの要素番号isvに1を加えて、探索の開始位置を一つ先にします。文字列が見つかった場合も見つからなかった場合も共通で行いますが、見つかった場合は終了するので影響はありません。

**8 ichiを返す**

戻り値を返し、プログラムを終了します。

## 文字列を探索するプログラム

```
○整数型: mojitan(文字型の配列: array, 文字型の配列: moji, 整数型: suu1,
  整数型: suu2)

  整数型: ichi, isv, i, j
  ichi ← 0
  i ← 1
  while (i ≦ (suu1 − suu2 + 1) かつ ichi = 0)
    isv ← i
    j ← 1
    while (j ≦ suu2 かつ array[i] = moji[j])
      i ← i + 1
      j ← j + 1
    endwhile
    if (j > suu2)
      ichi ← isv
    endif
    i ← isv + 1
  endwhile
  return ichi
```

# 第3章　確認問題

**問1**　次のプログラム中の [　　　] に入れる正しい答えを、解答群の中から選べ。ここで、配列の要素番号は1から始まる。

関数simRatioは、引数として与えられた要素数1以上の二つの文字型の配列s1とs2を比較し、要素数が等しい場合は、配列の並びがどの程度似ているかの指標として、(要素番号が同じ要素の文字どうしが一致する要素の組みの個数÷s1の要素数)を実数型で返す。例えば、配列の全ての要素が一致する場合の戻り値は1、いずれの要素も一致しない場合の戻り値は0である。

なお、二つの配列の要素数が等しくない場合は、−1を返す。

関数simRatioに与えるs1、s2および戻り値の例を表に示す。プログラムでは、配列の領域外を参照してはならないものとする。

表　関数simRatioに与えるs1、s2および戻り値の例

| s1 | s2 | 戻り値 |
|---|---|---|
| {"a", "p", "p", "l", "e"} | {"a", "p", "p", "l", "e"} | 1 |
| {"a", "p", "p", "l", "e"} | {"a", "p", "r", "i", "l"} | 0.4 |
| {"a", "p", "p", "l", "e"} | {"m", "e", "l", "o", "n"} | 0 |
| {"a", "p", "p", "l", "e"} | {"p", "e", "n"} | −1 |

〔プログラム〕

```
○実数型: simRatio(文字型の配列: s1, 文字型の配列: s2)
  整数型: i, cnt ← 0
  if (s1の要素数 ≠ s2の要素数)
    return − 1
  endif
  for (i を 1 から s1の要素数 まで 1 ずつ増やす)
    if ( [　　　] )
      cnt ← cnt + 1
    endif
  endfor
  return cnt ÷ s1の要素数  /* 実数として計算する */
```

解答群

ア　s1[i] ≠ s2[cnt]　　　イ　s1[i] ≠ s2[i]

ウ　s1[i] = s2[cnt]　　　エ　s1[i] = s2[i]

出典：2022年12月公開　基本情報技術者試験 科目Bサンプル問題 問12

**問2** 関数CountBoxは、商品の菓子の総個数を入力すると、その菓子を詰めた箱を何箱作れるかを計算する機能を持つ。箱は2種類あり、大箱には24個、小箱には8個ずつ菓子を入れる。箱詰めの作業は、まず大箱に菓子を詰め、その後残った菓子を小箱へ詰めていく。例えば、菓子の総個数が70個なら、大箱は2箱（24個×2箱＝48個、残り22個）、小箱は2箱（8個×2箱＝16個）、余りは6個となる。

この関数が、親側の関数からCountBox(119)として呼び出されたときに、箱の数として返す配列boxarray（戻り値）に入る値a、bの組合せを解答群の中から選べ。なお、配列の要素番号は1から始まるものとする。

| 要素番号 | [1] | [2] |
| --- | --- | --- |
| 配列boxarray | a | b |

〔プログラム〕

```
○ 整数型配列：CountBox(整数型：total)
  整数型配列：boxarray
  整数型：temp

  boxarray ← {0, 0}   /* 戻り値を初期化（各要素に0を代入）*/

  if(totalの値は24以上)  /* 総個数が24個以上あるときの処理 */
     boxarray[1] ← total ÷ 24 の商
          /* 総個数から大箱（24個入り）が何箱できるかを計算 */
     temp ← mod(total, 24)
          /* 大箱を作った残りの菓子が何個かを計算 */
     boxarray[2] ← temp ÷ 8 の商
          /* 残りの菓子で小箱（8個入り）が何箱できるかを計算 */
  elseif(totalの値は8以上)
          /* 総個数が24個未満で8個以上のときの処理 */
     boxarray[2] ← total ÷ 8 の商
          /* 総個数から小箱（8個入り）が何箱できるかを計算 */
  endif
  return boxarray
```

表　引数と戻り値およびプログラム中で用いる変数・配列の仕様

| | 名前 | データ型 | 説明 |
|---|---|---|---|
| 入力（引数） | total | 整数型 | 箱詰め前の菓子の総個数。 |
| 出力（戻り値） | boxarray | 整数型配列 | 大箱と小箱の個数を親側の関数に戻すための配列で、要素数は2。先頭の要素には作れる大箱の数、2番目の要素には小箱の数を代入する。 |
| ― | temp | 整数型 | 箱に詰めた後に残っている、その時点での菓子の個数を仮置きしておくための変数。 |

解答群

ア　a＝1、b＝11　　イ　a＝2、b＝8　　ウ　a＝3、b＝5

エ　a＝4、b＝2　　オ　a＝5、b＝0

〔参考〕

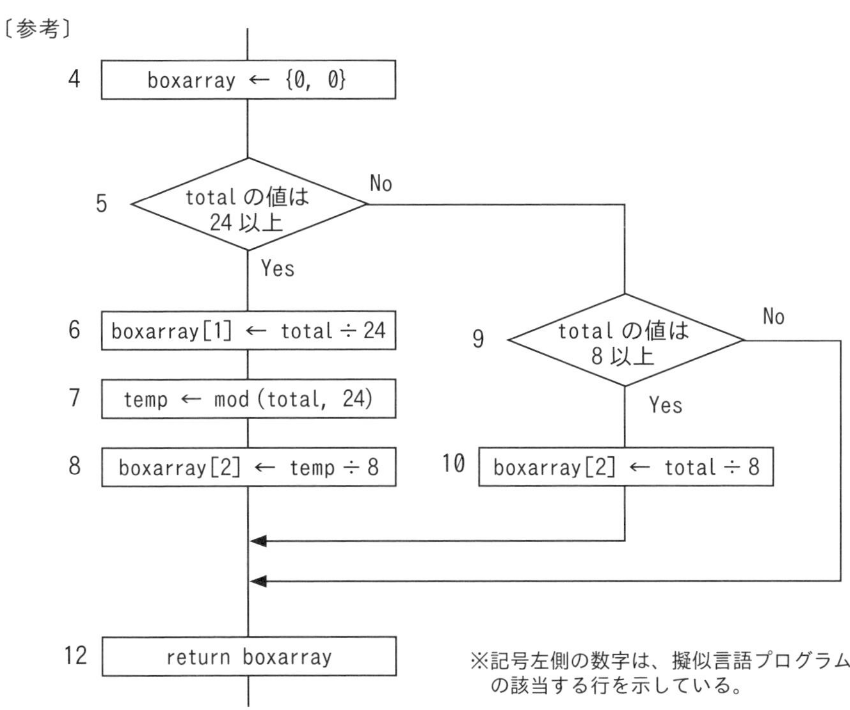


※記号左側の数字は、擬似言語プログラムの該当する行を示している。

## 問1 二つの文字型配列の比較

二つの配列の要素を順に比較し、同一要素番号の要素がどれだけ一致しているかを確認するプログラムです。戻り値には、一致した割合（一致した組の個数÷s1の要素数）を戻します。例えば、表に示されている例の2行目であれば、一致しているのは2組で要素数は5なので、「2÷5＝0.4」ということになります。

戻り値として返す値を、問題文と表の例からまとめると、次のようになります。

**①すべて一致**： 一致した組の個数÷s1の要素数 5÷5＝1 戻り値 1
**②一部が一致**： 一致した組の個数÷s1の要素数 2÷5＝0.4 戻り値 0.4
**③すべて不一致**：一致した組の個数÷s1の要素数 0÷5＝0 戻り値 0
**④二つの配列の要素数が不一致**： s1の要素数 ≠ s2の要素数 戻り値 －1

ここで④は、問題文で「二つの配列の要素数が等しくない場合は、－1を返す」としているので、①～③と同じ計算では、正しい戻り値を返すことができません。以上を踏まえて、プログラムを見ていきましょう。

宣言部ではcntに0を代入しており、これは一致した文字の組をカウントする変数だと予測できます。処理部の最初のif～endifでは、s1とs2の要素数を比較して、一致していなければ－1を返しています。つまり、この部分が④に該当します。

for～endforでは、iを制御変数として繰返し処理を行い、配列要素の照合を行っています。条件文に合致したときにcntに1を加算しているのと、ループを抜けた後にcntを使って割合の計算を行っていることから、この時点でcntが一致した文字の組をカウントするための変数であることが確定するでしょう。

```
for (i を 1 から s1の要素数 まで 1 ずつ増やす)
  if ( [    ] )
    cnt ← cnt＋1
  endif
endfor
return cnt÷s1の要素数 /* 実数として計算する */
```

空欄は、s1とs2のiが示す要素番号の値が合致していることが条件になるので、

```
if ( s1[i] = s2[i] )
```

が条件式になります。

**解答** エ

## 問2 if～elseif文の読取り

問題文には、「CountBox(119)として呼び出されたとき」と書かれており、プログラムの宣言部では「整数型 ：CountBox(整数型 ：total)」と指定されているので、変数totalには、引数として119が入力されていることになります。

### ●配列 boxarray の初期化（4 行目）

配列boxarrayは、計算処理の結果として大箱と小箱の数を親側のプログラムに渡す戻り値を入れるための配列です。4行目で戻り値を {0,0} と初期化しているのは、5行目～11行目の処理で計算した結果、菓子の数が足りずに大箱や小箱がまったく作れなかったときに、箱数の計算結果として「0」を戻り値として返すためです。

### ● if 文を使った多分岐の選択処理（5 行目～ 11 行目）

このプログラムでは、条件式は、次のようになっています。

```
if(1番目の条件式)        …菓子の総個数が24個以上
  値が1番目の条件式に該当するときの処理
elseif(2番目の条件式)    …菓子の総個数が8個以上
  値が2番目の条件式に該当するときの処理
endif
```

※elseの処理は、何もしないので省略されている。

この三つの条件式を、菓子の総個数の値で詳しく分類してみると、次の図のように分けられています。

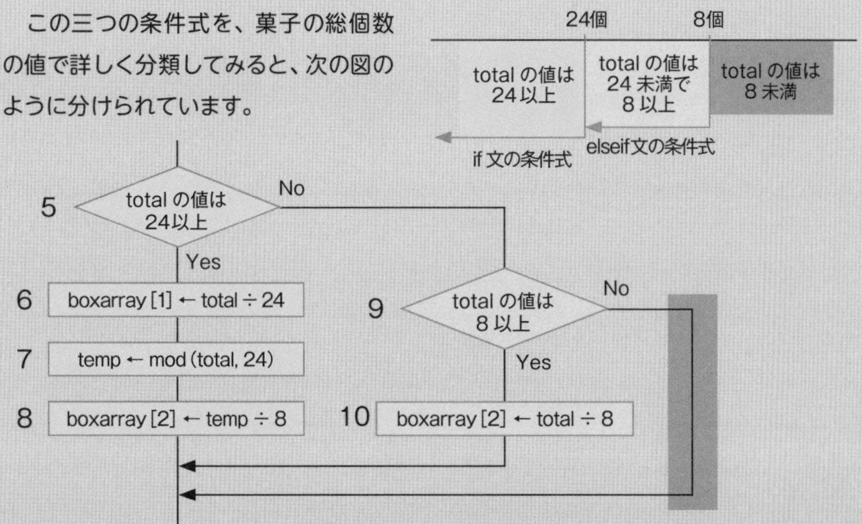

**●要素番号が指定する配列の要素位置（6・8・10行目）**

このプログラムでは、作れる箱数の結果をboxarray［1］（6行目）とboxarray［2］（8行目と10行目）に代入（上書き）します。また、「配列boxarrayの要素番号は1から始まる」と問題文で定義されていますので、boxarray［1］は配列boxarrayの先頭、boxarray［2］は2番目の要素の指定になります。

**●計算結果に小数が含まれる場合→整数への変換（6・8・10行目）**

6行目の処理は「119÷24＝4.9583333…」と計算され、小数点以下の値が出ますが、箱の数を求めるのに、小数があっては不都合です。

ここで計算結果は、boxarray［1］← total÷24の商と、整数型配列boxarrayに書き入れる（上書きする）処理となっています。ここでは、4.9583333…を整数型配列boxarrayに入れる処理を行うと、要素に代入されるのは整数値の「4」になります。

したがって、boxarray［1］（大箱）は4です。

**● mod（剰余算）の計算（7行目）**

7行目にはmod（total, 24）という計算処理があります。**mod**は剰余算の演算子で、剰余算とは被除数（割られる数）を除数（割る数）で割ったときの**余り**を求める計算を行います。ここでは、大箱に詰めた後に残っている菓子の個数を計算するため、総個数を24で割った余りを求めているのです。modの書式を確認しておきましょう。

| mod（割られる数, 割る数）　　計算例：mod（25, 10）　　結果は「5」 |
|---|

したがって、7行目でtemp＝23となり、8行目でboxarray［2］に2が入ります。

＜条件式と変数・配列のトレース表＞

| ～行目 | 処理 | 条件の評価 | 配列 boxarray | 変数temp |
|---|---|---|---|---|
| 4行目 | boxarray ← {0, 0} | − | {0, 0} | |
| 5行目 | if（totalの値は24以上） | Yes | ↓ | ↓ |
| 6行目 | boxarray［1］ ← total÷24 | − | {4, 0} | ↓ |
| 7行目 | temp ← mod（total, 24） | − | ↓ | 23 |
| 8行目 | boxarray［2］ ← temp÷8 | − | {4, 2} | ↓ |
| 12行目 | {4, 2}（大箱4個、小箱2個）が戻り値として親プログラムに戻される※ | | | |

※大箱24個×4箱＝96個、小箱8個×2箱＝16個　計112個　余り7個

**解答**　エ

第4章

# 試験問題に慣れていこう

テーマ 4-1

# 試験問題の分類と「トレース問題」の対策法

擬似言語では処理結果を答えさせるだけでなく、途中の処理を考えさせるなど、さまざまなパターンの出題があります。いろいろなパターンの問題を解き慣れておけば、どんな問題にも対応しやすくなります。

擬似言語の問題には点差を付けるための高レベルな問題や、サービス問題的なやさしい問題が混在しています。解答時間が不足する受験者が多いので、やさしい問題は素早く解き、その分を難しい問題に充てるのが攻略のポイント。出題パターンによって異なる"目の付け所"を理解して、それぞれの問題パターンに慣れておくことが重要です。

## 試験問題の出題パターンには、どんなものがある?

アルゴリズムを流れ図や擬似言語として解かせる出題は、基本情報技術者試験の科目Aと科目B、ITパスポート試験で採用されています。それぞれ出題形式は異なりますが、これまでに公開されている問題は、大まかに次のような分類できます。

### ①トレース問題　…与えられたデータを使って実行結果を求める

試験の出題範囲にある「プログラミングのテスト」に該当する問題です。与えられたデータを使ってアルゴリズムを実行したときに、途中のある時点や処理の終了時に、変数や戻り値、配列要素がどのような内容になっているかが問われます。基本的に正確にトレースしていけば正解にたどり着けるので難易度は高くないのですが、アルゴリズムのルールを素早くつかまないと、思わぬ時間をとられてしまいます。

## ❷空欄穴埋め問題　…プログラム中の空欄を埋める

アルゴリズム問題としては最もオーソドックスなパターンで、出題範囲にある「プログラムの実装」に該当します。空欄は、選択処理の条件式や繰返し処理の条件式・制御記述になることが多く、処理全体の流れを素早く把握する力が求められます。多くの問題を解いて慣れていくことで、解答時間が短縮できるようになります。

## ❸チェックポイント問題　…特定の時点での実行回数を求める

トレース問題のバリエーションとなるパターンで、繰返し処理の内側や選択処理で分岐した先になどにチェックポイントが設けられ、「その処理を何回実行したか？」という形で問われます。また、❶との混合問題として、チェックポイント時点の変数や配列の値を答えさせる問題もあります。なお、問題文中でトレースに使えるデータが与えられない場合は、自分で仮のデータを考える必要があります。やや難易度が高いパターンといえるでしょう。

## ❹計算式を考える問題　…数学的な方法を使ってプログラムを作る

数学的な方法を使って答えを出すプログラムを完成させる問題です。公開されている問題では、再帰呼出しによる階乗計算、ルートの計算などがあり、問題文に提示される「特定の役割をもつ関数」をどのように使うかがポイントになります。数学的な知識があれば難なく解くことができる問題も、その場で考えると時間がかかります。

## ❺誤り訂正・改善問題　…プログラムの不備を見つけ、改善を行う

問題として与えられたプログラムの不備を見つけるパターンで、出題範囲にある「プログラムのテスト」や「処理の誤りの特定（デバッグ）および修正方法の検討」に該当します。「いくつかのデータで不具合を確かめる（処理の成功／不成功）」→「不具合の改善策を選択する」という形で解答していきます。難度は中程度ですが、問題の説明文を素早く理解したうえで誤りが発生する箇所と不具合の内容を見つけ、改善方法を考えなくてはなりません。

## トレース問題を解いてみよう

実際の試験問題を解いてみましょう。この問題は、引数として二次元配列を受け取り、配列要素を参照しながら、別の二次元配列に入れて返すというものです。

例題

### 「行列データの変換」

次の記述中の [ a ] ～ [ c ] に入れる正しい答えの組合せを、解答群の中から選べ。ここで，配列の要素番号は1から始まる。

要素の多くが0の行列を疎行列という。次のプログラムは、二次元配列に格納された行列のデータ量を削減するために、疎行列の格納に適したデータ構造に変換する。

関数transformSparseMatrixは、引数matrixで二次元配列として与えられた行列を、整数型配列の配列に変換して返す。関数transformSparseMatrixをtransformSparseMatrix({{3, 0, 0, 0, 0}, {0, 2, 2, 0, 0}, {0, 0, 0, 1, 3}, {0, 0, 0, 2, 0}, {0, 0, 0, 0, 1}})として呼び出したときの戻り値は、{{[ a ]},{[ b ]},{[ c ]}}である。

〔プログラム〕

```
○整数型配列の配列: transformSparseMatrix(整数型の二次元配列: matrix)
  整数型: i, j
  整数型配列の配列: sparseMatrix
  sparseMatrix ← {{}, {}, {}} /* 要素数0の配列を三つ要素にもつ配列 */
  for (i を 1 から matrixの行数 まで 1 ずつ増やす)
    for (j を 1 から matrixの列数 まで 1 ずつ増やす)
      if (matrix[i, j] が 0 でない)
        sparseMatrix[1]の末尾 に iの値 を追加する
        sparseMatrix[2]の末尾 に jの値 を追加する
        sparseMatrix[3]の末尾 に matrix[i, j]の値 を追加する
      endif
    endfor
  endfor
  return sparseMatrix
```

解答群

| | a | b | c |
|---|---|---|---|
| ア | 1, 2, 2, 3, 3, 4, 5 | 1, 2, 3, 4, 5, 4, 5 | 3, 2, 2, 1, 2, 3, 1 |
| イ | 1, 2, 2, 3, 3, 4, 5 | 1, 2, 3, 4, 5, 4, 5 | 3, 2, 2, 1, 3, 2, 1 |
| ウ | 1, 2, 3, 4, 5, 4, 5 | 1, 2, 2, 3, 3, 4, 5 | 3, 2, 2, 1, 2, 3, 1 |
| エ | 1, 2, 3, 4, 5, 4, 5 | 1, 2, 2, 3, 3, 4, 5 | 3, 2, 2, 1, 3, 2, 1 |

出典：2022年4月公開 基本情報技術者試験 科目Bサンプル問題 問4

プログラム冒頭で呼び出されている関数の、（　）内の値が引数の配列に代入されるデータで、5行5列の配列になります。これをトレースに使います。

引数の配列：matrix

| 行（i）＼列（j） | [1] | [2] | [3] | [4] | [5] |
|---|---|---|---|---|---|
| [1] | 3 | 0 | 0 | 0 | 0 |
| [2] | 0 | 2 | 2 | 0 | 0 |
| [3] | 0 | 0 | 0 | 1 | 3 |
| [4] | 0 | 0 | 0 | 2 | 0 |
| [5] | 0 | 0 | 0 | 0 | 1 |

処理結果

戻り値の配列：sparseMatrix

| [1] 解答群のa | [2] 解答群のb | [3] 解答群のc |
|---|---|---|
| | | |

図表4-1-1　処理の概要

for文の繰返しは2重ループになっており、要素番号をi(行番号)とj(列番号)として、1行1列目→1行2列目…2行1列目→2行2列目…の順に1行1列～5行5列まで、下記の処理を行っていきます。

```
if (matrix[i, j] が 0 でない)
  sparseMatrix[1]の末尾 に iの値 を追加する
  sparseMatrix[2]の末尾 に jの値 を追加する
  sparseMatrix[3]の末尾 に matrix[i, j]の値 を追加する
endif
```

順にトレースしてみましょう。matrix[i, j] が0でない要素（七つある）を対象として、次の処理を行っていけばよいのです。プログラム中に言葉で書かれている処理「末尾に追加する」は、選択肢を見ると「,」で区切って値を追加すればよいことがわかります。

**1行1列**　値 [ 3 ]　sparseMatrix[1] → [ 1 ]（行番号）
sparseMatrix[2] → [ 1 ]（列番号）
sparseMatrix[3] → [ 3 ]（値）

これが1セットなので、残り六つをトレースすれば解答が出ます。

| | | | | |
|---|---|---|---|---|
| **2行2列** | 値 2 | sparseMatrix[1] | → | 1, 2 |
| | | sparseMatrix[2] | → | 1, 2 |
| | | sparseMatrix[3] | → | 3, 2 |
| **2行3列** | 値 2 | sparseMatrix[1] | → | 1, 2, 2 |
| | | sparseMatrix[2] | → | 1, 2, 3 |
| | | sparseMatrix[3] | → | 3, 2, 2 |
| **3行4列** | 値 1 | sparseMatrix[1] | → | 1, 2, 2, 3 |
| | | sparseMatrix[2] | → | 1, 2, 3, 4 |
| | | sparseMatrix[3] | → | 3, 2, 2, 1 |
| **3行5列** | 値 3 | sparseMatrix[1] | → | 1, 2, 2, 3, 3 |
| | | sparseMatrix[2] | → | 1, 2, 3, 4, 5 |
| | | sparseMatrix[3] | → | 3, 2, 2, 1, 3 |
| **4行4列** | 値 2 | sparseMatrix[1] | → | 1, 2, 2, 3, 3, 4 |
| | | sparseMatrix[2] | → | 1, 2, 3, 4, 5, 4 |
| | | sparseMatrix[3] | → | 3, 2, 2, 1, 3, 2 |
| **5行5列** | 値 1 | sparseMatrix[1] | → | 1, 2, 2, 3, 3, 4, 5 |
| | | sparseMatrix[2] | → | 1, 2, 3, 4, 5, 4, 5 |
| | | sparseMatrix[3] | → | 3, 2, 2, 1, 3, 2, 1 |

値が追加される様子がよくわかるね

根気よくトレースして見てね！

図表4-1-2　プログラムのトレース

〔解答　イ〕

## ●規則性を見つけたら、すぐに選択肢を確認しよう

トレース問題では、最後までトレースしなくても、正解の選択肢を絞り込むことができる場合があります。例えば、この問題では、sparseMatrix[1]がｉ（行番号）、sparseMatrix[2]がｊ（列番号）、sparseMatrix[3]が引数として渡された値であることに気づけば、トレース作業を省略してしまうことができます。

処理の規則性に素早く気づけるかどうかで解答時間に大きく差が出るので、トレースしながらも、常に意識しておくとよいでしょう。

テーマ 4-2

# 「空欄穴埋め問題」の対策法

プログラムの穴埋め問題は最もオーソドックスな出題形式です。空欄となる箇所は、選択や繰返しの条件式や制御記述、プログラムのメインとなる計算式などです。空欄に入る処理の種類ごとに、対策法を見ていきましょう。

空欄の穴埋め問題は、「プログラムの実装、プログラムのテスト、誤りの特定」などを想定しており、受験者がそれらの方法を理解しているかを問う内容になっています。その点を踏まえたうえで、どんな場所が空欄になるのか、パターンを知っておきましょう。

### ①代入処理や計算式

この部分が空欄になっているケースでは、問題文で求められている処理がプログラムとして実現されているかを判断します。問題文とプログラムに矛盾がないかを確認するのはもちろん、簡単なテストデータを想定してトレースしてみればより確実です。

### ② if文（選択処理）の条件式

if文の選択条件が空欄となるケースです。条件式は先に書かれたものから評価するので、if文の後にelseif文がある場合、順に条件の範囲を絞り込む形になります。後に続く条件式が前の条件式と重複したり、矛盾したりしないよう注意する必要があります。

### ③分岐や繰返しループの条件式および制御記述

while文やdo文の条件式、for文の制御記述、繰返し回数制御のためのインクリメントやデクリメントが空欄となるケースです。ループの実行回数や脱出する条件に関わる部分は特に注意が必要。繰返しを余分に行ったことで計算を誤ったり、存在しない配列要素にアクセスして実行エラーを引き起こしたりなど、ミスの要因になるからです。

## 空欄穴埋め問題を解いてみよう

実際の試験問題を解いてみましょう。この問題のプログラムでは、配列に収められた値の並び順を、逆順に入れ換える処理を行います。プログラムの目的が明確になっているので、その目的に合致する処理内容となる選択肢を空欄ごとに選べばよいでしょう。

例題

### 「配列要素の入換え」

次のプログラム中の［ a ］と［ b ］に入れる正しい答えの組合せを、解答群の中から選べ。ここで、配列の要素番号は1から始まる。

次のプログラムは、整数型の配列arrayの要素の並びを逆順にする。

〔プログラム〕

```
整数型の配列: array ← {1, 2, 3, 4, 5}
整数型: right, left
整数型: tmp
for (left を 1 から (arrayの要素数 ÷ 2 の商) まで 1 ずつ増やす)
  right ← [ a ]
  tmp ← array[right]
  array[right] ← array[left]
  [ b ] ← tmp
endfor
```

解答群

| | a | b |
|---|---|---|
| ア | arrayの要素数 − left | array[left] |
| イ | arrayの要素数 − left | array[right] |
| ウ | arrayの要素数 − left ＋ 1 | array[left] |
| エ | arrayの要素数 − left ＋ 1 | array[right] |

出典：2022年4月公開 基本情報技術者試験 科目Bサンプル問題 問2

まずは仮のデータを想定して、プログラムの目的となる処理内容を明確にしましょう。プログラム中で設定している配列の初期値を図で表現すると次のようになります。

図表4-2-1　処理の結果

処理結果の形にするには、最初の要素と最後の要素、2番目の要素と最後から2番目の要素を入れ換えます。なお要素数が奇数の場合、中央の要素（この問題では要素番号[3]）は動かす必要がありません。

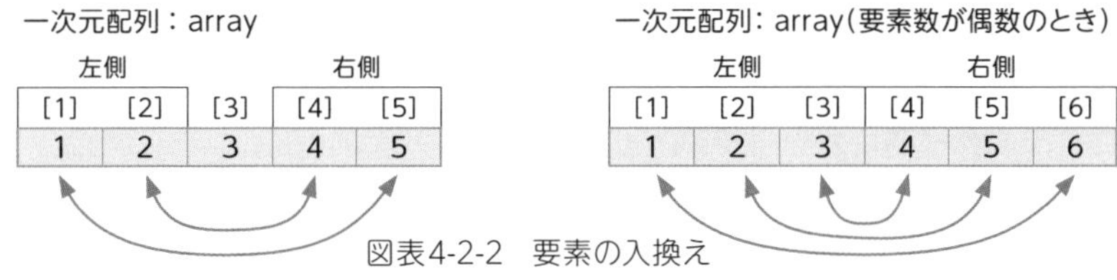


図表4-2-2　要素の入換え

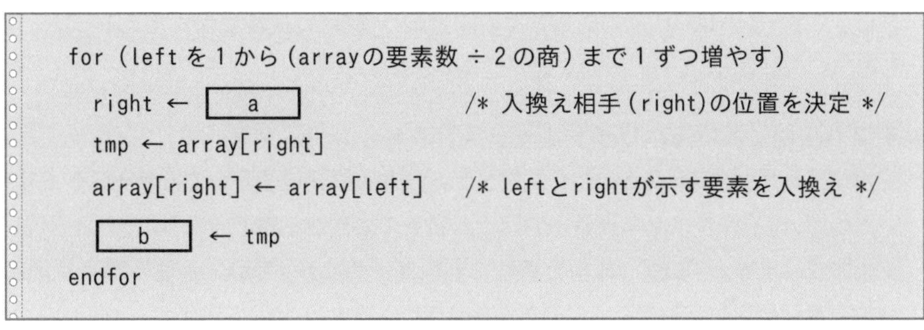

```
for (left を 1 から (arrayの要素数 ÷ 2 の商) まで 1 ずつ増やす)
  right ← [  a  ]                 /* 入換え相手 (right)の位置を決定 */
  tmp ← array[right]
  array[right] ← array[left]    /* leftとrightが示す要素を入換え */
  [  b  ] ← tmp
endfor
```

プログラムの中心になるのは、for文の繰返し部分です。右側と左側の要素の値の入換えを1回の繰返し処理で行っており、要素数が奇数なら中央の要素は対象としないので、繰返し回数を「1から（arrayの要素数 ÷ 2 の商）まで」として制御しています。

空欄aのある行では、入換え対象（left：対象の要素番号）に対応する相手側（right：相手の要素番号）を求めています。要素番号1（left）と5（right）なら、「5（要素数）－1（left）＋1＝5（right）」となるため、空欄aには「arrayの要素数 －left＋1」が入ります。「＋1」がないと、正しい要素番号（right）にならないことに注意が必要です！

以降の3行は、同一配列内の値の入換えなので、上書きして値を壊さないように退避用の変数tmpを用いています。「tmp ← array[right]」で右側の要素の値を退避しているので、「array[left] ← tmp」で左側の要素に代入すれば入換えは完了します。

〔解答　ウ〕

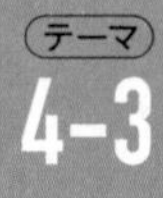


# 「チェックポイント問題」の対策法

プログラムのテストや誤り特定のため、処理途中にチェックポイントを設けて、その時点のデータを確認する作業は、実際のシステム開発でも実施されており、プログラミング時のデバッグやテスト工程で行われています。

チェックポイント問題はトレース問題の一種ですが、アルゴリズムをより正確に把握することが求められます。このパターンのバリエーションには、処理中のデータ内容（変数、配列の要素）を確認する問題や、そこを何回通ったかをカウントする問題もあります。

### ①プログラム作成時におけるデバッグ

デバッグの作業で想定したテスト結果にならないときは、チェックポイント時点のデータ内容を確認しながら、どの部分でミスが起こっているのかを特定していきます。チェックポイントは、状況に応じて複数箇所設けておき、確認が済んだところから外していくことで、エラーの原因を絞り込んできます。

### ②テスト工程におけるホワイトボックステスト

**ホワイトボックステスト**とは、プログラムの内部構造に注目して行うテストです。一般には、選択条件による評価の判定と分岐後の処理を網羅するように、テストデータを作成します。プログラム中で適切に判断が行われていれば、処理内容や特定部分の通過回数も想定したとおりになるというわけです。

## チェックポイント問題を解いてみよう

この問題のテーマとなっている“ユークリッドの互除法”は、二つの数の最大公約数を求める代表的なアルゴリズムで、試験でもたびたび取り上げられています。

## 「最大公約数と最小公倍数を求める」

ユークリッドの互除法により最大公約数を求めるプログラムに関する記述について [ a ] と [ b ] に入れる正しい答えの組合せを、解答群の中から選べ。

次のプログラムを実行した場合、プログラム中のαの部分は [ a ] 回 実行され、β部分の変数xの値は [ b ] になる。

〔プログラム〕

```
整数型: m ← 32
整数型: n ← 20
整数型: x ← m × n
while (m が n と等しくない)
  if (m > n)                     ←――――― α
    m ← m − n
  else
    n ← n − m
  endif
endwhile
x ← x ÷ n                        ←――――― β
```

解答群

| | a | b |
|---|---|---|
| ア | 0 | 32 |
| イ | 4 | 20 |
| ウ | 4 | 80 |
| エ | 4 | 160 |
| オ | 5 | 20 |
| カ | 5 | 80 |
| キ | 5 | 160 |

ユークリッドの互除法は、「二つの数の大きいほうを小さいほうで割っていき、割り切れたときにその除数（割る数）が最大公約数になる」というものです。問題のプログラムで提示された引数の値で、アルゴリズムを確認してみます。

m 32　n 20 として、まず大きいほうの値を小さいほうの値で割る。

32÷20＝1　余り12 …… 割り切れずに余りが出るときには、さらに割る数
20÷12＝1　余り8　　(20)と余り(12)で同様の計算をしていく。以下、
12÷8＝1　余り4　　割り切れるまで繰返し。

8÷4＝2　余り0 …… 割り切れたときの割る数(4)が最大公約数になる。

　このプログラムでは、割り算ではなく引き算を繰り返すことで同様なアルゴリズムを実現しています。αの部分は「二つの数が等しくないとき、どちらが大きいか」を判断しています。上記の除法を使った計算と同じ結果になるか、トレースしてみましょう。

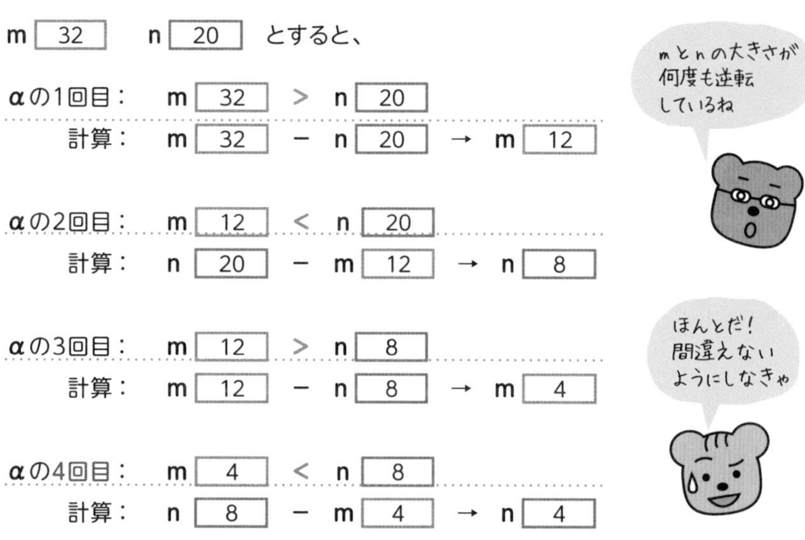


　mとnが等しくなるため、ここでwhile文の繰返しは終了です。最後にβ部の計算を行いますが、xにはループに入る前にm×nの結果が代入されています。

ループ前　m 32 × n 20 → x 640
ループ後　x 640 ÷ n 4 → x 160　β＝160

　以上に該当するのは、選択肢のエということになります。なお、xの値は元々の変数mと変数nの最小公倍数になります。

〔解答　エ〕

テーマ 4-4

# 「計算式を考える問題」の対策法

数学の定理などを利用したプログラムは、問題を解いた経験がないと、どんなアルゴリズムが使われているのか推測しにくいこともあります。ここでは、出題頻度の高い数学的テーマの対策をしておきましょう。

## 計算式を考える問題を解いてみよう

複雑な計算式を求めるといった数学的なアルゴリズムが含まれる問題は、解いた経験があるかどうかで解答にかかる時間が大きく変わってきます。まずは、基本情報技術者試験の科目Bとして公開された、次の問題を解いてみましょう。

例題

### 「平方根を求める数式」

次のプログラム中の［　　　］に入れる正しい答えを、解答群の中から選べ。

関数calcは，正の実数xとyを受け取り、$\sqrt{x^2+y^2}$ の計算結果を返す。関数calcが使う関数powは、第1引数として正の実数aを、第2引数として実数bを受け取り、aのb乗の値を実数型で返す。

〔プログラム〕

```
○実数型: calc(実数型: x, 実数型: y)
  return [　　　]
```

解答群

ア　(pow(x, 2) ＋ pow(y, 2)) ÷ pow(2, 0.5)

イ　(pow(x, 2) ＋ pow(y, 2)) ÷ pow(x, y)

ウ　pow(2, pow(x, 0.5)) ＋ pow(2, pow(y, 0.5))

エ　pow(pow(pow(2, x), y), 0.5)

オ　pow(pow(x, 2) ＋ pow(y, 2), 0.5)

カ　pow(x, 2) × pow(y, 2) ÷ pow(x, y)

キ　pow(x, y) ÷ pow(2, 0.5)

出典：2022年12月公開 基本情報技術者試験 科目Bサンプル問題 問5

プログラム自体は、引数として二つの引数を受け取り、戻り値として返すだけというシンプルなもの。return文（空欄部分）の計算を行って、その結果となる値を返すというアルゴリズムです。このプログラム関数calcも子関数として呼び出されているのですが、ここからさらに別の関数powを呼び出すことで計算処理を行っています。

**関数pow** …第1引数として正の実数aを、第2引数として実数bを受け取り、aのb乗の値を実数型で返す

この関数により、$x^2$と$y^2$は、次のように求めることができます。

$x^2$ …… pow(x, 2)　　　$y^2$ …… pow(y, 2)

この問題のポイントは、平方根をどうやって計算するかです。平方根とは「2乗すると元の値になる数」で、$a^2$の平方根はaです（例：4（$=2^2$）の平方根は2）。

ここで、2乗の計算に関数powが使えることに気づくことが第一歩です。さらに、選択肢に書かれた関数powの第2引数（×乗を表す）に、0.5という数字が出てきています。

数学のルールには指数法則があり、その中に「$a^m \times a^n = a^{m+n}$」という定理があります。この定理を使うと（$a^{0.5}$）×（$a^{0.5}$）は（$a^{0.5+0.5}$）＝（$a^1$）＝a になることから、pow(a, 0.5)を計算すると、aの平方根が求められます。このaを（$x^2+y^2$）に置き換えればよいので、

pow((x²+y²), 0.5)

さらに、$x^2$と$y^2$のそれぞれをpow関数で求めれば次のようになり、これが求める計算式です。

```
pow(pow(x, 2) + pow(y, 2) , 0.5)
```

〔解答　オ〕

以上のように、この問題を解くためには平方根の性質や指数法則を知ったうえで、論理的な計算式を解答群から選ばなくてはなりません。関数の呼出しという文法的な要素も含まれていますが、数学的な知識がないと、その場で想像力を働かせてアルゴリズムを把握するのは難しいものです。

ただし、一度でも解いたことがあれば、類題が出たときには難なく解けるはず。本書で取り上げている、最大公約数と最小公倍数<p.107>や階乗の計算<p.246>もその一つ。

さらに万全にしておきたいなら、IPAに公開されている過去問題（午前問題）を使って数学的なテーマを演習しておくのが効果的です。

テーマ 4-5

# 「誤り訂正・改善問題」の対策法

誤り訂正・改善問題は、プログラムの不備を見つけ出し、その改善策を検討することがテーマです。出題には、複数のデータのうちで不具合が出るものを選ぶ、プログラムの修正案を選ぶといった形があります。

## 誤り訂正・改善問題を解いてみよう

実務で起こる不具合は、特定のデータが処理されたときや、特定の条件が重なった環境などで発生し、これらは文法エラーの修正後に通常のテストを行っても発見できません。そのため、プログラムを作成するときは、不具合を引き起こす特殊なデータも処理できる（または処理対象から外す）アルゴリズムを構築することが重要です。

例題

### 「配列要素のブロックコピー」

配列内でブロックコピーを行うプログラム中の［　　　］に入れる正しい答えを、解答群の中から選べ。ここで、配列の要素番号は1から始まる。

次の関数blockcopyは、大域配列arrayの要素番号fromからlen個の配列要素（これを複写元領域と呼ぶ）の内容を、同一配列内の要素番号toからlen個の配列要素（これを複写先領域と呼ぶ）へ複写するものである。

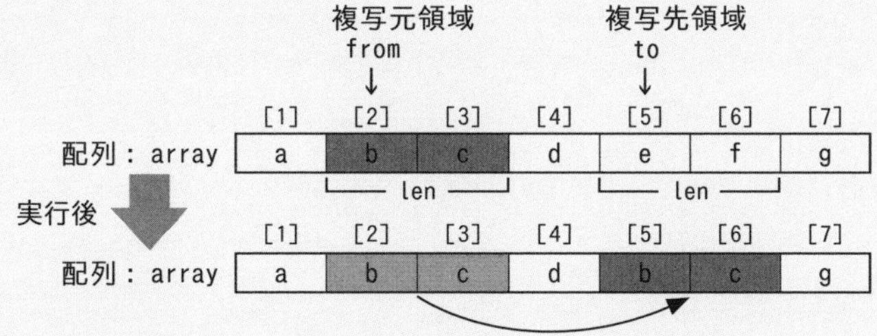


この関数blockcopyを呼び出す(a)～(e)の処理がある。

(a) blockcopy(1, 2, 3)　　(b) blockcopy(1, 3, 3)

(c) blockcopy(1, 5, 3)　　(d) blockcopy(4, 2, 3)

(e) blockcopy(5, 2, 3)

このうち、実行前の複写元領域の内容を複写先領域へ正しく複写できないものは、処理 [　　　] である。

〔プログラム〕

```
大域: 文字型の配列: array ← { 'a', 'b', 'c', 'd', 'e', 'f', 'g' }

○blockcopy(整数型: from, 整数型: to, 整数型: len)
  if ((from < 1) or (to < 1) or (len < 1))  /* 引数エラー：何もしない */
  elseif ((from + len − 1 > arrayの要素数)
      or (to + len − 1 > arrayの要素数)) /* 引数エラー：何もしない */
  else
    do
      array[to] ← array[from]
      from ← from + 1
      to ← to + 1
      len ← len − 1
    while (len > 0)
  endif
```

解答群

| | | |
|---|---|---|
| ア (a) | イ (a), (b) | ウ (a), (b), (e) |
| エ (c), (d), (e) | オ (c), (e) | カ (d), (e) |
| キ (e) | | |

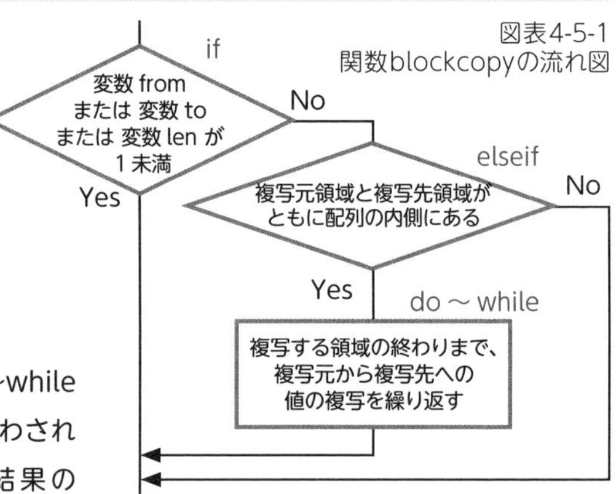


図表4-5-1
関数blockcopyの流れ図

関数blockcpoyは、配列内部でブロックのコピーを行うプログラムで、指定する値によって不具合が生じることがあり、その誤りを見つけるという問題です。

if文を使った選択処理と、do～while文を使った繰返し処理が組み合わされているのですが、「if文の評価結果の

Yes側に処理がない」「if文最後のelse文が省略」など、少々わかりづらいアルゴリズムになっているため、まず流れ図で処理の流れを把握しておきましょう。

## ●ブロックコピーのパターンを考える

問題の図において、何もエラー対策をとらないとしたとき、ブロックコピーを指定する値によって不具合が発生するパターンが存在します。問題文の図の例と同じ、複写する領域の長さを要素二つ分として見ていきましょう。注意したいのは、複写は1要素ずつ、要素番号の小さいほうから大きいほうへと行われていくということです。

### ①要素番号の大きいほう（右側）への複写

複写先が複写元の右側になるパターンで、次の三つのケースが考えられます。

**(a) 正しく複写が完了する：** 複写先が重複せず、配列からはみ出してない。

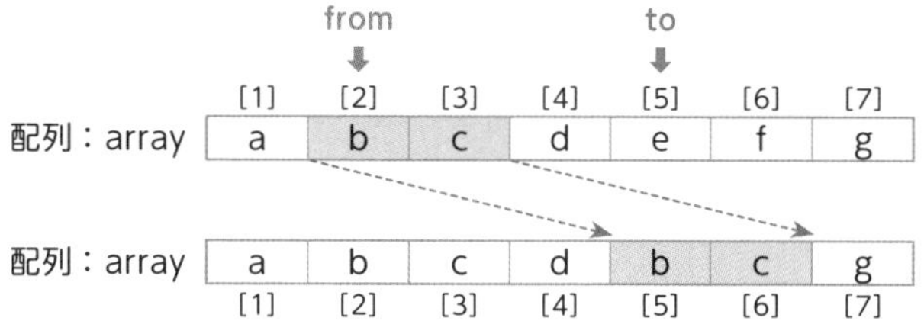


**(b) 配列からはみ出してしまう：** 要素番号[3]の複写先が配列からはみ出している。存在しない配列要素なので、実行エラーになる。

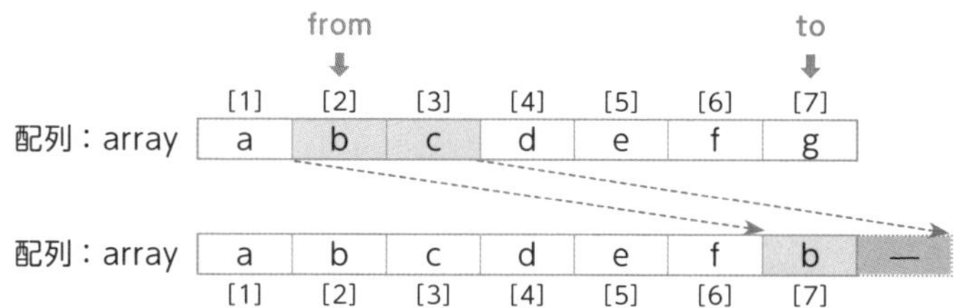


**(c) 複写元の値を書き換えてしてしまう：** 要素番号[2]の値を[3]に複写した時点で、[3]の値が変わってしまう。

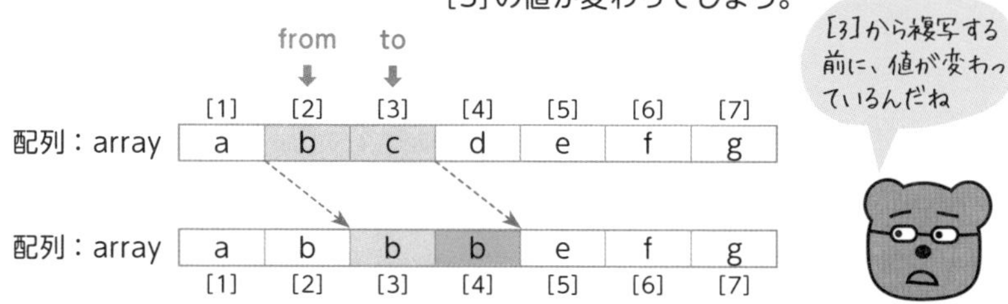

### ②要素番号の小さいほう（左側）への複写

複写先が複写元の左側になるパターンで、次の三つのケースが考えられます。

**(a) 正しく複写が完了する：** 複写先が重複せず、配列からはみ出してない。

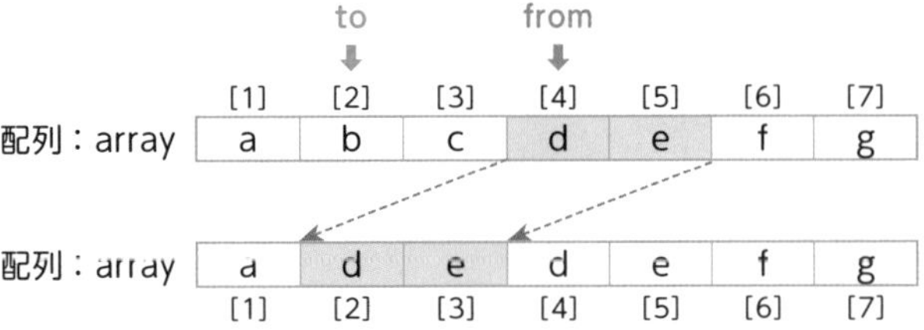


**(b) 配列からはみ出してしまう：** 要素番号[4]の複写先が配列からはみ出している。存在しない配列要素なので、実行エラーになる。

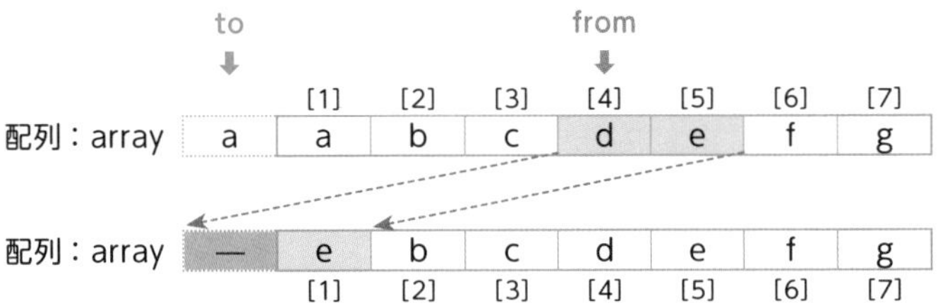


**(c) 複写先は重複しているが正しく完了：** 複写は要素番号順なので、値は壊さない。

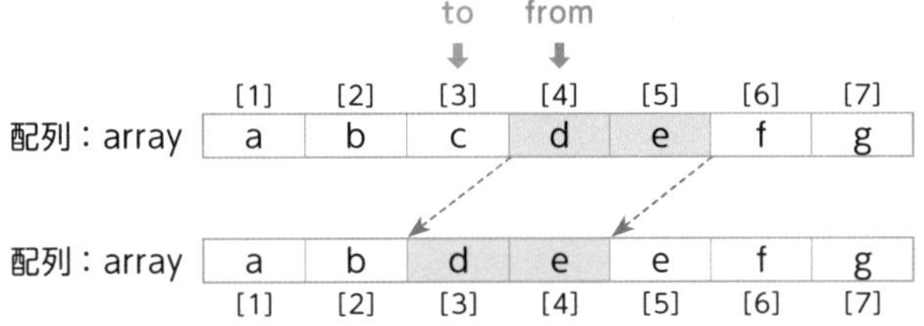


## ●プログラムのポイント

以上のように、指定する値によって正しくブロックコピーができるかどうかが決まってくることを踏まえて、問題のプログラムを見ていきましょう。

### ●配列の定義と引数

このプログラムで使用する配列 array は“大域”として定義されています。大域につ

```
大域: 文字型の配列: array ← { 'a', 'b', 'c', 'd', 'e', 'f', 'g' }

○blockcpoy(整数型: from, 整数型: to, 整数型: len)
```

いては第 6 章で詳しく説明しますが、ほかの手続や関数と値をやり取りするために、処理中のプログラムが終了しても値が保持される変数や配列と考えてください。このプログラムでは、配列 array の要素の値を扱っていますが、配列 array を引数として受け取ったり、プログラム内で戻り値として配列arrayの値を返すこともしていません。そのため、配列 array を大域として定義することで、データの受渡しを行っているのです。

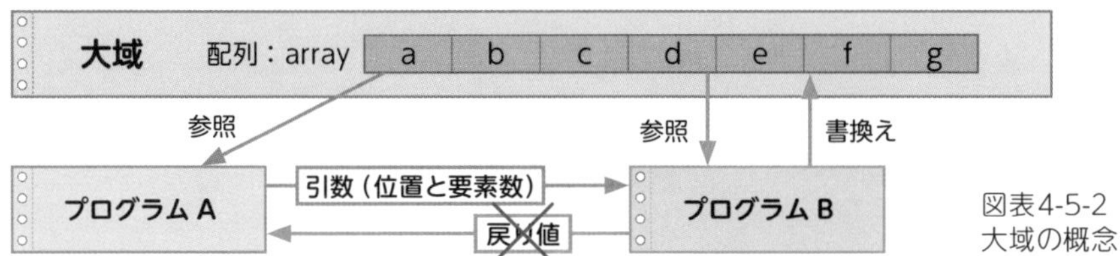


図表4-5-2
大域の概念

親と子といった複数のプログラム間では、このような受渡し方法がよく使われており、試験問題にもよく出てきます。ただし、問題のアルゴリズムを考える際には、特別に意識する必要はないので、宣言部で定義する配列と同様に考えておけばよいでしょう。

このプログラムでは、複写元領域の開始位置の要素番号（from）、複写先領域の開始位置の要素番号（to）、複写する要素数（len）の三つを引数で受け取ります。

### ●プログラムの概要

このプログラムでは、ブロックコピーの処理に入る前に二つの制限を行っています（p.112流れ図参照）。ifとelseifは引数が正しく指定されているかをチェックしており、ifではそれぞれの引数の値が0以下になっていないかを（②-(a)を除外）、次のelseifでは領域が配列の範囲（上限）に収まっているかを複写元と複写先それぞれについてチェックしています（①-(b)を除外）。引数の妥当性チェックが済むと、do～while文による後判定の繰返し処理でブロックコピーを行います。

## ●指定された引数による動作を確認する

選択肢の(a)～(e)で指定された引数を使って、処理の動作を確認していきましょう。

### (a) blockcopy(1, 2, 3)

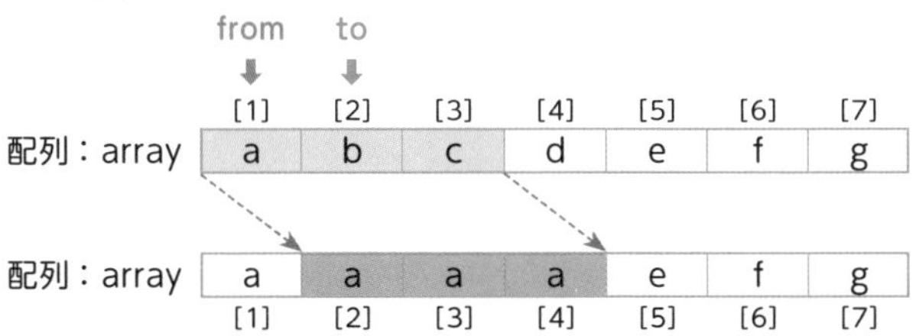

複写元領域と複写先領域が重なっており、最初に要素番号[1]の値を[2]に複写した時点で、[2]が[1]の値に置き換わります。そのため、[2]→[3]、[3]→[4]の複写が正しく行われません。

### (b) blockcopy(1, 3, 3)

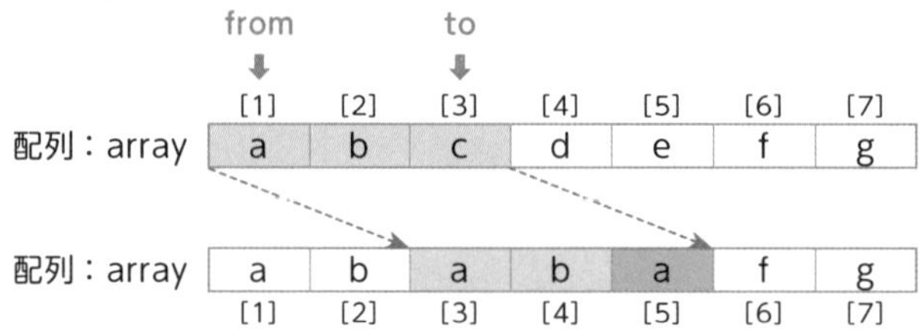


(a)と同様に、複写元領域と複写先領域が重なっているため、実行前の複写元領域の値を複写先領域へ正しく複写できません。要素番号の大きいほうへ複写する場合にfrom ＜ toのときは、新たにfrom + len ≦ toという条件を追加しないと、実行前の複写元領域とは異なる値が複写されることになります。

### (c) blockcopy(1, 5, 3)

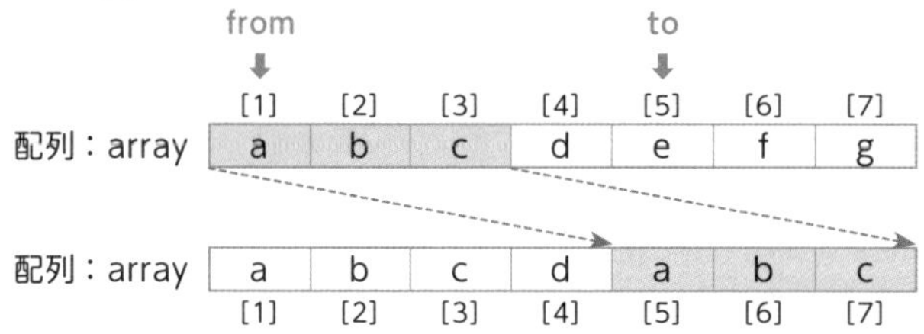


複写元領域と複写先領域は重なっていないため、実行前の複写元領域の値を複写先領域へ正しく複写できます。

### (d) blockcopy(4, 2, 3)

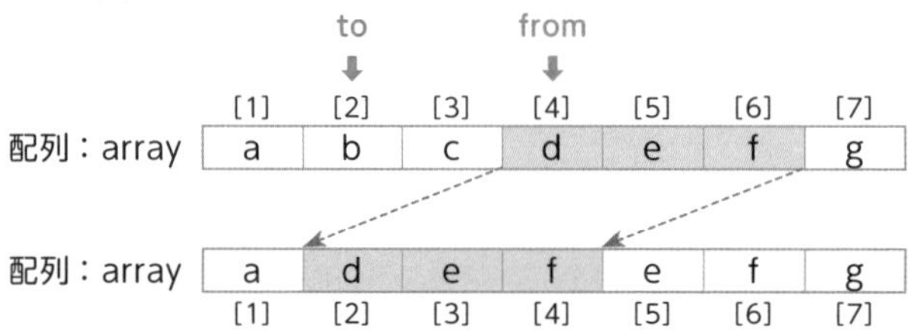


複写元領域と複写先領域が重なっていますが、要素番号の小さいほうへ複写する

場合、form ＞ toであれば複写元領域と複写先領域が重なっていても正しく複写することができます。

### (e) blockcopy(5, 2, 3)

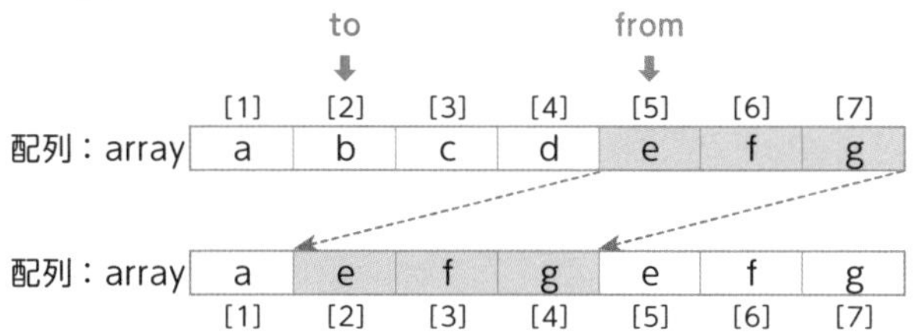


複写元領域と複写先領域は重なっていないため、実行前の複写元領域の値を複写先領域へ正しく複写できます。

以上により、実行前の複写元領域の値を複写先領域へ正しく複写できない（実行前の複写元領域と、複写先領域の値が一致しない）のは、処理(a)と(b)の二つです。

〔解答　イ〕

## ●不具合の発見をプログラムの改善につなげる

このプログラムには二つの制限（if文とelseif文の条件式）があるにもかかわらず、正しく複写できないケースが発生し、それらの不具合を検証する中で、「from＋len ≦ to」という条件を追加すれば解消できることがわかりました。

問題の目的をシステム開発におけるデバッグやテストに必要なスキルの確認と考えると、見つけた誤りに対して、不具合が起きないような方策をプログラムに施すことで、より品質のよいプログラムにつなげるためのスキルが求められていると考えることができます。これは、アルゴリズムの作成に求められる要件の一つといえます。

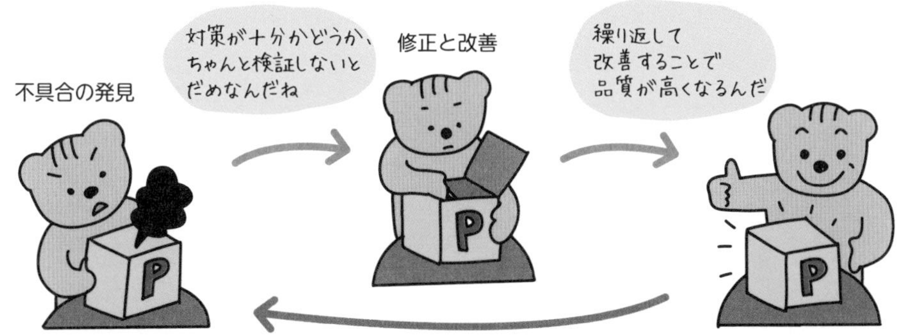

# 第4章　確認問題

**問1**　関数calcXと関数calcYは、引数inDataを用いて計算を行い、その結果を戻り値とする。関数calcXをcalcX(1)として呼び出すと、関数calcXの変数numの値が、1→3→7→13と変化し、戻り値は13となった。関数calcYをcalcY(1)として呼び出すと、関数calcYの変数numの値が、1→5→13→25と変化し、戻り値は25となった。プログラム中のa、bに入れる字句の適切な組合せはどれか。

〔プログラム1〕

```
○整数型：calcX(整数型：inData)
  整数型：num, i
  num ← inData
  for (i を 1 から 3 まで 1 ずつ増やす)
    num ← [  a  ]
  endfor
  return num
```

〔プログラム2〕

```
○整数型：calcY(整数型：inData)
  整数型：num, i
  num ← inData
  for ( [  b  ] )
    num ← [  a  ]
  endfor
  return num
```

| | a | b |
|---|---|---|
| ア | 2 × num + i | i を 1 から 7 まで 3 ずつ増やす |
| イ | 2 × num + i | i を 2 から 6 まで 2 ずつ増やす |
| ウ | num + 2 × i | i を 1 から 7 まで 3 ずつ増やす |
| エ | num + 2 × i | i を 2 から 6 まで 2 ずつ増やす |

出典：令和4年度　ITパスポート試験 公開問題 問96

**問2** 関数checkDigitは、10進9桁の整数の各桁の数字が上位の桁から順に格納された整数型の配列originalDigitを引数として、次の手順で計算したチェックデジットを戻り値とする。プログラム中の [ a ] に入れる字句として、適切なものを解答群の中から選べ。ここで、配列の要素番号は1から始まる。

〔手順〕

(1) 配列originalDigitの要素番号1～9の要素の値を合計する。

(2) 合計した値が9より大きい場合は、合計した値を10進の整数で表現したときの各桁の数字を合計する。この操作を、合計した値が9以下になるまで繰り返す。

(3) (2)で得られた値をチェックデジットとする。

〔プログラム〕

```
○整数型：checkDigit(整数型の配列：originalDigit)
  整数型：i, J, k
  j ← 0
  for(i を 1 から originalDigitの要素数まで 1 ずつ増やす)
    j ← j + originalDigit[i]
  endfor
  while(j が 9 より大きい)
    k ← j ÷ 10の商    /* 10進9桁の数の場合、jが2桁を超えることはない */
    [ a ]
  endwhile
  return j
```

解答群

ア j ← j − 10 × k

イ j ← k + (j − 10 × k)

ウ j ← k + (j − 10) × k

エ j ← k + j

出典：令和4年度 ITパスポート試験 公開問題 問78

## 問1 二つのプログラムの照合

二つのプログラムについて、問題文に提示されている結果や空欄以外の処理から、空欄の処理を見つけ出していく問題です。解答を導くポイントは、空欄aが二つのプログラムで共通していること。また、選択肢を見ながら推測していくことです。

### ●プログラム1から、空欄aを導く

空欄aは、両プログラムともにfor〜endfor中に含まれており、問題文には繰り返すたびに変化する変数numの値が書かれています。また、プログラム1では、for文の制御記述により、空欄aに変数 i が使われ、値が1〜3まで変化していることがわかります。

変数numの初期値を1として、選択肢にある二つの式を考えてみましょう。

・空欄aが「2×num＋i」の場合

| for文の繰返し | 変数iの値 | 変数numの値 | 2×num＋i | 新しい変数numの値 |
|---|---|---|---|---|
| 1回目 | 1 | 1 | 2×1＋1＝3 | 3 |
| 2回目 | 2 | 3 | 2×3＋2＝8 | 8 |
| 3回目 | 3 | 8 | 2×8＋3＝19 | 19 |

・空欄aが「num＋2×i」の場合

| for文の繰返し | 変数iの値 | 変数numの値 | num＋2×i | 新しい変数numの値 |
|---|---|---|---|---|
| 1回目 | 1 | 1 | 1＋2×1＝3 | 3 |
| 2回目 | 2 | 3 | 3＋2×2＝7 | 7 |
| 3回目 | 3 | 7 | 7＋2×3＝13 | 13 |

問題文にあるnumの変化（1→3→7→13）に合致するのは**num＋2× i**です。

### ●プログラム2から、空欄bを導く

空欄bは、for文の制御記述が入ります。ただし、変数numの変化がプログラム1とは異なるルールで変数 i を変化させています。空欄aを前提にまとめてみましょう。

・空欄bが「i を1から7まで3ずつ増やす」の場合

| for文の繰返し | 変数iの値 | 変数numの値 | num＋2×i | 新しい変数numの値 |
|---|---|---|---|---|
| 1回目 | 1 | 1 | 1＋2×1＝3 | 3 |
| 2回目 | 4 | 3 | 3＋2×4＝11 | 11 |
| 3回目 | 7 | 11 | 11＋2×7＝25 | 25 |

・空欄bが「iを2から6まで2ずつ増やす」の場合

| for文の繰返し | 変数iの値 | 変数numの値 | num＋2×i | 新しい変数numの値 |
|---|---|---|---|---|
| 1回目 | 2 | 1 | 1＋2×2＝5 | 5 |
| 2回目 | 4 | 5 | 5＋2×4＝13 | 13 |
| 3回目 | 6 | 13 | 13＋2×6＝25 | 25 |

問題文にあるnumの変化（1→5→13→25）に合致するのは、**iを2から6まで2ずつ増やす**です。

**解答** エ

## 問2 チェックキャラクターを算出する計算式

関数checkDigitは、引数として受け取った配列から値を取り出し、チェックキャラクターを算出するプログラムです。**チェックキャラクター**（検査文字、チェックディジットともいう）とは、数字列や文字列に対して一定の計算を行い、その計算結果から得た検査文字のことです。これを元のコードに付加しておくことで、入力ミスや転送時の誤りを検出します。

### ●チェックキャラクターに使用する数値の取出し

チェックキャラクターを算出する基となる9桁の整数値は、1桁ずつ配列要素として格納されており、この配列を引数で受け取ります。

| 要素番号 | [1] | [2] | [3] | [4] | [5] | [6] | [7] | [8] | [9] |
|---|---|---|---|---|---|---|---|---|---|
| originalDigit | 4 | 2 | 9 | 7 | 1 | 3 | 1 | 6 | 4 |

受け取った配列から値を取り出しながら、変数 j に累計していきます。これがプログラムの下記の部分です。なお、累計に使う変数 j は、for～endforのループに入る前に0を代入して初期化しておきます。

```
j ← 0
for（i を 1 から originalDigitの要素数まで 1 ずつ増やす）
  j ← j ＋ originalDigit[i]
endfor
```

ループ内では制御用の変数 i を使い、1から要素数分（9桁分）、配列に格納されている値を取り出しています。

### ●チェックキャラクターの算出

チェックキャラクターの算出方法は、問題文に、「合計した値が9より大きい場合は、合計した値を10進の整数で表現したときの各桁の数字を合計する。この操作を、合計した値が9以下になるまで繰り返す。」とあるので、これをプログラムで実現する必要があります。例えば、前ページの配列に格納されている値なら、合計が37になるので、10を超えています。したがって下記のように桁ごとに分解して加算します。

37 ➡ 3 ＋ 7 ＝ 10

算出した値は9より大きいので、再び同様の計算を行います。

10 ➡ 1 ＋ 0 ＝ 1

こんどは9以下なので、この値をチェックキャラクターとします。以上を実現しているのが、空欄を含むプログラムの次の部分です。アルゴリズムとしては、j の値が10進数で最大2桁しかないことがポイントになります。

```
while(j が 9 より大きい)
  k ← j ÷ 10の商  /* 10進9桁の数の場合、j が2桁を超えることはない */
  [    a    ]
endwhile
```

while～endwhileは、上記の計算を9以下になるまで繰り返します。ループ中の1行目で変数kに j を10で割った商を求めているので、値が「37」であれば「3」になります。2行目の空欄では、「3＋7」としたものを j の新しい値にしなければならないので、「k＋（元の j から、“kを10倍したもの”を引いたもの）」と考えれば、

j ← k＋（j −（k × 10））

という形に表現できます。ここから不要な括弧を取り除くと、

j ← k＋（j − k × 10）

これに該当する選択肢は、「イ」ということになります。

**解答** イ

第5章

# 仕様があいまいな擬似言語文法

テーマ 5-1

# 可変長(動的)配列の役割と使い方

試験のサンプル問題の宣言部を見ると、「要素数０の配列」と書かれているものがあります。これが可変長配列や動的配列と呼ばれるものですが、意味を理解しておけば特に難しいものではありません。

**可変長(動的)配列**とは、あらかじめ要素数が決められていない配列のことです。つまり、宣言部で定義した時点では配列の要素が決まっていないことから、「**要素数0の配列**」というコメントが付けられているのです。

一般的な配列は、あらかじめ宣言部で要素数を記述するか、宣言部で初期値を代入することで、暗黙のうちに要素数が確定します。配列の要素番号を指定するときには、要素数を超えないようにプログラミングしなければなりませんし、もし誤って存在しない要素番号を指定すると、その時点で実行がストップしてしまうことになります。

## ●擬似言語では、要素番号が１から振られる

擬似言語ではほとんどの場合、配列の要素番号は１から始まっています。ただし、Ｃ言語をはじめとする多くのプログラム言語では、要素番号を０から付けていることもあり、問題文に「配列の要素は1から始まる」と明示されているのです。

１でも０でも大した違いはないと思うかもしれませんが、要素番号が１から始まる配列に対して要素番号0を指定したり、要素が六つで0から始まる配列に要素番号6を指定してしまうと、エラーの発生につながるため注意が必要です。

要素番号1から始まる配列：one-array

| [1] | [2] | [3] | [4] | [5] | [6] |
|---|---|---|---|---|---|
| 1 | 2 | 3 | 4 | 5 | 6 |

要素番号0から始まる配列：zero-array

| [0] | [1] | [2] | [3] | [4] | [5] |
|---|---|---|---|---|---|
| 1 | 2 | 3 | 4 | 5 | 6 |

図表5-1-1　配列の要素番号

## 可変長（動的）配列の用途は?

可変長（動的）配列が便利なのは、プログラムの実行中に要素数を増やせるということです。具体的には、宣言部では「要素数0の配列」として定義しておき、プログラムの実行中に要素を追加していくことで、要素数を増やしていくことができます。

可変長配列は、「要素数が確定している配列を引数として受け取り、プログラム中で条件に合った要素の値を選択し、新たな配列に格納して戻す」といったときに使われます。新たな配列を可変長配列として宣言しておけば、選択された値の数を要素数とした配列を返すことができます。また、「配列Aの要素数まで」という表現を使えるので、要素数が不明であってもその配列に合わせた処理を記述することができます。

**処理① 配列 in-arrayの要素を順に調べて、値が偶数なら配列 out-arrayに格納せよ。**

要素数10の配列：**in-array**

| [1] | [2] | [3] | [4] | [5] | [6] | [7] | [8] | [9] | [10] |
|---|---|---|---|---|---|---|---|---|---|
| 5 | 12 | 18 | 7 | 10 | 11 | 20 | 8 | 9 | 4 |

要素数0の配列：**out-array**

| [1] |
|---|
| 12 |

| [1] | [2] |
|---|---|
| 12 | 18 |

| [1] | [2] | [3] |
|---|---|---|
| 12 | 18 | 10 |

| [1] | [2] | [3] | [4] |
|---|---|---|---|
| 12 | 18 | 10 | 20 |

| [1] | [2] | [3] | [4] | [5] |
|---|---|---|---|---|
| 12 | 18 | 10 | 20 | 8 |

| [1] | [2] | [3] | [4] | [5] | [6] |
|---|---|---|---|---|---|
| 12 | 18 | 10 | 20 | 8 | 4 |

可変長配列は
文字どおり
要素が追加されて
長さが変わるんだ

要素数を知らなくても
プログラミングできるんだね

**処理② 上記の配列out-arrayの**
**[1]から[要素数]までの値の合計を求めよ。**

goukei 72

図表5-1-2　可変長（動的）配列の変化

## 可変長(動的)配列の問題を解いてみよう

公開されているサンプル問題を例に、可変長(動的)配列の問題を解いてみましょう。

この問題のプログラムは、引数として一次元配列inを受け取り、配列要素を順に取り出して値を処理したうえで、プログラム上で定義した可変長(動的)配列outに入れて返すというものです。要素番号に格納された値を答えることが求められているので、配列outの要素が生成されていく様子を順を追って見ていけばわかります。

例題

### 「可変長(動的)配列の操作」

次の記述中の [　　　] に入れる正しい答えを、解答群の中から選べ。ここで、配列の要素番号は1から始まる。

関数makeNewArrayは、要素数2以上の整数型の配列を引数にとり、整数型の配列を返す関数である。関数makeNewArrayをmakeNewArray({3, 2, 1, 6, 5, 4})として呼び出したとき、戻り値の配列の要素番号5の値は [　　　] となる。

〔プログラム〕

```
○整数型の配列: makeNewArray(整数型の配列: in)
  整数型の配列: out ← {}    /* 要素数0の配列 */
  整数型: i, tail

  outの末尾 に in[1]の値 を追加する                        …処理①
  for (i を 2 から inの要素数 まで 1 ずつ増やす)           ┐
    tail ← out[outの要素数]                                │…処理②
    outの末尾 に (tail＋in[i]) の結果を追加する            │
  endfor                                                   ┘
  return out
```

解答群

ア 5　　イ 6　　ウ 9　　エ 11　　オ 12

カ 17　　キ 21

出典：2022年12月公開 基本情報技術者試験 科目Bサンプル問題 問3

## ●可変長（動的）配列が変化する様子

可変長（動的）配列outは要素数0の配列として定義され、プログラムの「outの末尾に追加」という処理によって、次のように要素数が変化していきます。

要素数6の配列：**in**

| [1] | [2] | [3] | [4] | [5] | [6] |
|---|---|---|---|---|---|
| 3 | 2 | 1 | 6 | 5 | 4 |

これが引数
として渡される
配列だね！

**処理① 配列outの末尾 に in[1]の値を追加する**

…配列outの要素数は0だったので、末尾の要素番号は1になります。

要素数0の可変長配列：**out**

| [1] |
|---|
| 3 |

要素数0から要素数1になる

**処理② for〜endfor（ i を 2 から inの要素数 まで 1ずつ増やす）**

- **tail ← out[outの要素数]**

  …tailに代入するのは、その時点で配列outに格納されている末尾の要素の値。out全体の要素数ではないことに注意。

- **outの末尾 に（tail＋in[ i ]）の結果を追加する**

  …tailの値と i が指す配列 inに格納されている値を加算。

以下、配列outは、次のように変化していきます（赤文字は追加された配列要素）。

| [1] | [2] |
|---|---|
| 3 | 5 |

tail ← out[1]、out[2] ← 3＋in[2]
tail ＝ 3、out[2] ＝（3＋2）＝ **5**

| [1] | [2] | [3] |
|---|---|---|
| 3 | 5 | 6 |

tail ← out[2]、out[3] ← 5＋in[3]
tail ＝ 5、out[3] ＝（5＋1）＝ **6**

| [1] | [2] | [3] | [4] |
|---|---|---|---|
| 3 | 5 | 6 | 12 |

tail ← out[3]、out[4] ← 6＋in[4]
tail ＝ 6、out[4] ＝（6＋6）＝ **12**

| [1] | [2] | [3] | [4] | [5] |
|---|---|---|---|---|
| 3 | 5 | 6 | 12 | 17 |

tail ← out[4]、out[5] ← 12＋in[5]
tail ＝ 12、out[5] ＝（12＋5）＝ **17**

| [1] | [2] | [3] | [4] | [5] | [6] |
|---|---|---|---|---|---|
| 3 | 5 | 6 | 12 | 17 | 21 |

tail ← out[5]、out[6] ← 17＋in[6]
tail ＝ 17、out[6] ＝（17＋4）＝ **21**

以上より、out[5]は17になるので、正解はカになります。

〔解答　カ〕

テーマ 5-2

# 「関数・手続」呼出しのバリエーションとルール

「関数・手続」呼出しとは、プログラムから別のプログラムを呼び出すことです。パッと見ただけでは「呼出し」なのかがわからないこともありますので、呼出し方法のバリエーションに慣れておくとよいでしょう。

「関数・手続」の呼出しは、「言葉で呼出しの処理を記述」したり、「関数名・手続名を指定する方法で呼び出して、同時に初期値の代入も行う」など、問題ごとに異なる方法が使われています。多少変則的な形で出題されても、呼び出す側と呼び出される側の関係や、引数と戻り値の扱いなどを知っていれば戸惑うことはありません。

## 呼出し記述には、どんな形がある?

まずは、公開されている問題から呼出しのバリエーションを見てみましょう。

### ① 問題文中に呼出しが記述される

試験問題のプログラムは、手続や関数が前提になっているので、そのほとんどが、「問題文で引数を指定して呼び出す」→「呼び出される側で引数を受け取る」という形です。

**• 一般的な呼出し記述**

関数名、引数の型、受取り側で使用する引数名および機能を指定しています。

> 関数revは8ビット型の引数byteを受け取り、ビットの並びを逆にした値を返す。

手続の場合も関数と同様です。ここでは、データ型を明示せず「正の整数」としています。

> 手続delNodeは、単方向リストから、引数posで指定された位置の要素を削除する手続である。引数posは、リストの要素数以下の正の整数とする。

**・呼び出す際に、値を設定する**

一次元配列の引数に初期値を設定して呼び出します。値と同時に配列の要素数もわかります。トレース問題でよく使われるパターンです。

> 関数makeNewArrayをmakeNewArray({3, 2, 1, 6, 5, 4})として呼び出したとき……

上記と同様に二次元配列の初期値を設定しているパターンです。この例では、5行4列の二次元配列であることがわかります。

> 関数transMatrix をtransMatrix({{3, 0, 0, 0}, {0, 2, 2, 0}, {0, 0, 1, 3}, {0, 0, 0, 2}, {0, 0, 0, 1}})として呼び出したとき……

## ② プログラム中でほかの関数や手続を呼び出す

プログラム中で、ほかの手続や関数を呼び出すパターンです。一つの問題文の中に呼ぶ側と呼ばれる側が同時に示されることは少ないのですが、慣れておくとよいでしょう。

**・式の一部として関数の呼出しを行う**

プログラム中の処理の一部として、関数や手続を呼び出すパターンです。ここでは、return文の「n × factorial(n − 1)」の中で、関数factorialの引数を「n − 1」として呼び出しています。このような、自分自身を呼び出すアルゴリズムを「再帰呼出し」といいます。詳細については後の章で解説します。

```
○整数型: factorial(整数型: n)
  if (n = 0)
    return 1
  endif
  return  n × factorial(n − 1)
```

**・プログラム中で関数や手続の呼出しを言葉で記述**

プログラム中のfor文の中で呼出しが行われています。「～の戻り値を追加する」といった記述になっており、「呼び出す」とは明示されていないので、一見わかりにくい書き方になっています。

```
for (iを1からpの要素数まで1ずつ増やす)
  rankDataの末尾にfindRank(sortedData, p[i])の戻り値を追加する
endfor
```

## 基本ルールを押さえておけば、どんな形でも怖くない

関数(手続)の呼出しと引数の受け渡しは、次のルールに従って行われます。この基本を理解していれば、問題文が多少変則的に記述されていても戸惑うことはありません。

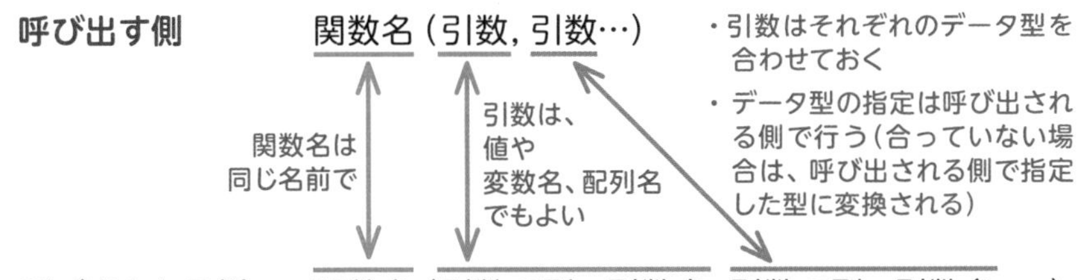


図表5-2-1　呼出しのルール

関数 (手続)を呼び出す際に、名称を合わせる必要があるのは関数名 (手続名)だけです。引数は同じ名称にする必要はなく、呼び出される側で使用する名称でもかまいません。ただし、引数の個数やデータ型の並び(順序)は合っていなければなりません。

**《実際の記述例》**

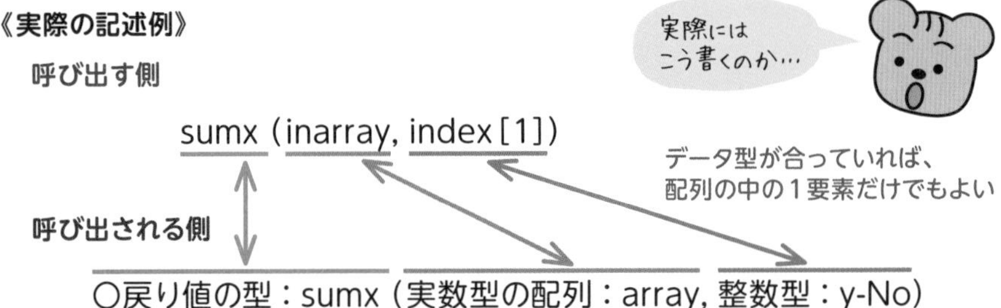


図表5-2-2　呼出しの例

## 「手続・関数」呼出しの問題を解いてみよう

それでは、サンプル問題の中から、関数の呼出しを扱った問題を解いてみましょう。

例題

### 「関数の呼出し」

次の記述中の [　　] に入れる正しい答えを、解答群の中から選べ。ここで、配列の要素番号は1から始まる。

要素数が1以上で、昇順に整列済みの配列を基に、配列を特徴づける五つの値を返すプログラムである。

関数summarizeを summarize({0.1, 0.2, 0.3, 0.4, 0.5, 0.6, 0.7, 0.8, 0.9, 1})として呼び出すと、戻り値は [　　] である。

〔プログラム〕

```
○実数型: findRank(実数型の配列: sortedData, 実数型: p)
  整数型: i
  i ← (p × (sortedDataの要素数 − 1)) の小数点以下を切り上げた値
  return sortedData[i + 1]

○実数型の配列: summarize(実数型の配列: sortedData)
  実数型の配列: rankData ← {}  /* 要素数0の配列 */
  実数型の配列: p ← {0, 0.25, 0.5, 0.75, 1}
  整数型: i
  for (i を 1 から pの要素数 まで 1 ずつ増やす)
    rankDataの末尾に findRank(sortedData, p[i])の戻り値 を追加する
  endfor
  return rankData
```

解答群

ア {0.1, 0.3, 0.5, 0.7, 1}　　イ {0.1, 0.3, 0.5, 0.8, 1}
ウ {0.1, 0.3, 0.6, 0.7, 1}　　エ {0.1, 0.3, 0.6, 0.8, 1}
オ {0.1, 0.4, 0.5, 0.7, 1}　　カ {0.1, 0.4, 0.5, 0.8, 1}
キ {0.1, 0.4, 0.6, 0.7, 1}　　ク {0.1, 0.4, 0.6, 0.8, 1}

出典：2022年12月公開 基本情報技術者試験 科目Bサンプル問題 問14

## ●関数から別の関数を呼び出すとは？

この問題の関数summarizeは呼び出される側の関数であり、さらに別の関数を呼び出す構造になっています。このとき、最初に呼び出されるのは下側に記述されている関数でありオヤっと思わせますが、プログラムの記述順＝実行順ではありません。

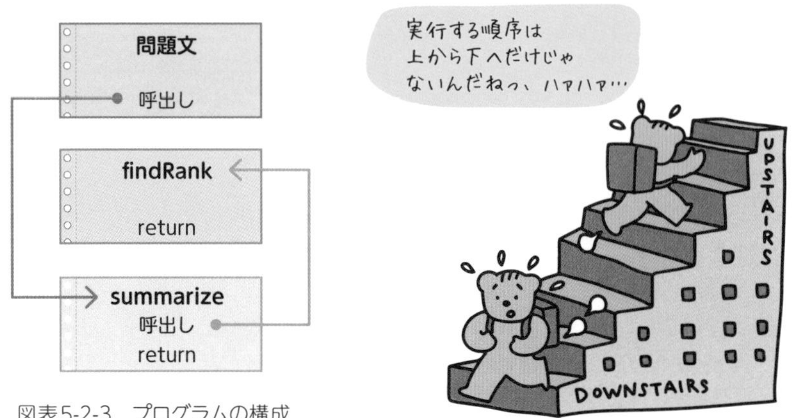


図表5-2-3　プログラムの構成

プログラムの構成と実行の順序が把握できたら、順にトレースしていけば解くことができます。まず、問題文から関数summarizeを呼び出した時点で各配列は次のようになっています。

配列：sortedData

| [1] | [2] | [3] | [4] | [5] | [6] | [7] | [8] | [9] | [10] |
|---|---|---|---|---|---|---|---|---|---|
| 0.1 | 0.2 | 0.3 | 0.4 | 0.5 | 0.6 | 0.7 | 0.8 | 0.9 | 1 |

配列：rankData　　←要素数は0

配列：p

| [1] | [2] | [3] | [4] | [5] |
|---|---|---|---|---|
| 0 | 0.25 | 0.5 | 0.75 | 1 |

関数summarize中のfor～endforでは、関数findRankを呼び出します。引数は、配列sortedDataとp[ i ]（配列pの要素番号 i の値）です。また、関数findRankの戻り値を可変長配列rankDataに追加していく形になっています。

一方、関数findRankでは、関数summarizeからの引数を変数pとして受け取って、次の計算を行います。

**i ←（p×（sortedDataの要素数－1））の小数点以下を切り上げた値**

関数summarizeから呼び出された順に計算の過程を追うと、次のようになります。なお、式中で使われているsortedDataの要素数は10のまま変わらないので、前ページの式は、以下のように計算できます。

**i ←（p×9）の小数点以下を切り上げた値**

| | p | 計算 | 結果 |
|---|---|---|---|
| **1回目** | p 0 | i ＝**0**×9　小数点以下を切上げ | i 0 |
| | | 戻り値　sortedData［i＋1］⇒［1］ | 0.1 |
| **2回目** | p 0.25 | i ＝**0.25**×9　小数点以下を切上げ | i 3 |
| | | 戻り値　sortedData［i＋1］⇒［4］ | 0.4 |
| **3回目** | p 0.5 | i ＝**0.5**×9　小数点以下を切上げ | i 5 |
| | | 戻り値　sortedData［i＋1］⇒［6］ | 0.6 |
| **4回目** | p 0.75 | i ＝**0.75**×9　小数点以下を切上げ | i 7 |
| | | 戻り値　sortedData［i＋1］⇒［8］ | 0.8 |
| **5回目** | p 1 | i ＝**1**×9　小数点以下を切上げ | i 9 |
| | | 戻り値　sortedData［i＋1］⇒［10］ | 1 |

可変長配列rankDataには、上記の戻り値が順次追加されていき、最終的には次のような値が格納されることになります。

| 配列：rankData | [1] | [2] | [3] | [4] | [5] |
|---|---|---|---|---|---|
| | 0.1 | 0.4 | 0.6 | 0.8 | 1 |

〔解答　ク〕

まぎらわしい構造でちょっといじわるだけど、慣れておかないとね

しっかり整理しながら問題文を読むことが大切なんだ！

# 5-3 「大域」の意味と使い方
## ― ローカル変数とグローバル変数 ―

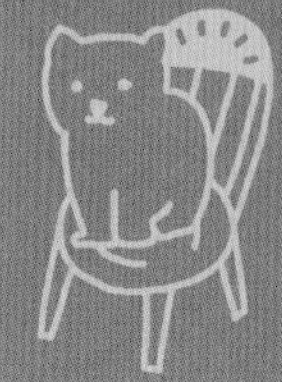

「大域」とは、プログラムで使用する領域（変数や配列）のことです。試験問題でもしばしば登場しますが、擬似言語の仕様には触れられていません。ここでは「大域」の意味と、その使い方について解説しましょう。

擬似言語のプログラムに出てくる「**大域**」は、一般には大域変数やグローバル変数と呼ばれているものです。試験問題で「大域」とだけ書かれているのは、変数だけでなく配列も扱えるからでしょう。また「大域」に対する言葉は「**局所**」であり、一般には局所変数や**ローカル変数**などと呼ばれています。

## 「大域」ってどんなもの？

「大域」について説明する前に、プログラム実行の仕組みについて触れておきます。一般にプログラム（関数や手続）は、複数が連係して処理が進められます。特定の用途を実現するための、一連のプログラム群を「アプリ（アプリケーションソフトウェア）」と考えるとわかりやすいでしょう。

このアプリの実行には、連係するすべてのプログラムと、処理に必要なデータをメモリ上に読み込んで（ロードする）おくのが原則です。つまりアプリの実行時には、複数のプログラムがメモリ上で起動状態になっており、ここに大域の必要性あるのです。

### ●大域（グローバル）と局所（ローカル）の違い

大域と局所の違いは、その性質にあります。プログラム内の宣言部で定義される変数や配列（いわゆる局所変数や局所配列）は、そのプログラム内でしか利用できません。

例えば、呼び出される子側の関数や手続では、return文が実行されるなど、プログラムが終了すると、その時点で終了したプログラムの宣言部で定義した変数や配列（引数も含む）用に確保してあったメモリの領域はすべて解放されます。

これは、局所変数や局所配列を使う場合は、引数と戻り値を介してのみ、関数または手続の間で値をやり取りできるということです。

一方、右上の図のように大域として確保された大域変数や大域配列は、すべてのプログラムから読出し／書込みができ、それぞれの子プログラムが終了した後も領域は解放されずに残るので、その時点で実行中の全プログラムから参照することができます。

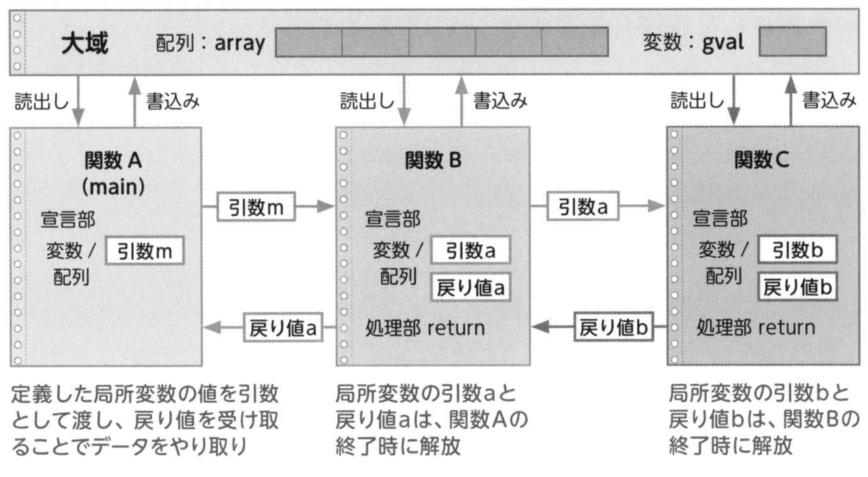


図表5-3-1　プログラム間におけるデータのやり取り

## ●大域の使い方と注意点

大域として確保された変数はプログラム間をまたがって参照できることから、わざわざ引数や戻り値を使って受渡しをしなくても、データのやり取りを行うことができます。

例えて言うと、家の中に置かれているBoxは家族しか物の出し入れができませんが、公共の場所に置かれているBoxなら、誰もが出し入れできるということです。

ただし、誰もが出し入れできるということは、意図せずに中身がなくなったり、別の物に入れ換わることも起こり得ます。大域を使うときは、ほかのプログラムの処理でデータが置き換わることを前提に、用途と使い方をはっきり決めておくことが重要です。

### ●大域として確保した領域は、いつ解放される？

当然ながら、「大域」といってもいつまでも解放されずに残っているわけではありません。大域は、プログラムの宣言によって確保されるので、そのプログラムを含むアプリが終了し、OSに制御が移されるタイミングで解放されることになります。ただし、自動的に解放されないプログラム言語もあるので注意が必要です。

## 「大域」を使ったプログラムを見てみよう

実際のプログラムでは、「大域」をどのように使うのかを見ていきましょう。次のプログラムは、p.111で取り上げた「配列要素のブロックコピー」に、呼び出す側を追加したものです。ここでは、「複写元」、「複写先」、「複写する要素の個数」を入力によって

**「配列要素のブロックコピー（改変）」**

〔プログラム〕

```
大域: 文字型の配列: array ← { 'a', 'b', 'c', 'd', 'e', 'f', 'g' }

○mainBcopy
  整数型: from, 整数型: to, 整数型: len
  from, to, lenに値を入力する
  blockcopy(from, to, len)

○blockcopy(整数型: from, 整数型: to, 整数型: len)
  if ((from < 1) or (to < 1) or (len < 1))
  elseif ((from + len − 1 ≦ arrayの要素数)
          and (to + len − 1 ≦ arrayの要素数)
          and (from + len ≦ to)
    do
      array[to] ← array[from]
      from ← from + 1
      to ← to + 1
      len ← len − 1
    while (len > 0)
  endif
```

受け取る形にしています。処理内容の詳細はp.112からの解説を参照してください。

プログラムは、呼び出す側、呼び出される側ともに戻り値がないため、プログラム名の宣言にデータ型の指定がありません。また、関数mainBcopyから関数blockcopyへの引数は、処理を行うための情報（複写元、複写先、複写する要素の個数）のみで、処理対象となる値の入った配列は「大域」として定義しています。つまり、結果を戻り値で返すのではなく、二つの関数からアクセス可能な「大域」に定義した配列を直接書き換えているのです。

例えば、引数from ← 2、to←5、len←3の場合は、関数blockcopyの処理によって、配列の値が次のように置き換わることになります。

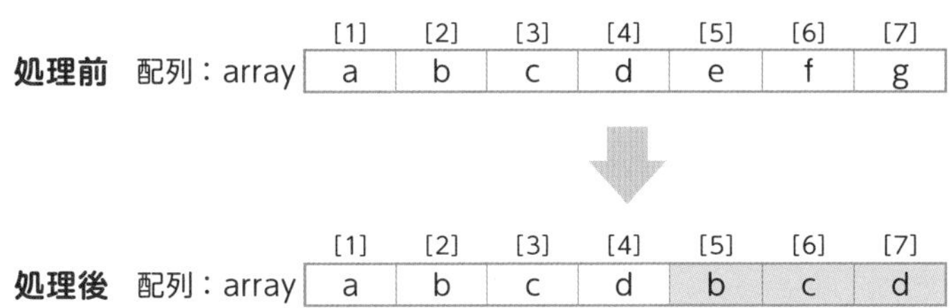


なお「大域」の配列arrayは、実行を開始した関数（ここでは関数mainBcpoy）上で定義しているので、この関数が終了した時点でメモリ上から解放されてしまいます。したがって、「大域」の内容を書き換えた後に何らかの結果を残すのであれば、画面に表示したり、結果を保存するといった処理が必要になります。

# 5-4 「未定義、未定義の値」って何のこと？

擬似言語の仕様には、「未定義、未定義の値」という説明があります。ここでは、「未定義」と「未定義の値」とはどんな状態・値のことなのか、またどういうケースで使われるのかについて触れていきましょう。

## 「未定義」ってどんな状態？

「未定義」を言葉の意味そのままに捉えると、「定義していない」ということで、これは変数や配列の初期状態のことを指します。つまり、宣言によって領域を確保しただけで、値を何も設定していない状態です。プログラムで変数や配列を定義すると、メモリ上に領域が確保されます。このままでは値は「不定」になってしまうので、初期値を代入することで後の処理で使えるようにしておきます。

実際のところ多くの場合、メモリには前に実行されていたプログラムのデータや使っていた値がそのまま残っています。そこで、新たに定義した変数や配列を累計などに使うときは、0を代入するなどの初期化を行わないと、思わぬエラーを引き起こす要因になります。これらを前提に、まず擬似言語の仕様を確認しましょう。

代入してないのに“値”ってへんなの

**《擬似言語の仕様》**

〔未定義、未定義の値〕

変数に値が格納されていない状態を、“未定義”という。変数に“未定義の値”を代入すると、その変数は未定義になる。

この仕様には、二つのルールが含まれています。

**① 変数に値が格納されていない状態を、“未定義”という**

領域を確保しただけで、値を設定していない状態を“未定義”としているのですから、変数Aと変数Bを宣言して、両方とも値を設定していない状態ならば、両者はイコールと判断できます。前述のメモリ上の話では、代入していないので、値は「不定」になることから、イコールにはなりません。ここが大きく異なる点です。

### ② 変数に“未定義の値”を代入すると、その変数は未定義になる

さらに、“未定義の値”は代入（複写）ができることが示されています。「不定」の場合は値が決まっていないのですから、これらの操作はできません。これに対して、“未定義の値”は値として存在しています。そのため、文字どおり“値”として扱うことができるのです。上記のルールから、“未定義の値”は変数や配列に格納できる数字や文字などの値と同様に扱うことが可能です。実際に“未定義の値”の扱いが含まれる問題を解いてみましょう。

## 「未定義の値」を使った問題を解いてみよう

例題

### 「“未定義の値”の扱い」

次の記述中の［　　　　］に入れる正しい答えを、解答群の中から選べ。ここで、配列の要素番号は1から始まる。

関数binSortをbinSort(［　　　　］)として呼び出すと、戻り値の配列には未定義の要素は含まれておらず、値は昇順に並んでいる。

〔プログラム〕

```
○整数型の配列: binSort(整数型の配列: data)
  整数型: n ← dataの要素数
  整数型の配列: bins ← {n個の未定義の値}
  整数型: i

  for (i を 1 から n まで 1 ずつ増やす)
    bins[data[i]] ← data[i]
  endfor

  return bins
```

解答群

ア　{2, 6, 3, 1, 4, 5}　　イ　{3, 1, 4, 4, 5, 2}

ウ　{4, 2, 1, 5, 6, 2}　　エ　{5, 3, 4, 3, 2, 6}

出典：2022年12月公開 基本情報技術者試験 科目Bサンプル問題 問11

解答群に示された値をトレースする問題です。このプログラムは、引数で受け取った配列から要素を順に読み出して、プログラム内の配列の該当する要素番号に書き込むという処理を行っています。この問題を取り上げた趣旨でもある“未定義の値”の扱いですが、配列binsの要素に「{n個の未定義の値}」として代入を行っており、文字や数値と同様に扱われています。配列binsの宣言時に暗黙のうちに(自動的に)未定義の値が入るような特殊な設定ではないので、問題を解くにあたって迷うことはありません。

## ●処理の概要

まず、引数で渡される配列dataは、解答群の配列要素で呼び出されるので、要素数nは6になります。一方、プログラム中で定義される配列binsは、要素数は明示されていませんが、最初に「{n個の未定義の値}」を代入しているので、配列dataと同じ要素数と考えておけばよいでしょう。大まかな処理は、下図のようになります。

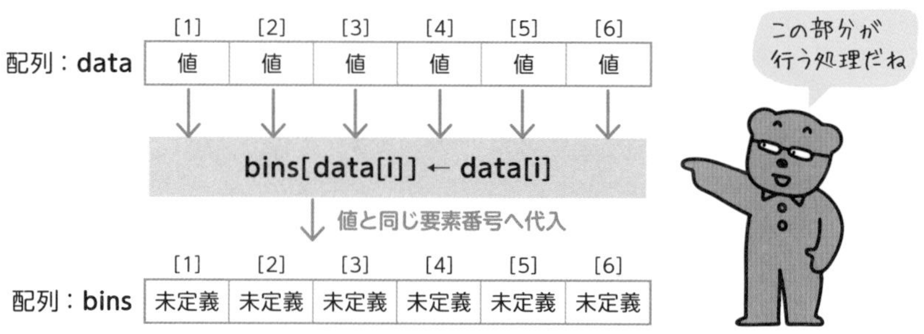


処理自体は、「配列dataに格納されている要素の値を見て、配列binsのその値と同じ要素番号に代入する」という処理になります。配列binsの該当しなかった要素番号には、“未定義の値”が残るので、すべて該当する選択肢が正解ということになります。

**ア**

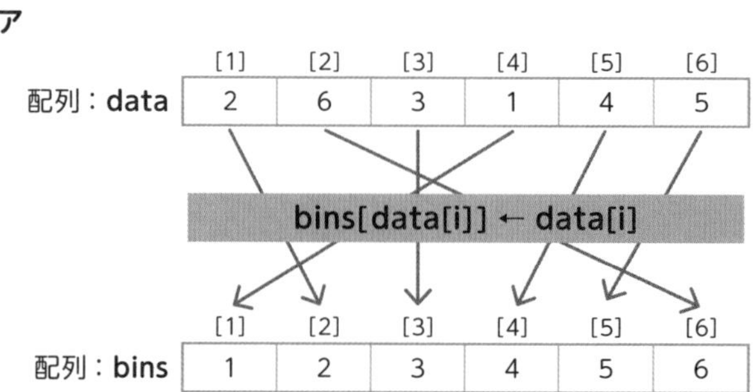

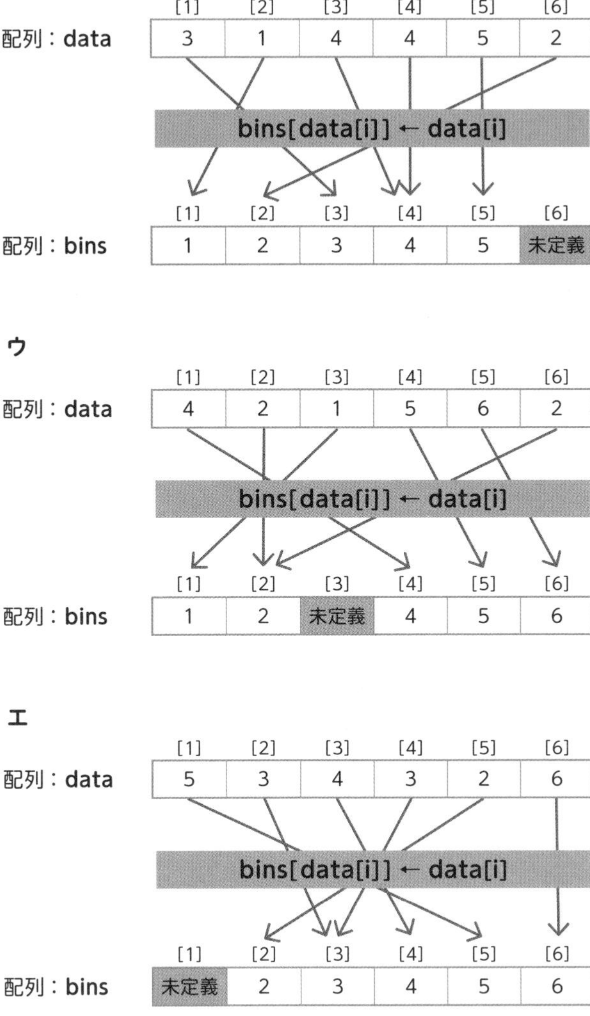


トレースの途中ですぐに気づくと思いますが、1～6の数値のうち、配列dataにはない数値が、配列binsで“未定義の値”のまま残ることになります。

〔解答　ア〕

# 第5章　確認問題

**問**　配列に格納された要素の順位付けを行うプログラム中の［ a ］と［ b ］に入れる正しい答えの組み合わせを、解答群の中から選べ。ここで、配列の要素番号は1から始まるものとする。

次のプログラムは、整数型の配列array内の要素について、値の大きい順に順位付けした順位を、整数型の配列rankの対応する位置に(array[1]の順位はrank[1]に)格納する。ここで、値の大きさが同じ場合は同じ順位にする。

配列arrayに、宣言部において{ 80, 85, 70, 90, 85 }の初期値を与えたとき、プログラムの実行後、戻り値の配列rankの値は { 4, 2, 5, 1, 2 } になる。

〔プログラム〕

```
○整数型の配列: array ← { 80, 85, 70, 90, 85 }
  整数型の配列: rank ← {}      /* 要素数0の配列 */
  整数型: i, j
  for (i を 1 から arrayの要素数まで 1 ずつ増やす)
    [ a ]
    for (j を 1 から arrayの要素数まで 1 ずつ増やす)
      if (array[i] < array[j])
        [ b ]
      endif
    endfor
  endfor
  return rank
```

解答群

| | a | b |
|---|---|---|
| ア | 配列rankの末尾に 0 を追加する | rank[i] ← rank[i] ＋ 1 |
| イ | 配列rankの末尾に 0 を追加する | rank[j] ← rank[j] ＋ 1 |
| ウ | 配列rankの末尾に 1 を追加する | rank[i] ← rank[i] ＋ 1 |
| エ | 配列rankの末尾に 1 を追加する | rank[j] ← rank[j] ＋ 1 |
| オ | 配列rankの末尾に arrayの要素数 を追加する | rank[i] ← rank[i] − 1 |
| カ | 配列rankの末尾に arrayの要素数 を追加する | rank[j] ← rank[j] − 1 |

## 問 配列要素のランク付け(可変長配列の動作)

問題文に初期値と戻り値が示されており、プログラムの動作例も説明されているので、処理内容もわかりやすくなっています。最終的に問題文に書かれている下図のような結果になるように、プログラムの空欄を埋めることを目指しましょう。

| | [1] | [2] | [3] | [4] | [5] |
|---|---|---|---|---|---|
| 配列:array | 80 | 85 | 70 | 90 | 85 |

| | [1] | [2] | [3] | [4] | [6] |
|---|---|---|---|---|---|
| 配列:rank | 4 | 2 | 5 | 1 | 2 |

プログラムの構造は、2重のfor〜endfor文の繰返しになっています。for文の制御記述やif文の条件式以外は空欄になっているため、手がかりは選択肢になります。

**空欄a** 配列rankは要素数0の可変長配列として宣言されており、どの選択肢も配列末尾に要素を追加する操作をしています(最終的な要素数は5)。さらに、追加した要素に初期値を設定していますが、0と1のどちらが都合がよいかは、空欄bの処理内容に左右されますので、後から考えることにします。

**空欄b** 配列array[i]<配列array[j]として、配列arrayの要素どうしの値の大小を比較しているため、配列rankに格納されているランクを更新する部分と考えられます。ｉとｊを使った制御記述に注目してトレースを行ってみましょう。for〜endfor文の制御記述を見ると、ｉとｊはともに配列arrayの要素番号を動かしています。

**1回目(ｉ=1)**

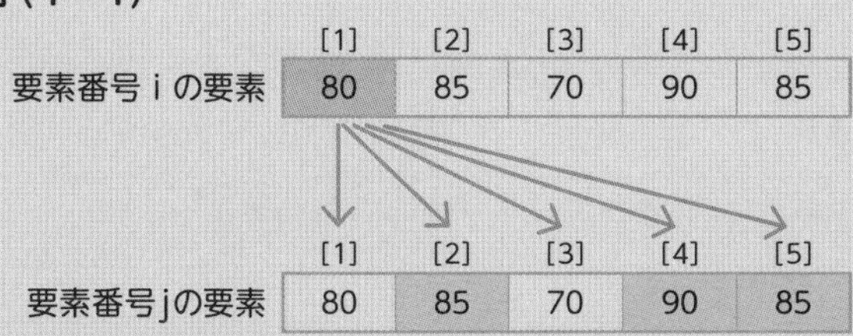


配列arrayの要素番号[1](iで示している)の値と、ｊが示す要素番号([1]〜[5])の値の比較を行い、array[ｉ] < array[ｊ]のときだけ空欄bの処理を行っています。つまりｉが指す要素番号の値よりも大きい値があったときの処理です。

値の大きい順に順位を付けるのですから、要素番号[ｉ]が指す配列rankの要素の順位を下げる(+1する)処理だと考えられます。ｊが指す要素の順位を上げる(−1する)

方法もありますが、配列rankはｉが繰返し処理で更新されるごとに要素が追加され（空欄a）ます。１回目の繰返し時点では要素は一つしかないため、後者の方法は不可能です。

そのため、前者の「要素の順位を下げる（＋１する）」方法を使うとして、空欄aで問われている初期値を決めます。ｉが指す要素番号の値よりも大きい値がないとき（その値が一番大きいとき）は何もしない（値を変更しない）のですから、初期値には１が設定される必要があります。１回目の比較では、大きい値が三つ存在するので、配列rank［1］の値（順位を示す値）は＋３されて４になりました。

|  | [1] |
|---|---|
| 配列rank | 4 |

**2回目（ｉ＝2）**

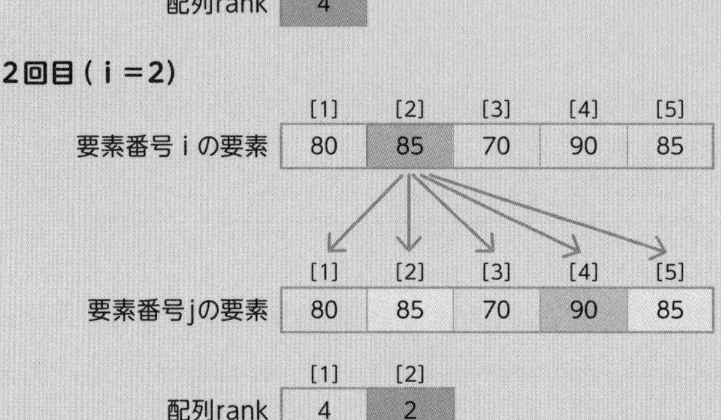


自分自身との比較を除いて、問題文の条件「値の大きさが同じ場合は同じ順位にする」についても満たしていることが確認できます。

**3回目（ｉ＝3）**

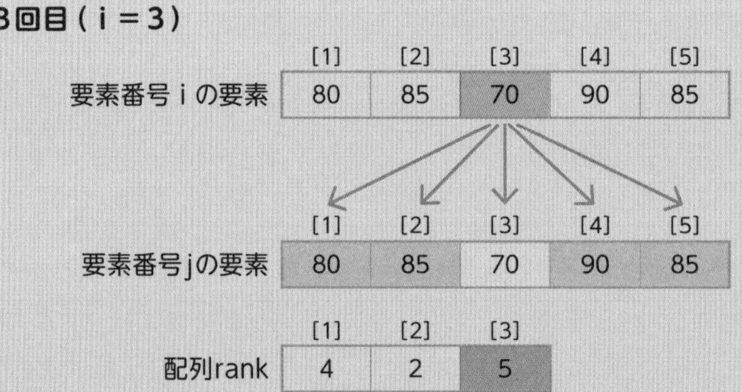


なお、配列rankに代入される順位の値は、二つ目のfor文を繰り返すごとに確定されていきます。結果をまとめると、**配列rankの末尾に１を追加する**（空欄a）、配列rankの要素の値（順位）を下げる処理は**rank［ｉ］←rank［ｉ］＋1**（空欄b）です。

**解答**　ウ

第6章

# オブジェクト指向プログラミング

テーマ 6-1

# オブジェクト指向問題の考え方・解き方

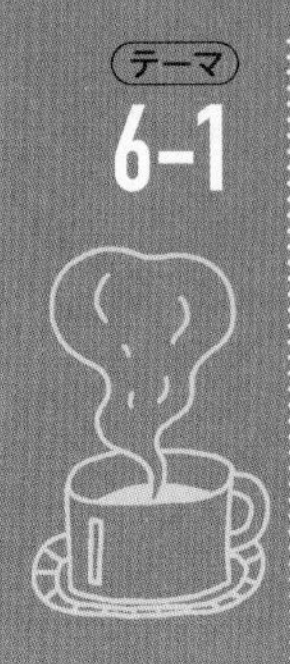

**オブジェクト指向のプログラミングを意識した問題は、ほぼ毎回出題されています。特に、データ構造をテーマとした出題では、クラスの概念を使うと問題内容を簡略化できるため、多用される傾向にあります。**

オブジェクト指向とは、ひとまとまりのデータとデータに対する手続を一体化した「オブジェクト」を基本とする考え方です。オブジェクト指向のプログラミングでは、個々のデータに対する命令を一つひとつ記述するのではなく、オブジェクトに対して指示をします。オブジェクト指向の考え方は、これまで学んできたプログラミングとは少し異なるので難しく感じられますが、ゆっくりと慣れていけば試験問題を解くレベルに到達するのは容易です。まずは、オブジェクト指向の用語と概念から始めましょう。

## オブジェクト指向の用語に慣れよう

まず最初にオブジェクト指向でよく使われる用語を知っておきましょう。

**属性**　:オブジェクトに含まれるデータのことです。

**振舞い**　:オブジェクトに含まれる機能のことで、**メソッド**ともいいます。

**カプセル化**:属性とメソッドを一体化することです。カプセル化によって、オブジェクトの中身を知らなくても扱うことが容易になります。

**メッセージ**:ほかのオブジェクトへ処理を要求する(メソッドを呼び出す)単位です。

**銀行口座のオブジェクト**

| 属性 | メソッド |
|---|---|
| 銀行名 | 口座へ入金する |
| 支店名 | 口座から引き出す |
| 口座種類 | 口座から振り込む |
| 口座名義人 | 残高を照会する |
| 口座残高 | : |
| : | |

図表6-1-1　オブジェクトの例

## ●オブジェクトは利用するだけ！

オブジェクト指向のプログラミングでは、一つひとつ手続を書いていくのではなく、オブジェクトに対してメソッドを指定して命令するだけです。つまり、オブジェクトを利用する側にとっては、オブジェクトの内部の構造や実装を気にすることなく、ルールに沿って依頼をすれば、きちんと頼んだ仕事を実行してくれると考えておけばよいということ。「どこかで誰かが、うまくやってくれている」ということですね。

実際のところは、オブジェクトの仕組みを構築するのは手間がかかるのですが、その部分は求められていないので、使い方どおりに利用するだけです。なお、試験の問題文には振舞い（メソッド）の種類と機能の説明、戻り値などが一覧表で示されます。

## ●「クラス」と「インスタンス」って何のこと？

オブジェクトのことが大まかに理解できたら、クラスの話に移りましょう。これまで解説してきた「オブジェクト」は幅広い概念であり、具体化したものがクラスとインスタンスです。このうち、**クラス**とは、テンプレート（ひな型）のようなもので、クラスのテンプレートを使って生成したものが**インスタンス**です。

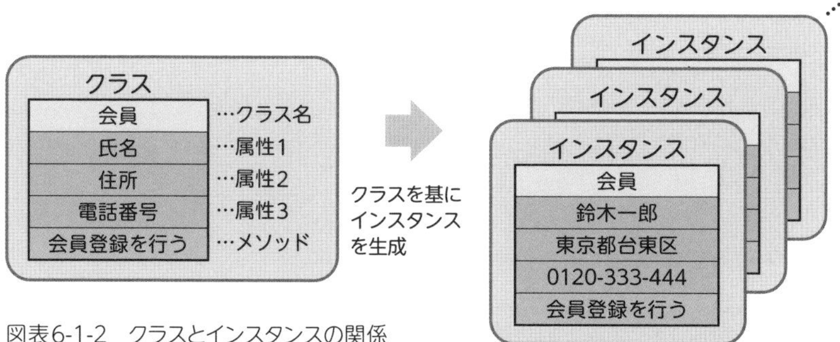


図表6-1-2　クラスとインスタンスの関係

言い方を変えると、オブジェクトを抽象化したものがクラスで、具体化したものがインスタンスです。ピンとこない場合は、「クラスからインスタンスを生成する」とだけ覚えておくとよいでしょう。もちろん、どちらもオブジェクトであり「属性」と「メソッド」をもっています。

## オブジェクト指向の基本問題を解いてみよう

概念的に用語を理解するだけでは先へ進みませんから、実際の問題を解いてみましょう。ここでは、複数あるメソッドの使い方を掴むことを目標にするとよいでしょう。

例題

### 「メソッドの使い方」

次のプログラム中の ［　　　］ に入れる正しい答えを、解答群の中から選べ。

任意の異なる2文字をc1、c2とするとき、英単語群に含まれる英単語において、c1の次にc2が出現する割合を求めるプログラムである。英単語は、英小文字だけから成る。英単語の末尾の文字がc1である場合、その箇所は割合の計算に含めない。

例えば、図に示す 4語の英単語“importance”、“inflation”、“information”、“innovation”から成る英単語群において、c1を“n”、c2を“f”とする。英単語の末尾の文字以外に“n”は五つあり、そのうち次の文字が“f”であるものは二つである。

したがって、求める割合は、2 ÷ 5 = 0.4である。c1とc2の並びが一度も出現しない場合、c1の出現回数によらず割合を0と定義する。

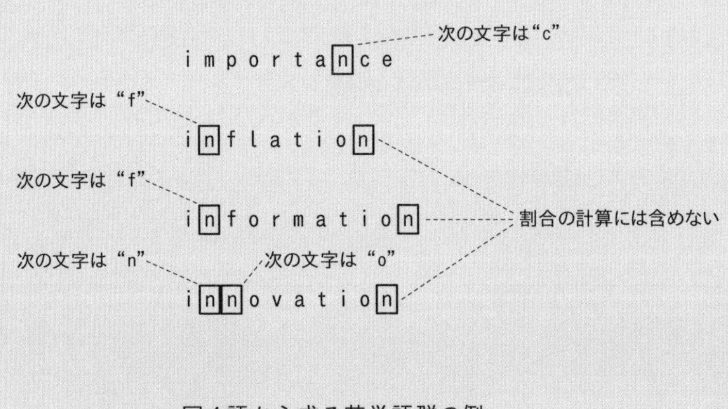


図 4語から成る英単語群の例

プログラムにおいて、英単語群はWords型の大域変数wordsに格納されている。クラスWordsのメソッドの説明を、表に示す。本問において、文字列に対する演算子"＋"は、文字列の連結を表す。また、整数に対する演算子"÷"は、実数として計算する。

表 クラスWords のメソッドの説明

| メソッド | 戻り値 | 説明 |
|---|---|---|
| freq(文字列型: str) | 整数型 | 英単語群中の文字列strの出現回数を返す。 |
| freqE(文字列型: str) | 整数型 | 英単語群の中で、文字列strで終わる英単語の数を返す。 |

〔プログラム〕

```
大域: Words: words   /* 英単語群が格納されている */

/* c1の次にc2が出現する割合を返す */
○実数型: prob(文字型: c1, 文字型: c2)
  文字列型: s1 ← c1の1文字だけから成る文字列
  文字列型: s2 ← c2の1文字だけから成る文字列
  if (words.freq(s1 + s2) が 0 より大きい)
    return [    ]
  else
    return 0
  endif
```

解答群

ア (words.freq(s1) − words.freqE(s1)) ÷ words.freq(s1 + s2)

イ (words.freq(s2) − words.freqE(s2)) ÷ words.freq(s1 + s2)

ウ words.freq(s1 + s2) ÷ (words.freq(s1) − words.freqE(s1))

エ words.freq(s1 + s2) ÷ (words.freq(s2) − words.freqE(s2))

出典：2022年4月公開 基本情報技術者試験 科目Bサンプル問題 問5

## ●メソッドへアクセスするときの記述方法

問題に取りかかる前に、ここで使用する擬似言語の文法を確認しておきましょう。クラスに含まれるメソッドへアクセスするときのプログラムの記述方法です。

### 《擬似言語文法の仕様》

演算子 . は、メソッドのアクセスを表す。

この問題では、クラスWordsに含まれるメソッドが二つあり、それぞれにアクセスするには、メソッドを次のように記述します。

```
words.freq()          /* メソッドfreqにアクセスする */
words.freqE()         /* メソッドfreqEにアクセスする */
```

メソッドの前に付けられているwordsは、大域で定義（「大域 ：Words ：words」）している変数名で、クラスWords型のインスタンスを参照しています。words.freq()であれば、そのインスタンスがもつメソッドfreqを呼び出すことになります。

実行例としては、問題文の例として挙げられている五つの単語を用いると、S1に「n」を代入し、それぞれのメソッドにアクセスすると次のような値が返ってきます。

```
words.freq(s1)        戻り値　8　…全単語に含まれる“n”の数
words.freqE(s1)       戻り値　3　…全単語に含まれる単語の末尾が“n”の数
```

## ●プログラムで行っている処理を整理しよう

問題文では、具体例を使って処理の説明がされているので、大まかには概要をつかめると思います。確認しておきましょう。

**《英単語群に含まれる英単語において、c1の次にc2が出現する割合を求める》**

① 文字c1と文字c2を受け取る
② c1 の出現回数を求める
③ 英単語の末尾がc1である回数を求め、②から差し引く
④ c1 の次に c2 が出現する回数を求める
⑤ ④÷③の計算を行って割合を求め、実数型の戻り値で返す

加えて「c1 とc2 の並びが一度も出現しない場合、c1 の出現回数によらず割合を0と定義する」を考慮すれば、プログラムは条件を満たします。

それでは、処理を順に考えていきましょう。

```
○実数型: prob(文字型: c1, 文字型: c2)
  文字列型: s1 ← c1の1文字だけから成る文字列
  文字列型: s2 ← c2の1文字だけから成る文字列
```

まず、検索の対象となる英単語群は「大域」に定義されています。問題文に「英単語群はWords型の大域変数wordsに格納されている」との記述があるので、プログラム内の別の場所でクラスWordsのインスタンスが作成され、そのインスタンスへの参照が変数wordsに格納されているものと思われます。ここでは、問題文で示される五つの単語がそのまま格納されていると考えておけばよいでしょう。

プログラム開始からの3行では、文字c1とc2を受け取り、それぞれを文字列型の変数s1とs2に代入しています。ここで、わざわざ変数に入れているのは、二つのメソッドの引数が文字列型で設定されているためです。1文字分の「文字型」ではないのは、後から複数の文字列を含む「文字列型」を扱う必要があるからです。つまり、「1文字だけから成る文字型」のデータを文字列型の変数に代入することで型変換を行っています。

## ●「c1 の次に c2 が出現する回数」はどうする？

この問題のポイントになるのはこの部分ですが、実はあっさり解決します。問題文に

は、「文字列に対する演算子"＋"は、文字列の連結を表す」と書かれているので、代入したs1とs2を使って「s1 ＋ s2」の出現回数を求めればよいことがわかります。文字列の出現回数はメソッドfreqを使うことと、2文字分になるので、先に「文字列型」に型変換した意味があったのです。

```
if (words.freq(s1 + s2) が 0 より大きい)
  return [      ]
else
  return 0
endif
```

## ●問題の空欄を考えよう

if〜endifの最初の条件式で、「c1 とc2 の並びが一度以上出現している」ことを確認しており、その場合には戻り値に0を返しているので、空欄は「c1 とc2 の並びが出現している場合」の処理です。前ページで整理した②〜⑤を一つの式で行っているので間違えないように分割して考えましょう。最後は、④÷③の計算を行って割合を求めるので、c1、c2をs1、s2に置き換えて順に求めていくと、次のようになります。

```
② words.freq(s1)                …全単語に含まれるs1の数
③ words.freq(s1) − words.freqE(s1)
                                …②から英単語の末尾がs1である回数を差し引く
④ words.freq(s1 + s2)     …s1 の次に s2 が出現する回数
⑤ words.freq(s1 + s2) ÷ (words.freq(s1) − words.freqE(s1) )  …④÷③
```

〔解答　ウ〕

オブジェクト指向のプログラミングは、代表的なオブジェクト指向言語であるJavaのルールを基本としていることが多いのですが、言語に依存する部分を問われることはありません。Python、C++、PHPなどほかのオブジェクト指向言語と記述ルールが異なる部分もありますが、問題を解く際に気にする必要はないでしょう。

またオブジェクト指向には、ほかにもさまざまな概念や用語がありますが、科目Bの問題としては出てきません。ただ科目Aの範囲には、オブジェクト指向に関する概念や用語が含まれているので、余裕があれば知識を結びつけておくとよいでしょう。

テーマ 6-2

# オブジェクトを生成する

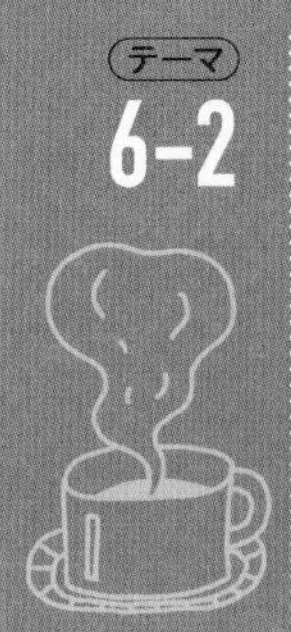

「オブジェクトを生成する」とは、クラスからインスタンスを生成するということです。生成の際は、オブジェクトを使用するための初期設定を行う"コンストラクタ"を用います。ここでは、その使い方を解説します。

オブジェクト指向によるプログラミングが便利なのは、イチから作るとたいへんなキューやスタック、リストといったデータ構造も、あらかじめ用意されているクラスを使えば簡単に利用できることです。試験でも、データ構造の問題はよく使われています。

データ構造の詳細は後の章で解説しますが、キューやスタック、リストといったデータ構造の論理的な性質を知っていれば、内部アルゴリズムの構築は省いて利用することができます。ここではデータ構造の出題例を使って、クラスからインスタンスを生成する方法とその仕組み、また、必要となる用語の意味を学んでいきましょう。

## 「コンストラクタ」って何のこと?

**コンストラクタ**は、「製造者」という意味の言葉です。オブジェクト指向のプログラミングでは、オブジェクトを生成する(クラスからインスタンスを生成する)際に呼び出される特殊な手続(関数)を指します。一般にコンストラクタは、新しく生成したオブジェクトが使用できるように初期設定を行う役割をもちます。試験問題ではコンストラクタの機能が提示されており、プログラムから呼び出すことでその機能を実現します。問題を解く際に必要なコンストラクタの特性と役割をまとめると次のようになります。

### 《コンストラクタの特性と役割》

① クラスと同じ名前をもつ(試験問題およびJavaなどの場合)
② インスタンスを生成する際に呼び出すことで、定義されている機能を実行する
③ 主にオブジェクト(インスタンス)を使用するための初期設定を行う
④ 戻り値はもたない(型は指定しない)

説明を読むだけではわかりにくいでしょうから、実際の問題を使って、コンストラクタの役割と使い方を見ていきましょう。

## オブジェクトを生成する問題　その1

次の問題は、データ構造の一つである“キュー”を操作する問題です。**キュー**(queue)とは、最初に格納されたデータが最初に取り出される**先入れ先出し**(FIFO；First-In First-Out)型のデータ構造で、次のようにデータの出し入れを行います。

| データを入れる方向→ | n+4 | n+3 | n+2 | n+1 | n | |
|---|---|---|---|---|---|---|
| エンキュー → | データ5 | データ4 | データ3 | データ2 | データ1 | → デキュー |

図表6-2-1　キューへの操作

キューに対して、データを列の最後に格納する操作を**エンキュー**(enqueue)、反対に列の先頭から順に取り出す操作を**デキュー**(dequeue)といいます。

例題

### 「優先度付きキューの操作」

次の記述中の [　　　] に入れる正しい答えを、解答群の中から選べ。

優先度付きキューを操作するプログラムである。優先度付きキューとは扱う要素に優先度を付けたキューであり、要素を取り出す際には優先度の高いものから順番に取り出される。クラス PrioQueue は優先度付きキューを表すクラスである。クラス PrioQueue の説明を図に示す。ここで、優先度は整数型の値 1、2、3 のいずれかであり、小さい値ほど優先度が高いものとする。

手続 prioSched を呼び出したとき、出力は [　　　] の順となる。

| コンストラクタ | 説明 |
|---|---|
| PrioQueue() | 空の優先度付きキューを生成する。 |

| メソッド | 戻り値 | 説明 |
|---|---|---|
| enqueue(文字列型: s, 整数型: prio) | なし | 優先度付きキューに、文字列sを要素として、優先度prioで追加する。 |
| dequeue() | 文字列型 | 優先度付きキューからキュー内で最も優先度の高い要素を取り出して返す。最も優先度の高い要素が複数あるときは、そのうちの最初に追加された要素を一つ取り出して返す。 |
| size() | 整数型 | 優先度付きキューに格納されている要素の個数を返す。 |

表 クラスPrioQueue の説明

```
〔プログラム〕
 ○prioSched()
  PrioQueue: prioQueue ← PrioQueue()
  prioQueue.enqueue("A", 1)
  prioQueue.enqueue("B", 2)
  prioQueue.enqueue("C", 2)
  prioQueue.enqueue("D", 3)
  prioQueue.dequeue()    /* 戻り値は使用しない */
  prioQueue.dequeue()    /* 戻り値は使用しない */
  prioQueue.enqueue("D", 3)
  prioQueue.enqueue("B", 2)
  prioQueue.dequeue()    /* 戻り値は使用しない */
  prioQueue.dequeue()    /* 戻り値は使用しない */
  prioQueue.enqueue("C", 2)
  prioQueue.enqueue("A", 1)
  while (prioQueue.size() が 0 と等しくない)
    prioQueue.dequeue() の戻り値を出力
  endwhile
```

解答群

ア "A", "B", "C", "D"

イ "A", "B", "D", "D"

ウ "A", "C", "C", "D"

エ "A", "C", "D", "D"

出典：2022年12月公開 基本情報技術者試験 科目Bサンプル問題 問8

## ●オブジェクトを生成する

この問題で扱うクラスPrioQueueは、キューを生成して三つのメソッドによる操作を行います。キューそのものがオブジェクトであり、コンストラクタは「空の優先度付きキューを生成する」という機能をもちます。なお「優先度付きキュー」とは、通常のキューの機能に加えて、取り出す際（デキュー）に"優先度"があり、先入れ先出しというキューの機能よりも"優先度"を先に評価するとしています。したがって、デキューは「優先度の高いもの」→「先にエンキューしたもの」という順になります。

```
○prioSched()
  PrioQueue: prioQueue ← PrioQueue()
```

最初の行は手続名の定義で、引数はありません。2行目はクラスPrioQueue型のインスタンスprioQueueを定義し、コンストラクタPrioQueue()により初期設定（「空の優先度付きキューを生成する」）を行っています。なお、クラス名の型が付いた変数を**クラス型の変数**と呼びますが、こちらは後のページで解説します。

## ●キューに対する操作

3行目からwhile文の手前（14行目）までは、生成されたキューに対して、二つのメソッドを使ってエンキューとデキューを行っています。操作は単純ですが操作が入り組んでいるので、間違わないようにキューの状態をメモしながら追っていきましょう。コメントとして「/* 戻り値は使用しない */」と書かれているのは、最終的に戻り値を出力するのは、後に続くwhile～endwhileで行っています。そこまでは準備のようなもので、キューの状態は次のように変化していきます（色網の部分はデキューされたキュー）。

| プログラムの行 | 12 | 11 | 7 | 4 |
|---|---|---|---|---|
| エンキュー → | A | C | D | D |
| （優先度） | 1 | 2 | 3 | 3 |

→ デキュー

| | 8 | 3 | 2 | 1 |
|---|---|---|---|---|
| 使用 | B | C | B | A |
| しない | 2 | 2 | 2 | 1 |

最終的な出力操作は、次の3行で行っています。メソッドsize() は、この時点でのキューの要素数（＝4）を返すので、残っている四つが優先度順にキューの機能に従って出力されます。

```
while (prioQueue.size() が 0 と等しくない)
  prioQueue.dequeue() の戻り値を出力
endwhile
```

| プログラムの行 | 12 | 11 | 7 | 4 |
|---|---|---|---|---|
| | A | C | D | D |
| | 1 | 2 | 3 | 3 |

⇒

| | 7 | 4 | 11 | 12 |
|---|---|---|---|---|
| 出力された | D | D | C | A |
| 戻り値 | 3 | 3 | 2 | 1 |

これを出力された順に並べると、“A”、“C”、“D”、“D”の順になります。

〔解答　エ〕

## オブジェクトを生成する問題　その2

前の問題は、データ構造そのものを生成しました。次の問題は、クラスのインスタンスがデータ構造の要素（単方向リストのセル）になっており、要素を増やすたびにコンストラクタを呼び出して初期設定を行います。詳しく解説する前に、この問題で題材とするデータ構造「単方向リスト」について説明しておきましょう。

**単方向リスト**は、**セル**と呼ばれる単位で管理するデータ構造で、データと次のセルへの参照を示すポインタがセットなっています。これにより、データを順番にたどることができます。また、**ヘッダ**と呼ばれる先頭のセルの参照を格納しているものが設けられており、最初にヘッダを見ることでリストの先頭位置がわかる仕組みです。

リストに対して追加や挿入、削除を行いたいときはポインタの値のみを変更します。物理的に移動しなくてよいので、削除後に後ろを詰めたり、挿入時に順送りしてスペースを空けたりする必要がありません。下図の構成でセル3を削除したいときはセル2のポインタをセル4を参照する[4]に変更するだけです。また、セル1と2の間にセル1.5を挿入するなら、セル1のポインタを[1.5]に変更し、セル1.5のポインタを[2]にします。

**《単方向リスト》**　…図中では「セルの参照」を“[セル番号]”で表します。

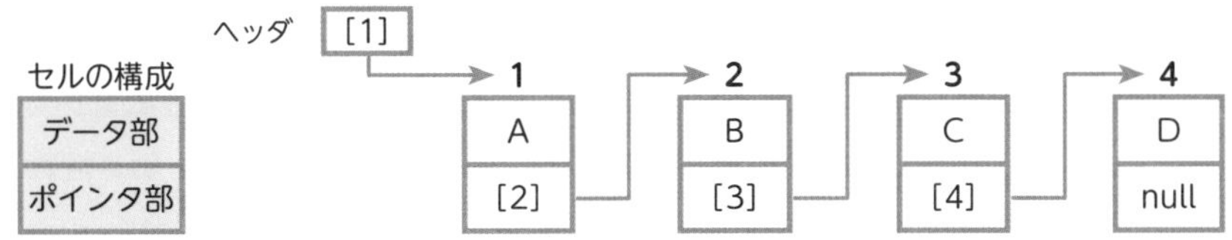


図表6-2-2　単方向リスト

このようなセルを一つのオブジェクトとして表現するのが今回の問題です。リストの要素を追加したいときは、セルの構成をメンバ変数として定義したクラスからインスタンスを生成したうえで、コンストラクタにより初期化を行い、現時点の最終のセルのポインタを変更します。

### ●メンバ変数とその扱い方を知っておこう

問題を解く前に、擬似言語の文法を一つ学んでおきましょう。

**《擬似言語文法の仕様》**

> 演算子 . は、メンバ変数のアクセスを表す。

**メンバ変数**とは、個々のインスタンスに属している変数のことで、上記の単方向リストのセルを表現するのであれば、「データ部」と「ポインタ部」が該当します。実体としてインスタンスごとに作られるのですから、インスタンスを削除することでそのメンバ変数も消滅します。前ページの単方向リストに話を戻しましょう。先の図をオブジェクト指向の概念として表現すると下図のようになります。ここではセルを構成する「データ部」と「ポインタ部」をクラスのメンバ変数としています。また、試験問題ではセルのことを「**要素**」と呼んでいます。なお、最後のセルにはnull値を入れていましたが、試験問題の擬似言語では“**未定義**”を入れます。

**《例題の単方向リスト》** …図中では「要素の参照」を“[要素番号]”で表します。

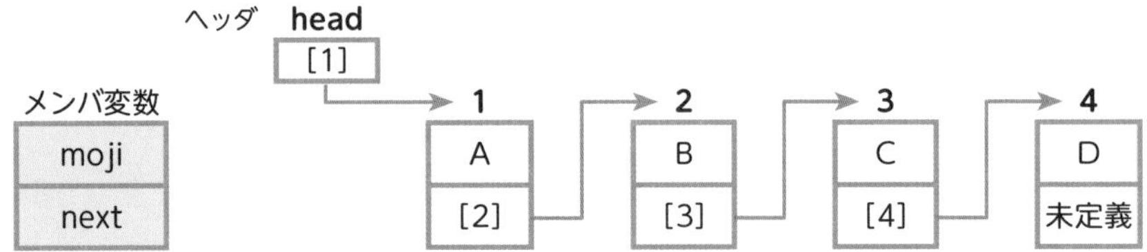


## ●特定のメンバ変数の値を操作する

上のリストで注目したいのは、リストの要素を表すメンバ変数は、インスタンスごとに存在し、それぞれに別の値が入っていることです。もちろんインスタンスに所属するのですから当然なのですが、メンバ変数に対する操作を行うためには、どのインスタンスかを特定する必要があります。ただし、インスタンスのメンバ変数は、値を格納するmojiと次の要素を示すnextしかありません。

そこで先の「擬似言語文法の仕様」で示した「.（ピリオド）」を使って修飾を行います。例えば、要素1のメンバ変数nextを指定するなら、要素1への参照を格納しているheadを用いて、「head.next（headが参照している要素のnext）」となります。

同様に、要素2のメンバ変数nextを指定するなら、「head.next.next」と記述できます。このようにピリオドを使って修飾することで、対象となるインスタンスのメンバ変数を特定することができます。

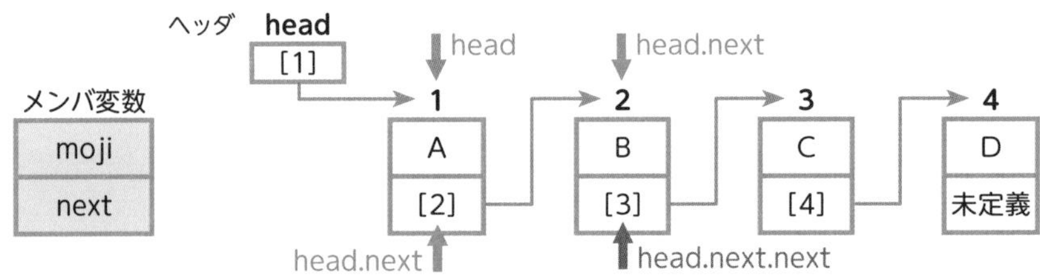

このような仕組みを頭に入れながら、実際の問題を解いてみましょう。

例題

## 「単方向リストへの要素追加」

次のプログラム中の [ a ] と [ b ] に入れる正しい答えの組合せを、解答群の中から選べ。

手続appendは、引数で与えられた文字を単方向リストに追加する手続である。単方向リストの各要素は、クラスListElementを用いて表現する。クラスListElementの説明を図に示す。ListElement型の変数はクラスListElementのインスタンスの参照を格納するものとする。大域変数listHeadは、単方向リストの先頭の要素の参照を格納する。リストが空のときは、listHeadは未定義である。

| コンストラクタ | 説明 |
|---|---|
| ListElement(文字型: qVal) | 引数qValでメンバ変数valを初期化する。 |

| メンバ変数 | 型 | 説明 |
|---|---|---|
| val | 文字型 | リストに格納する文字。 |
| next | ListElement | リストの次の文字を保持するインスタンスの参照。初期状態は未定義である。 |

表 クラスListElementの説明

〔プログラム〕

```
大域: ListElement: listHead ← 未定義の値

○append(文字型: qVal)
  ListElement: prev, curr
  curr ← ListElement(qVal)
  if (listHead が [  a  ])
    listHead ← curr
  else
    prev ← listHead
    while (prev.next が 未定義でない)
      prev ← prev.next
    endwhile
    prev.next ← [  b  ]
  endif
```

解答群

| | a | b |
|---|---|---|
| ア | 未定義 | curr |
| イ | 未定義 | curr.next |
| ウ | 未定義 | listHead |
| エ | 未定義でない | curr |
| オ | 未定義でない | curr.next |
| カ | 未定義でない | listHead |

出典：2022年4月公開 基本情報技術者試験 科目Bサンプル問題 問3

## ●大域に格納されているもの

プログラムは、単方向リストの要素を追加する手続appendです。リストのヘッダは大域に設けられており、「単方向リストの先頭の要素の参照」として、クラスListElementと関連付けられた大域変数listHeadに格納されています。これは、何かの値ではなく「要素の参照」としていることから、メンバ変数nextと同列に扱うことができることを意味しています。nextは名称のとおり、リストにおける次ポインタです。

## ●単方向リストの末尾へ追加する手順

手続appendは、単方向リストへの文字追加、すなわちリスト要素の追加を行っています。リスト構造へ要素を追加する手順は、要素3までのリストに要素4を追加する場合なら、次図のようになります。図中では「要素の参照」を“[要素番号]”で表します。

① **要素4のインスタンスを生成**　…文字“D”で生成し、nextに“未定義”を設定。

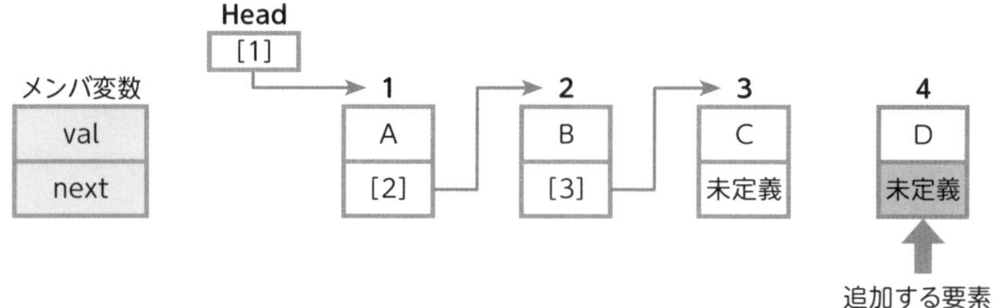


② **要素3の次ポインタを変更**　…要素3のnextに、要素4の参照を設定。

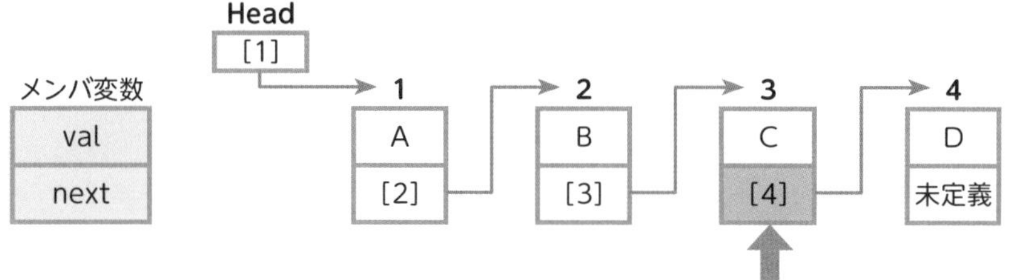


なお、①で追加する要素に“未定義”を設定するには、コンストラクタListElementを呼び出すことで初期化を行います。

## ●クラス型の変数って、どんなもの？

このプログラムと一つ前のプログラムには、宣言部や大域における変数の定義において「クラス名」と「：(コロン)」が付いている変数があります。これは**クラス型の変数**や**オブジェクト変数**と呼ばれているものです。

クラス型の変数における「型」は、先に学んできた整数型や文字型といった「基本データ型（プリミティブ型)」ではなく、**クラス型**と呼ばれています。クラス型は、クラス名が型になっており、そのクラスの特徴を引き継いでいます。具体的には、変数の中にオブジェクトのアドレス情報をもっていることやクラスに定義されているメソッドが使えること。ほかにも特徴がありますが、まずはこの二つを知っておくとよいでしょう。

### 《クラス型の変数の特徴》

- ・オブジェクトのアドレス情報をもっている
- ・変数の移動（代入操作）ができるのは、クラス型の変数どうしのみ

オブジェクトのアドレス情報とは、クラスの実体であるインスタンスのアドレスを保持しているということです。これにより、問題文にある「○△■型の変数はクラス○△■のインスタンスの参照を格納するものとする」ということが成り立ちます。

p.158のメンバ変数を指定する際に「head.next」と記述できたのも、headがクラス型の変数として定義され、保持しているアドレスでインスタンスが特定できるからです。

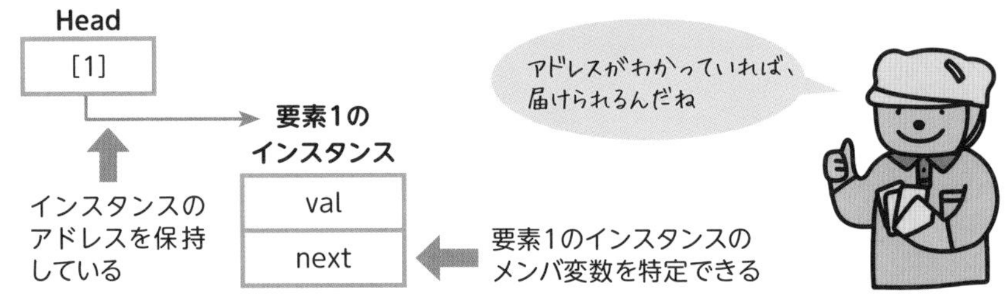


図表6-2-3　クラス型変数

もう少し詳しく説明すると、クラス型の変数は一般の変数のようにメモリトに実体をもっておらず、アドレスの（参照）情報を保持しているだけです。実体がないので変数間の移動を行ってもデータそのものは移動しません。一般の変数との代入操作はできず、クラス型の変数どうしに限られるのもそのためです。また、クラス型の変数に複数の型が混在できるのも、アドレス情報のみで実体ではないからです。

なお、クラス型の変数は定義しただけではアドレス情報はないため、インスタンスを生成してコンストラクタを呼び出す際、アドレス情報を代入するのが定番パターンです。

クラス名：変数名 ← そのクラスのコンストラクタ（引数）

クラス型の変数を定義　　コンストラクタによる初期化時に、アドレス情報を設定

## ●プログラムで行っている処理を見ていこう

この問題は、インスタンスのメンバ変数をどうやって指定するかがポイントで、プログラム内で定義している変数（ローカル変数）の使い方がカギになります。ここで、問題文には「ListElement型の変数は、クラスListElementのインスタンスの参照を格納

するものとする」とあり、3行目で定義している変数prevとcurrには、この単方向リストにおける参照が格納されることがわかります。

次の4行目はコンストラクタを呼び出すことで、追加する要素の初期化（メンバ変数nextに“未定義”を設定）を行い、変数currに参照を代入しています。つまり、currには追加する要素の参照が入ることになります。

## ●ポインタを変更する

リストへの要素の追加は、p.161の②のように既存の要素のポインタを変更する必要があります。これを行っているのが次のif〜else〜endifの部分です。

if条件の部分は、ヘッダであるlistHeadに変数currを代入しています。ヘッダが直接、新たに追加された要素を指すのですから、もともとリストには要素が存在せず、追加された要素が最初の要素ということです。これを判断するには、listHeadが“未定義”かを見ればよいでしょう。これが空欄aになります。

一方のelse条件は、リストに要素が存在している場合です。行うべきことは、最終要素を見つけ出してそのポインタを変更すること。見つけ出す方法は、ヘッダから順にリストをたどりながら、メンバ変数nextが“未定義”かどうを判断していきます。これがwhile〜endwhileの部分です。

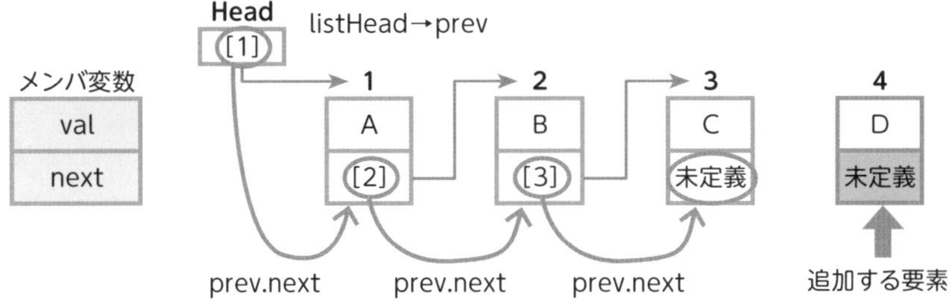


手順は、まず最初の要素の参照が格納されているlistHeadを変数prevに代入します。すると、最初の要素（上図では要素1）のメンバ変数は「prev.next」で指定できるので、これが未定義であるかどうかを判断します。もし未定義でなければ、「prev.next」を新たなprevとすれば、「prev.next」で次の要素のメンバ変数を指定できます。

これを繰り返していき、「prev.next」が“未定義”だった時点がリストの最終要素ということになります。ここに追加する要素の参照を入れればよいので、追加する要素の参照が格納されているcurrを代入すれば完了です（空欄b）。

〔解答　ア〕

# 第6章　確認問題

**問**　次のプログラム中の [　　　] に入れる正しい答えを、解答群の中から選べ。

手続delNodeは、単方向リストから、引数posで指定された位置の要素を削除する手続である。引数posは、リストの要素数以下の正の整数とする。リストの先頭の位置を1とする。

クラスListElementは、単方向リストの要素を表す。クラスListElementのメンバ変数の説明を表に示す。ListElement型の変数はクラスListElementのインスタンスの参照を格納するものとする。大域変数listHeadには、リストの先頭要素の参照があらかじめ格納されている。

表 クラスListElementのメンバ変数の説明

| メンバ変数 | 型 | 説明 |
|---|---|---|
| val | 文字型 | 要素の値 |
| next | ListElement | 次の要素の参照<br>次の要素がないときの状態は未定義 |

〔プログラム〕

```
大域: ListElement: listHead  /* リストの先頭要素が格納されている */

○delNode(整数型: pos)  /* posは、リストの要素数以下の正の整数 */
  ListElement: prev
  整数型: i
  if (posが1と等しい)
    listHead ← listHead.next
  else
    prev ← listHead
    /* posが2と等しいときは繰返し処理を実行しない */
    for (i を 2 から pos − 1 まで 1 ずつ増やす)
      prev ← prev.next
    endfor
    prev.next ← [　　　]
  endif
```

解答群

| | | | |
|---|---|---|---|
| ア | `listHead` | イ | `listHead.next` |
| ウ | `listHead.next.next` | エ | `prev` |
| オ | `prev.next` | カ | `prev.next.next` |

出典：2022年12月公開 基本情報技術者試験 科目Bサンプル問題 問10

## 問 単方向リストからの要素削除

単方向リストからの要素を削除する問題で、テーマとなるリストは、p.159の例題とほぼ同じです。念のため、仕様をまとめると次のようになります。

① クラスListElementは、単方向リストの要素を表す
② ListElement型の変数はクラスListElementのインスタンスの参照を格納する
③ 大域変数listHeadには、リストの先頭要素の参照があらかじめ格納されている
④ メンバ変数nextは次の要素の参照が格納され、次の要素がないときの状態は未定義が格納されている

手続delNodeについては、クラスのメンバ変数と使い方などもp.159の例題と同じで、異なるのはリスト要素を削除するという機能だけです。具体例として、下記のリストから要素3を削除することを想定してみましょう。

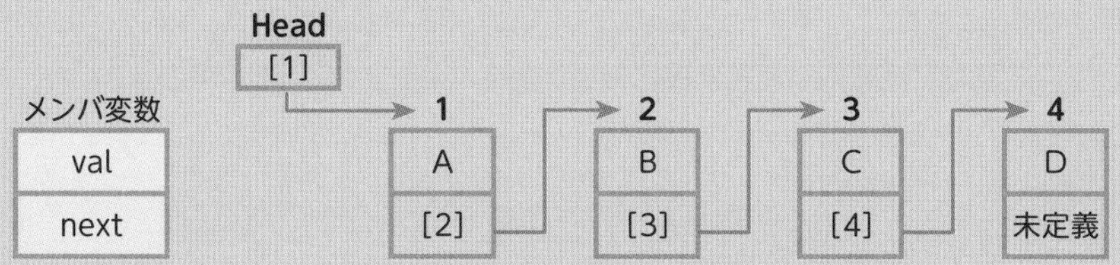


まず考えることは、「何を」、「どうやって削除するか」ということ。削除する要素の指定は、リストの先頭の位置を1とした整数値で受け渡されます。ただし、クラスListElementのメンバ変数には「要素番号」が含まれていないため、削除する要素がどれなのかわかりません。そこで、プログラムでは変数 i を使って特定していきます。「どうやって削除」については、削除を行う要素から見て前側（先頭側）のポインタを変更します。プログラムでは、このメンバ変数の指定方法がカギになってきます。

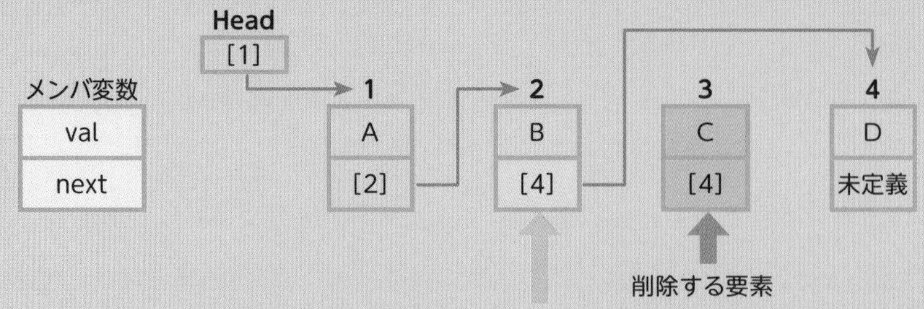


プログラムを見ていきましょう。if〜else〜endifでは、posが1(最初の要素)の場合とそれ以外で処理を分けています。これは、最初の要素番号のみ、ヘッダの参照を変更する必要があるからです。注意したいのは、「削除する要素」の一つ前の要素の参照(次ポインタ)には、もともと削除する要素に入っていた参照を入れることです。これにより、削除する要素が、最終要素(参照に"未定義"が入っている)であっても、同じ処理で対応できます。ここで、「削除する要素」の次の要素の参照を入れようとすると、削除対象が最終要素のときだけ別処理が必要になります。elseの処理を確認しましょう。

```
prev ← listHead
for (i を 2 から pos −1 まで 1 ずつ増やす)
  prev ← prev.next
endfor
```

prevには、あらかじめ要素番号1の参照を入れておき、for文のループによって更新しています。これは、「削除する要素」の前の要素を指定するためです。上図の場合なら、ループを抜けたとき、prevに要素番号2への参照が入っていることになります。

最後に、このprevを基にして、要素番号2の次ポインタを入れ換えます。ここには、prevの次ポインタの参照(prev.next)に入っている参照(prev.next.next)が入ることになります。つまり削除する要素のnextです。

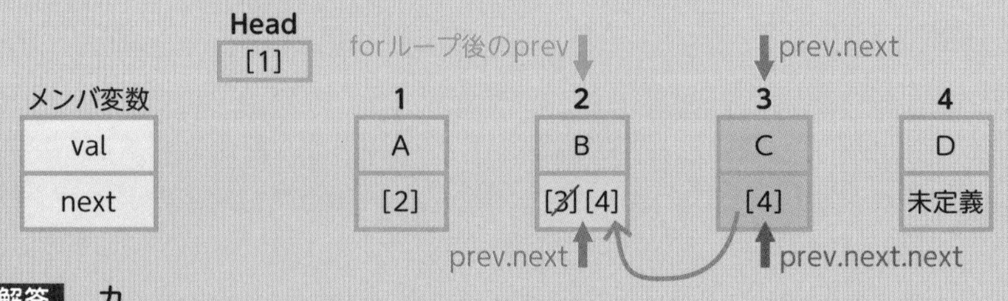


**解答** カ

第7章

# データ構造の種類とアルゴリズム

テーマ 7-1

# データ構造の基本と配列の操作

データ構造は、データを効率よく処理するための論理構造です。これまでに取り上げてきた配列やキュー、リストのほか、多くの種類があります。ここでは個々のデータ構造について、特徴と使い方を見ていきます。

メモリ上に読み込んだデータをプログラムで処理する際に必要になるのが**データ構造**です。プログラム上でのみで扱うことができる論理的な構造ですが、データ構造によって、どの順番でデータを格納し、どんな仕組みでデータへのアクセスを管理しているのかが異なります。どのデータ構造を選択するかによって、アルゴリズムの煩雑さや処理効率が大きく変わってきます。

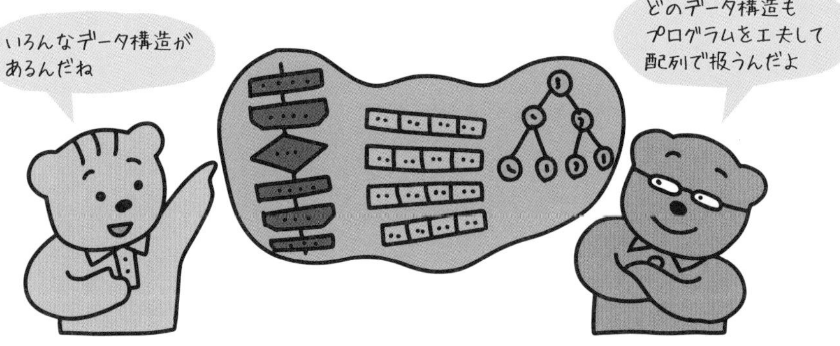


## “配列”と、そのほかのデータ構造

**配列**は変数を連ねた構造をもつデータ構造です。これまでに何度も出てきたように、最も基本となるデータ構造で、擬似言語の仕様に唯一規定されています。それというのも、ほかのデータ構造は、配列を操作するアルゴリズムによって実現できるからです。

試験問題でデータ構造が出題される場合、データ構造そのものを構築したうえで、その操作を問うという２段階だと長文になるため、科目Bの問題には適していません。

ではどうしているかというと、配列以外のデータ構造はオブジェクト指向の考え方による“クラス”<p.147>を使って表現しています。これならば、「すでにデータ構造が存在する」という前提で問題が始められるので、よりシンプルにアルゴリズムの本質を問うことができます。実際、データ構造問題の多くにはクラスの概念が使われています。

## 配列の種類と操作

第２章の擬似言語文法でも触れていますが、配列には最もシンプルにデータを扱える一次元配列、行と列の概念を用いた表形式でデータを扱う二次元配列、さらに二次元配列を複数連ねた三次元配列などがあります。もちろん何次元の配列でも定義することはできますが、扱いが複雑になることに見合うメリットは、ほぼありません。

また配列操作を行うには、次元に応じた数の繰返し処理の入れ子が生じるため、扱いやすいのは一次元配列か二次元配列までということになるでしょう。

**《配列の種類》**

**一次元配列：one**

| one [1] | one [2] | one [3] | one [4] | one [5] |
|---|---|---|---|---|

**二次元配列：two**

| two [1, 1] | two [1, 2] | two [1, 3] | two [1, 4] | two [1, 5] |
|---|---|---|---|---|
| two [2, 1] | two [2, 2] | two [2, 3] | two [2, 4] | two [2, 5] |
| two [3, 1] | two [3, 2] | two [3, 3] | two [3, 4] | two [3, 5] |

**三次元配列：thr**

| thr [3, 1, 1] | thr [3, 1, 2] | thr [3, 1, 3] | thr [3, 1, 4] | thr [3, 1, 5] |
|---|---|---|---|---|
| | | | | 3, 2, 5] |
| | | | | 3, 3, 5] |

| thr [2, 1, 1] | thr [2, 1, 2] | thr [2, 1, 3] | thr [2, 1, 4] | thr [2, 1, 5] |
|---|---|---|---|---|
| | | | | 2, 2, 5] |
| | | | | 2, 3, 5] |

| thr [1, 1, 1] | thr [1, 1, 2] | thr [1, 1, 3] | thr [1, 1, 4] | thr [1, 1, 5] |
|---|---|---|---|---|
| thr [1, 2, 1] | thr [1, 2, 2] | thr [1, 2, 3] | thr [1, 2, 4] | thr [1, 2, 5] |
| thr [1, 3, 1] | thr [1, 3, 2] | thr [1, 3, 3] | thr [1, 3, 4] | thr [1, 3, 5] |

図表7-1-1　配列の例

### ●配列要素へのアクセス方法

これまでの章で学んできた配列へのアクセス方法を確認しておきましょう。

配列に含まれている各要素は、“[”と“]”でくくった数字を付加することで判別します。この数字はプログラム言語によって呼び名が異なりますが、擬似言語の仕様では**要素番号**と呼んでいます。また上図のように、二次元配列では、**[行番号, 列番号]**の順にカンマで区切って指定します。三次元配列では、さらに次元を表す要素番号を加えます。

配列の要素に初期値を設定するには、“{”と“}”の間に代入したい値をカンマで区切って記述します。これは1行分の要素を示すので、二次元配列では｛　｝を２重にして連ねます。

**●3行３列の二次元配列に初期値を代入する**

arr ← { { 1, 2, 3 }, { 4, 5, 6 }, { 7, 8, 9 } }

1行目　　2行目　　3行目

配列：arr

| 1 | 2 | 3 |
|---|---|---|
| 4 | 5 | 6 |
| 7 | 8 | 9 |

一次元配列を扱った問題は、これまでの章で何度も登場してきていますから、ここでは二次元配列の問題を解いてみましょう。

例題

## 「二次元配列に格納されている図形の回転」

次のプログラム中の [ a ] と [ b ] に入れる正しい答えの組合せを、解答群の中から選べ。ここで、配列の要素番号は1から始まる。

関数rotate90ClockWizeは、図形が格納されている二次元配列(n行×n列)を引数として受け取り、受け取った配列内の要素を時計回りに90°回転させる。なお、引数で受け取った二次元配列の内容を直接書き換えるものとし、もし二次元配列の行数と列数が異なる場合は、何も処理は行わない。

7行7列の二次元配列の場合を下記に示す。

引数で受け取った配列の内容　　関数実行後の配列の内容

←列の要素番号→

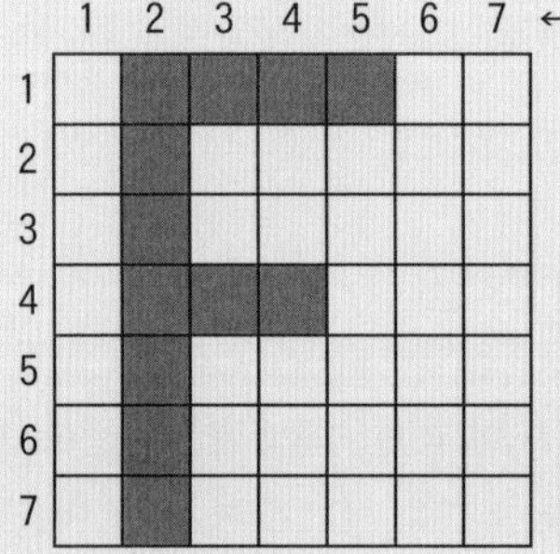


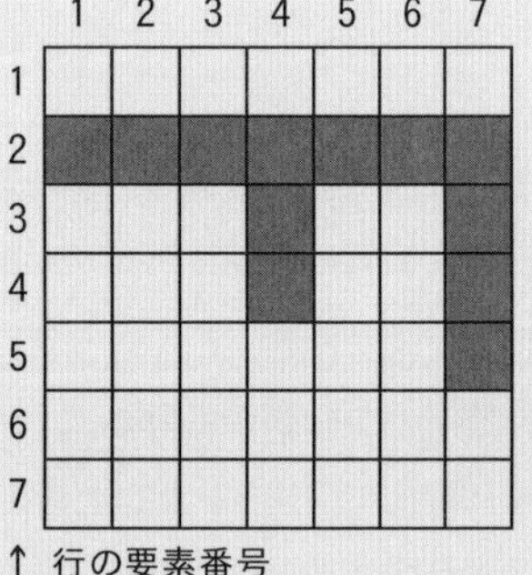

〔プログラム〕

```
○rotate90ClockWize(文字型の二次元配列: figure)
  整数型: i, j, k, m
  文字型: temp
  if (figureの行数 と figureの列数が等しい)
    for (i を 1 から (figureの行数÷2の商) まで 1 ずつ増やす)
      k ← figureの行数 － i ＋ 1
      for (j を i から (figureの列数－i) まで 1 ずつ増やす)
        m ← figureの列数 － j ＋ 1
        temp ← figure[i, j]
        figure[i, j] ← [   a   ]
        [   a   ] ← [   b   ]
        [   b   ] ← figure[j, k]
        figure[j, k] ← temp
      endfor
    endfor
  endif
```

解答群

| | a | b |
|---|---|---|
| ア | figure[k, m] | figure[m, i] |
| イ | figure[k, m] | figure[m, j] |
| ウ | figure[k, m] | figure[m, k] |
| エ | figure[m, i] | figure[i, m] |
| オ | figure[m, i] | figure[j, m] |
| カ | figure[m, i] | figure[k, m] |

二次元配列に格納されている図形を回転させる問題は、過去に何度も出題されています。ただ、大きく違うのは回転した図形の保存場所です。過去問題では、別の二次元配列に保存していたので、移動のアルゴリズムだけを考えればよかったのですが、この問題は同じ配列内で置き換えることから、ひと工夫必要になっています。

## 二次元配列の要素を回転するアルゴリズム

まずは、「別の配列を用意する」という前提で、移動のアルゴリズムを考えてみましょう。この場合は、回転後の上書きによるデータの消失を考えなくてもよいので、二次元配列のどの位置が、別途用意した新しい配列のどの位置に移るかだけを考えます。まずは四つのコーナー（角）にあたる部分を見ていきます。

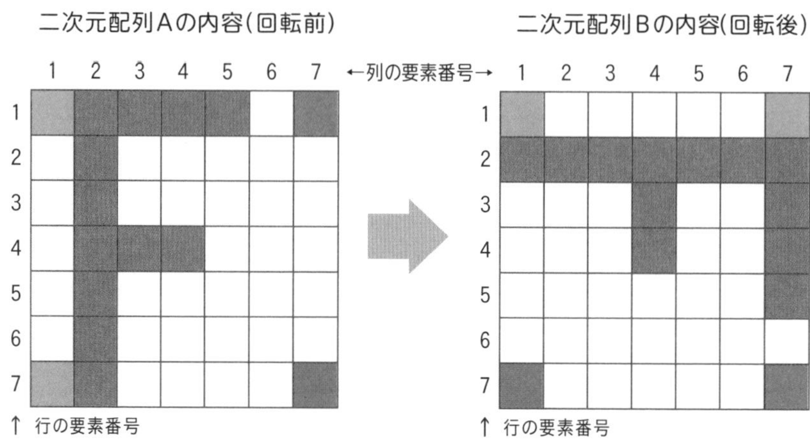


要素が移動する位置がわかったところで、混乱しないように行番号、列番号を書き入れてみると次のようになります。二次元配列の要素番号は、［ 行，列 ］の順です。

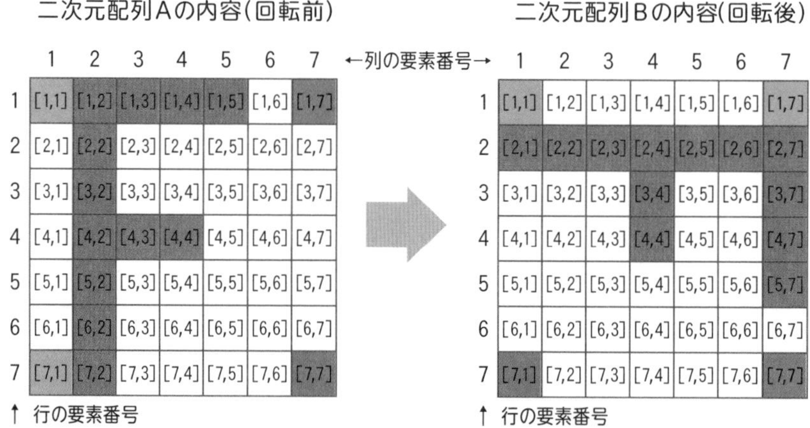


もう一度、四つのコーナーに注目してみます。時計回りに90°回転させたとき、[1, 1]の値は[1, 7]へ移動する必要があります。さらに、[1, 7]の値は [7, 7]へ、[7, 7]は [7, 1]

へ、[7, 1]は [1, 1]へ移動することで90°回転します。プログラムを書くには、このような行と列の入換え操作を行うための法則を見つけ出せばよいのです。

先のコーナーの要素の要素番号の動きを分析してみると、次のことがわかります。

・行番号に注目　[1, 1]→[1, 7]　[1, 7]→[7, 7]　[7, 7]→ [7, 1]　[7, 1]→ [1, 1]
・列番号に注目　[1, 1]→[1, 7]　[1, 7]→[7, 7]　[7, 7]→ [7, 1]　[7, 1]→ [1, 1]

行番号に注目すると、いずれも回転後の行番号は回転前の列番号の値に置き換わっています。要素番号を[ i ， j ]として考えると、回転後の行番号は i を j (回転前の列番号)の値に置き換えればよさそうです(回転前[3, 2]→回転後[2, 5])。

一方、列番号に注目すると、単にjとiを入れ換えただけでは、回転後の正しい列番号にはなりません。「回転前の行番号 i が1のとき、回転後の列番号 j は7」、「回転前の行番号 i が7のとき回転後の列番号 j は1」という結果が出る変換式が必要なのですが、式を「8 － i 」としてみると計算が成り立ちます。行と列の要素数が同じなら、「(配列の行数+1) － i 」とすればよいでしょう(回転前[3, 2]→回転後[2, 8－3＝5])。

上記の式をまとめると、全要素について、以下の処理を行えばよいことになります。

**配列B[ j ,(配列の行数+1) － i ] ← 配列A[ i ， j ]**

配列Aの配列名をarrA、配列Bの配列名をarrBとしたとき、プログラムの変換部分は次のようになります。

```
if (arrAの行数とarrBの列数が等しい)
  for (iを1からarrAの行数まで1ずつ増やす)
    for (jを1からarrAの行数まで1ずつ増やす)
      arrB[ j ,(arrAの行数 + 1) − i ]←arrA[ i , j ]
    endfor
  endfor
endif
```

行と列の要素数が同じ7であることがわかっていれば、グッとシンプルにできます。

```
for (iを1から7まで1ずつ増やす)
  for (jを1から7まで1ずつ増やす)
    arrB[ j , 8 − i ]←arrA[ i , j ]
  endfor
endfor
```

## 同一の配列内で、配列要素を回転するアルゴリズム

ここからはp.170の問題に入りましょう。この問題は、同一の配列内での回転（要素の移動）が求められています。別の配列を用意したときのように、配列要素［1, 1］から1行ずつ［7, 7］まで90°要素を移動すると、①元の位置に値が残ること、②移動先の要素番号に値が上書きされ元の値が壊れること、の２点を解決する必要があります。

**○別配列の場合のアルゴリズムをそのまま適用すると……**

←列の要素番号→

| | 1 | 2 | 3 | 4 | 5 | 6 | 7 |
|---|---|---|---|---|---|---|---|
| 1 | [1,1] | [1,2] | [1,3] | [1,4] | [1,5] | [1,6] | [1,7] |
| 2 | [2,1] | [2,2] | [2,3] | [2,4] | [2,5] | [2,6] | [2,7] |
| 3 | [3,1] | [3,2] | [3,3] | [3,4] | [3,5] | [3,6] | [3,7] |
| 4 | [4,1] | [4,2] | [4,3] | [4,4] | [4,5] | [4,6] | [4,7] |
| 5 | [5,1] | [5,2] | [5,3] | [5,4] | [5,5] | [5,6] | [5,7] |
| 6 | [6,1] | [6,2] | [6,3] | [6,4] | [6,5] | [6,6] | [6,7] |
| 7 | [7,1] | [7,2] | [7,3] | [7,4] | [7,5] | [7,6] | [7,7] |

↑ 行の要素番号

| | 1 | 2 | 3 | 4 | 5 | 6 | 7 |
|---|---|---|---|---|---|---|---|
| 1 | [1,1] | [1,2] | [1,3] | [1,4] | [1,5] | [1,6] | [1,7] |
| 2 | [2,1] | [2,2] | [2,3] | [2,4] | [2,5] | [2,6] | [2,7] |
| 3 | [3,1] | [3,2] | [3,3] | [3,4] | [3,5] | [3,6] | [3,7] |
| 4 | [4,1] | [4,2] | [4,3] | [4,4] | [4,5] | [4,6] | [4,7] |
| 5 | [5,1] | [5,2] | [5,3] | [5,4] | [5,5] | [5,6] | [5,7] |
| 6 | [6,1] | [6,2] | [6,3] | [6,4] | [6,5] | [6,6] | [6,7] |
| 7 | [7,1] | [7,2] | [7,3] | [7,4] | [7,5] | [7,6] | [7,7] |

↑ 行の要素番号

同一配列内で、必要な値を上書きで壊さないように要素を回転させるには、移動操作の順序を工夫して、一つの要素ごとにローテート、つまり四回の移動を繰り返す必要があります。例えば、[1,2] の要素を回転させるには、まず移動先の [2,7] の要素を [7,6] に動かし、それより前に [7,6] の要素を [6,1] に動かして、さらに手前の段階で [6,1] の要素は [1,2] に移動しておくというように、逆順で移動させる必要があるということです。

**○ [1,2] の要素をローテートする様子（　　は処理済）**

←列の要素番号→

| | 1 | 2 | 3 | 4 | 5 | 6 | 7 |
|---|---|---|---|---|---|---|---|
| 1 | [1,1] | [1,2] | [1,3] | [1,4] | [1,5] | [1,6] | [1,7] |
| 2 | [2,1] | [2,2] | [2,3] | [2,4] | [2,5] | [2,6] | [2,7] |
| 3 | [3,1] | [3,2] | [3,3] | [3,4] | [3,5] | [3,6] | [3,7] |
| 4 | [4,1] | [4,2] | [4,3] | [4,4] | [4,5] | [4,6] | [4,7] |
| 5 | [5,1] | [5,2] | [5,3] | [5,4] | [5,5] | [5,6] | [5,7] |
| 6 | [6,1] | [6,2] | [6,3] | [6,4] | [6,5] | [6,6] | [6,7] |
| 7 | [7,1] | [7,2] | [7,3] | [7,4] | [7,5] | [7,6] | [7,7] |

↑ 行の要素番号

| | 1 | 2 | 3 | 4 | 5 | 6 | 7 |
|---|---|---|---|---|---|---|---|
| 1 | [1,1] | [1,2] | [1,3] | [1,4] | [1,5] | [1,6] | [1,7] |
| 2 | [2,1] | [2,2] | [2,3] | [2,4] | [2,5] | [2,6] | [2,7] |
| 3 | [3,1] | [3,2] | [3,3] | [3,4] | [3,5] | [3,6] | [3,7] |
| 4 | [4,1] | [4,2] | [4,3] | [4,4] | [4,5] | [4,6] | [4,7] |
| 5 | [5,1] | [5,2] | [5,3] | [5,4] | [5,5] | [5,6] | [5,7] |
| 6 | [6,1] | [6,2] | [6,3] | [6,4] | [6,5] | [6,6] | [6,7] |
| 7 | [7,1] | [7,2] | [7,3] | [7,4] | [7,5] | [7,6] | [7,7] |

↑ 行の要素番号

もし、[1,2]→[2,7]→[7,6]→[6,1]の順にローテートすると、[2,7]は[1,2]の値で上書き(破壊)され、その後、[7,6]と[6,1]にも[1,2]の値が複写されます(図の例では四か所すべに色が付く)。これを回避するには、退避用の変数tempを設けて、移動元のデータをいったん保存し、ローテートの移動を逆順に行っていきます。これを図にすると、次のような形になります。

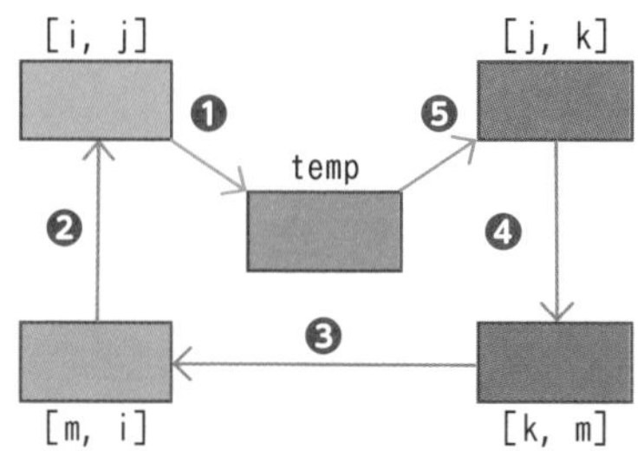

図表7-1-2　データ内容を保持した入換え方法

1行目のローテートは以下の結果になります。なお、[1, 1]から[1, 6]まで移動を行った時点ですでに[1, 7]は書き換えられているので、処理を行う必要はありません。

| 元の要素 | 移動先1 | 移動先2 | 移動先3 | 移動先4 |
|---|---|---|---|---|
| [1, 1] | [1, 7] | [7, 7] | [7, 1] | [1, 1] |
| [1, 2] | [2, 7] | [7, 6] | [6, 1] | [1, 2] |
| [1, 3] | [3, 7] | [7, 5] | [5, 1] | [1, 3] |
| [1, 4] | [4, 7] | [7, 4] | [4, 1] | [1, 4] |
| [1, 5] | [5, 7] | [7, 3] | [3, 1] | [1, 5] |
| [1, 6] | [6, 7] | [7, 2] | [2, 1] | [1, 6] |

**○1行目をローテートした結果(　　は処理済)**

←列の要素番号→

|  | 1 | 2 | 3 | 4 | 5 | 6 | 7 |
|---|---|---|---|---|---|---|---|
| 1 | [1,1] | [1,2] | [1,3] | [1,4] | [1,5] | [1,6] | [1,7] |
| 2 | [2,1] | [2,2] | [2,3] | [2,4] | [2,5] | [2,6] | [2,7] |
| 3 | [3,1] | [3,2] | [3,3] | [3,4] | [3,5] | [3,6] | [3,7] |
| 4 | [4,1] | [4,2] | [4,3] | [4,4] | [4,5] | [4,6] | [4,7] |
| 5 | [5,1] | [5,2] | [5,3] | [5,4] | [5,5] | [5,6] | [5,7] |
| 6 | [6,1] | [6,2] | [6,3] | [6,4] | [6,5] | [6,6] | [6,7] |
| 7 | [7,1] | [7,2] | [7,3] | [7,4] | [7,5] | [7,6] | [7,7] |

↑ 行の要素番号

|  | 1 | 2 | 3 | 4 | 5 | 6 | 7 |
|---|---|---|---|---|---|---|---|
| 1 | [1,1] | [1,2] | [1,3] | [1,4] | [1,5] | [1,6] | [1,7] |
| 2 | [2,1] | [2,2] | [2,3] | [2,4] | [2,5] | [2,6] | [2,7] |
| 3 | [3,1] | [3,2] | [3,3] | [3,4] | [3,5] | [3,6] | [3,7] |
| 4 | [4,1] | [4,2] | [4,3] | [4,4] | [4,5] | [4,6] | [4,7] |
| 5 | [5,1] | [5,2] | [5,3] | [5,4] | [5,5] | [5,6] | [5,7] |
| 6 | [6,1] | [6,2] | [6,3] | [6,4] | [6,5] | [6,6] | [6,7] |
| 7 | [7,1] | [7,2] | [7,3] | [7,4] | [7,5] | [7,6] | [7,7] |

↑ 行の要素番号

ローテートが残っているのは、外周を除く[2, 2]～[6, 6]の範囲です。

| 元の要素 | 移動先1 | 移動先2 | 移動先3 | 移動先4 |
|---|---|---|---|---|
| [2, 2] | [2, 6] | [6, 6] | [6, 2] | [2, 2] |
| [2, 3] | [3, 6] | [6, 5] | [5, 2] | [2, 3] |
| [2, 4] | [4, 6] | [6, 4] | [4, 2] | [2, 4] |
| [2, 5] | [5, 6] | [6, 3] | [3, 2] | [2, 5] |

**○2行目までをローテートした結果（▭は処理済）**

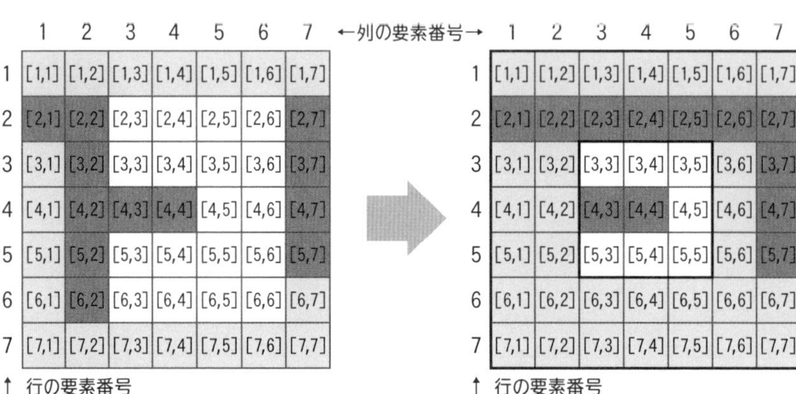


最後にローテートが残っているのは[3, 3]～[5, 5]の範囲です。

| 元の要素 | 移動先1 | 移動先2 | 移動先3 | 移動先4 |
|---|---|---|---|---|
| [3, 3] | [3, 5] | [5, 5] | [5, 3] | [3, 3] |
| [3, 4] | [4, 5] | [5, 4] | [4, 3] | [3, 4] |

**○3行目までをローテートした結果（▭は処理済）**

| 行＼列 | 1 | 2 | 3 | 4 | 5 | 6 | 7 |
|---|---|---|---|---|---|---|---|
| 1 | [1,1] | [1,2] | [1,3] | [1,4] | [1,5] | [1,6] | [1,7] |
| 2 | [2,1] | [2,2] | [2,3] | [2,4] | [2,5] | [2,6] | [2,7] |
| 3 | [3,1] | [3,2] | [3,3] | [3,4] | [3,5] | [3,6] | [3,7] |
| 4 | [4,1] | [4,2] | [4,3] | [4,4] | [4,5] | [4,6] | [4,7] |
| 5 | [5,1] | [5,2] | [5,3] | [5,4] | [5,5] | [5,6] | [5,7] |
| 6 | [6,1] | [6,2] | [6,3] | [6,4] | [6,5] | [6,6] | [6,7] |
| 7 | [7,1] | [7,2] | [7,3] | [7,4] | [7,5] | [7,6] | [7,7] |

←列の要素番号→

↑ 行の要素番号

| 行＼列 | 1 | 2 | 3 | 4 | 5 | 6 | 7 |
|---|---|---|---|---|---|---|---|
| 1 | [1,1] | [1,2] | [1,3] | [1,4] | [1,5] | [1,6] | [1,7] |
| 2 | [2,1] | [2,2] | [2,3] | [2,4] | [2,5] | [2,6] | [2,7] |
| 3 | [3,1] | [3,2] | [3,3] | [3,4] | [3,5] | [3,6] | [3,7] |
| 4 | [4,1] | [4,2] | [4,3] | [4,4] | [4,5] | [4,6] | [4,7] |
| 5 | [5,1] | [5,2] | [5,3] | [5,4] | [5,5] | [5,6] | [5,7] |
| 6 | [6,1] | [6,2] | [6,3] | [6,4] | [6,5] | [6,6] | [6,7] |
| 7 | [7,1] | [7,2] | [7,3] | [7,4] | [7,5] | [7,6] | [7,7] |

行の要素番号 ↑

注：[4,4]は図形の中央なので回転（移動）しない。

## ●要素の入換え部分の空欄を考える

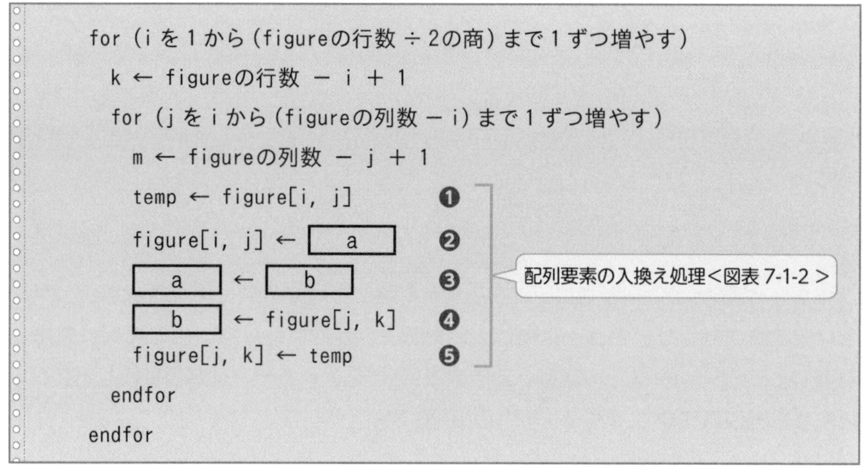

```
for (i を 1 から (figureの行数 ÷ 2の商) まで 1 ずつ増やす)
  k ← figureの行数 − i + 1
  for (j を i から (figureの列数 − i) まで 1 ずつ増やす)
    m ← figureの列数 − j + 1
    temp ← figure[i, j]          ❶
    figure[i, j] ← [   a   ]     ❷
    [   a   ] ← [   b   ]        ❸
    [   b   ] ← figure[j, k]     ❹
    figure[j, k] ← temp          ❺
  endfor
endfor
```



二次元配列を処理するための２重のループは、行番号をｉ、列番号をｊとして操作しています。最初のfor文のポイントは「配列figureの行数÷２の商」ですが、左ページの図のように行は1～3まで、列は1～6までの処理で、すべての移動を網羅できます。

また、配列要素の入換え処理はp.175＜図表7-1-2＞の❶～❺で示したとおり、値の退避（変数tempへの代入）を使って５段階で行います。例えば１行目を入れ換えるとすると、[1, 1] と[1, 7]、[1, 2] と[2, 7]、[1, 3] と [3, 7]……の順に行います。

ここで空欄を考える前に、変数kとmの使い方を確認しておきましょう。

**・k： 配列の行数 − 移動先の行番号 + 1** ➡ figureの行数 − i + 1
**・m：配列の列数 − 移動先の列番号 + 1** ➡ figureの列数 − j + 1

**・空欄a**

❷に該当する左端列から上端行への移動で、移動先[1, 1] ← 移動元[7, 1]、[1, 2] ←[6, 1]、[1, 3] ← [5, 1]…を行います。移動元（空欄a）の行番号は上記mの式で求め、列番号は移動先の行番号の値（ｉ）を使えばよいので、figure[ｉ, ｊ]← figure[m, ｉ]となります。したがって、空欄aは、**figure[m, ｉ]**です。

**・空欄b**

❹に該当する右端列から下端行への移動で、移動先[7, 7] ← 移動元[1, 7]、[7, 6] ←[2, 7]、[7, 5]←[3, 7]…を行います。移動先（空欄b）の行番号は上記ｋの式で求め、列番号は上記mの式を使えばよいので、figure[ｋ, m]← figure[ｊ, ｋ]となります。したがって、空欄bは、**figure[ｋ, m]**です。

〔解答　カ〕

テーマ 7-2

# キューとスタックの使い方

キューとスタックは、データを一時的に保管するときに使うデータ構造です。この二つを組み合わせることでデータの並び順を入れ換えることができるので、両者を合わせて使う問題もよく出ています。

**キュー**と**スタック**は、ともにデータを入れた順に格納するデータ構造です。ただし、取り出す順が異なり、**キュー**は先に入れたデータが先に取り出される**先入れ先出し**（**FIFO**；First-In First-Out）型、**スタック**は後から入れたデータが先に取り出される**後入れ先出し**（**LIFO**；Last-In First-Out）型です。

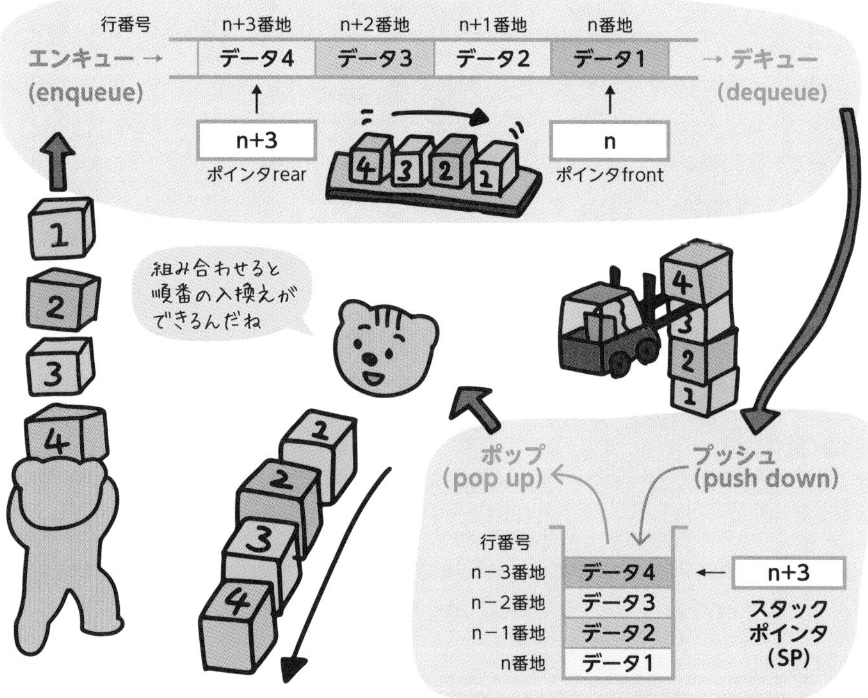


キューとスタックは構造が似ているため、しばしば組み合わせて使われます。例えば図のように組み合わせると、キューで受け取った順に並べた入力データを、スタックで逆順に出力することができます。

## キューとスタックの組合せ問題を解いてみよう

次は、キューとスタックを組み合わせたトレース問題です。このようなパターンの出題は多く、キューとスタックへの入出力が複雑に絡み合っています。間違わないように、ていねいにトレースしていけば、特に難しい問題ではありません。

例題

### 「キューとスタックの操作」

次の記述中の □ に入れる正しい答えを、解答群の中から選べ。

FIFO(先入れ先出し:First In First Out)のデータ構造をもつキューをクラスQueueで、LIFO(後入れ先出し:Last In First Out)のデータ構造をもつスタックをクラスStackで表現する。クラスQueueとクラスStackの説明は表1、表2に示す。

これらのクラスを利用した次のプログラムで出力される値は □ になる。なお、本問において文字列に対する演算子"+"は文字列の連結を表す。

| コンストラクタ | 説明 |
|---|---|
| Queue() | キューを初期化する。 |

| メソッド | 戻り値 | 引数 | 説明 |
|---|---|---|---|
| enqueue | なし | 文字列型 | キューに引数の値を追加する。 |
| dequeue | 文字列型 | なし | キューから値を取り出して返す。取り出された要素はキューから削除される。 |
| isEmpty | 論理型 | なし | キューが空の場合はtrue、空でない場合はfalseを返す。 |

表1 クラスQueueの説明

| コンストラクタ | 説明 |
|---|---|
| Stack() | スタックを初期化する。 |

| メソッド | 戻り値 | 引数 | 説明 |
|---|---|---|---|
| push | なし | 文字列型 | スタックに引数の値を追加する。 |
| pop | 文字列型 | なし | スタックから値を取り出して返す。取り出された要素はスタックから削除される。 |
| isEmpty | 論理型 | なし | スタックが空の場合はtrue、空でない場合はfalseを返す。 |

表2 クラスStackの説明

〔プログラム〕

```
○prioSched()
  Queue: queue
  Stack: stack
  文字列型: str ← ""                    /* 空の文字列 */
  queue ← Queue()
  stack ← Stack()

  queue.enqueue("a")
  queue.enqueue("b")
  queue.enqueue("c")
  stack.push("d")
  stack.push("e")
  stack.push(queue.dequeue())
  queue.dequeue()
  queue.enqueue(stack.pop())
  stack.pop()
  stack.push(queue.dequeue())

  while (queue.isEmpty() = false)
    str ← str + queue.dequeue()
  endwhile
  while (stack.isEmpty() = false)
    str ← str + stack.pop()
  endwhile
  strを出力する
```

解答群

ア abc

イ abde

ウ acd

エ cbad

オ cda

カ dca

## ●プログラムの機能

手続prioSchedは、キューとスタックを生成し、それぞれのメソッドを使って操作を行います。引数はなく、プログラム中でキューとスタックに対し、1文字分のアルファベット（文字列型の値を直接代入するときは、” ”で括る）の出し入れを行い、最終的に残った文字を連結して文字列strとして出力します。プログラムは三つのブロックで構成され、それぞれ次のような処理を行います。

① データ構造の生成と初期化、変数の初期化
② キューとスタックへのデータ（文字）の出し入れ
③ キューとスタックに残った文字を文字列として結合し、出力

プログラムには、上記のブロックごとに空白行の切れ目が設けられています。

**①データ構造の生成と初期化、変数の初期化**

最初の6行分の処理は、キューqueueとスタックstackを初期化し、さらに結果の文字列を出力するための文字列型変数strの初期化を行っています。

**②キューとスタックへのデータ（文字）の出し入れ**

ここから10行分の処理は、生成されたキューとスタックに対して、それぞれ二つのメソッドを使って文字の格納操作を行っています。順を追って見ていきましょう。

なお下記は、文字の入力と出力の操作を行っている部分をピックアップしたものです。ここからの解説のため、左端に行の番号を付加しています。

```
1   queue.enqueue(”a”)
2   queue.enqueue(”b”)
3   queue.enqueue(”c”)
4   stack.push(”d”)
5   stack.push(”e”)
6   stack.push(queue.dequeue())
7   queue.dequeue()
8   queue.enqueue(stack.pop())
9   stack.pop()
10  stack.push(queue.dequeue())
```

・1～3行目（キュー）、4～5行目（スタック）

1～3行目は、キューに対する操作を行っています。メソッドenqueueを使ってキューへの格納（エンキュー）を行っています。また4～5行目は、メソッドpushを使ってスタックへの格納（プッシュ）を行っています。結果は図のようになります。

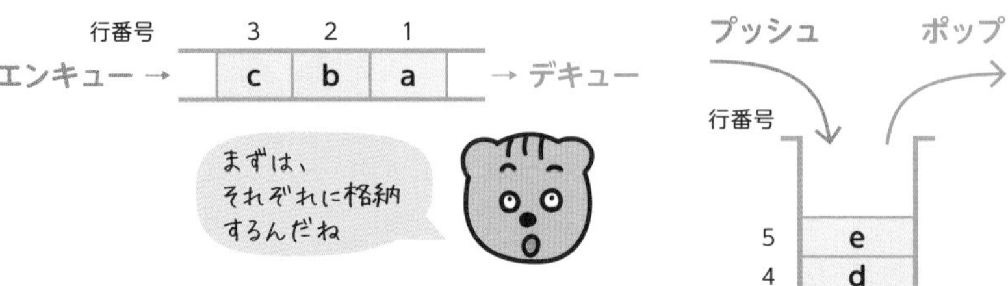


・6行目（キューとスタック）

スタックへのメソッドpushの引数として、キューのメソッドの戻り値を利用しています。実際の動作は、キューから1文字取り出して（dequeue）、スタックに入れて（push）います。

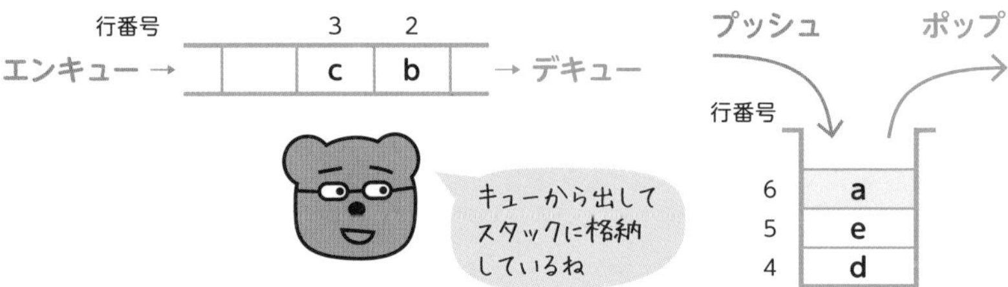


・7行目（キュー）

キューから1文字取り出し（dequeue）ます。引数である（　）内に何も記載がないので、取り出した文字は使用しません。

・8行目（キューとスタック）

キューへのメソッドenqueueの引数として、スタックのメソッドの戻り値を利用しています。実際の動作は、スタックから1文字取り出して（pop）、キューに入れて（enqueue）います。

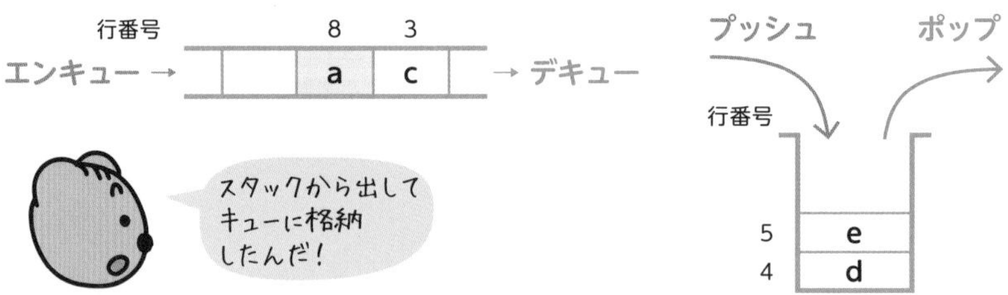

・**9 行目（スタック）**

スタックから１文字取り出して（pop）います。取り出した文字は使用しません。

・**10 行目（キューとスタック）**

６行目と同じ操作を行っています。結果として下図のようになります。

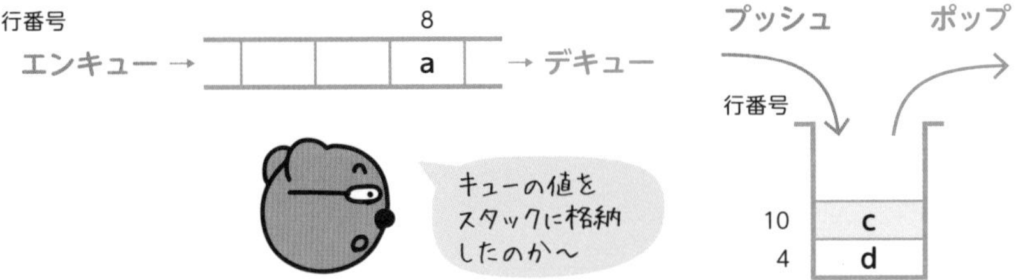


**③キューとスタックに残った文字を文字列として結合して、出力する**

while～endwhileが二つ続いています。一つ目は、繰り返すごとに1文字ずつキューに残った文字を変数str（文字列を格納する変数）に結合する処理です。キューに値が残っているかどうかの判断は、キューのメソッドisEmptyにより行っています。戻り値がfalse（キューが空でない）の間、ループを繰り返します。また、変数strへの連結は、演算子”＋”で行います。

```
while (queue.isEmpty() = false)
  str ← str + queue.dequeue()
endwhile
```

変数strは空白で初期化しているので、結果として、strの内容は”a”となります。

二つ目のwhile～endwhileでは、上記と同様にスタックに残った文字を、現時点での変数strに結合する処理を行っています。

```
while (stack.isEmpty() = false)
  str ← str + stack.pop()
endwhile
```

結果として、変数strの内容は、”acd”となります。

最後に、変数strを出力します。

混乱したら、
最初に戻って
やってみよう！

〔解答　ウ〕

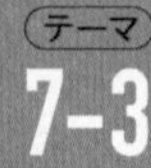


# 木構造とその応用

木構造は、データを階層的に管理するデータ構造です。親子関係や左右の大小関係、枝分かれの数に一定のルールを設けることで、探索や整列、最小値や最大値の取り出しなどの用途に利用します。

## 木構造の特徴と種類

まずは木構造の名称について確認しておきましょう。**木構造**は、木を逆さにしたような形によって、階層構造でデータを管理します。個々の要素を**節**（ノード；node)とよび、節どうしは親子関係をもちます。親をもたない最上位の要素を**根**（ルート；root)と呼びます。また、子をもたない最下位の要素を**葉**（リーフ；leaf)と呼びます。

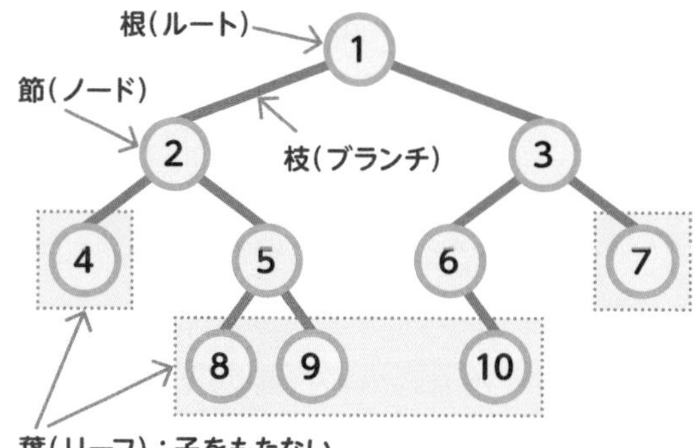


図表7-3-1　木構造の要素

### ●木構造と二分木

木構造には、さまざまな形態がありますが、よく使われるのは二分木で、節から分岐する枝が2本以下のものを指します。また二分木にも、形態や用途によっていくつかのバリエーションがあります。

#### ①完全二分木

「葉を除くすべての節が二つの枝をもち、かつすべての葉が同じ深さをもつもの」指します。また、すべての葉を左側に寄せたうえで、最後の右側の葉が欠けている場合も完全二分木と呼ぶことがあります。これは完全二分木の性質を利用するうえで、支障がないからです。完全二分木においては、「葉の個数がnのとき、葉以外の節点の個数はn－1」という性質をもちます。これも、問題ではよく出題される特徴です。

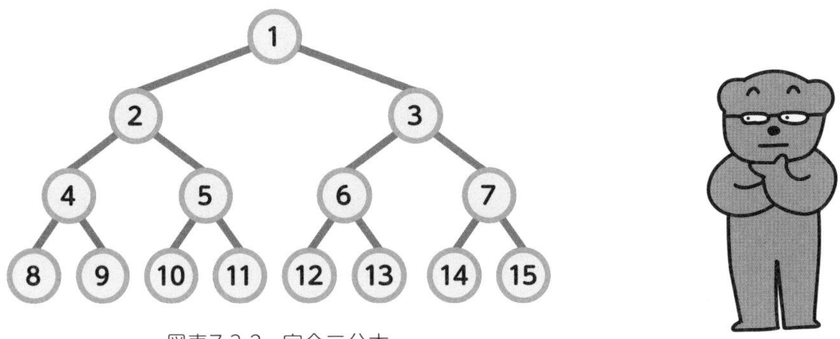


図表7-3-2　完全二分木

### ②二分探索木

格納された値を探索するための二分木です。値の追加、削除では、値の大小関係が「節の左側にあるデータ<節のデータ<節の右側にあるデータ」を保つようにデータを入れ換えます。

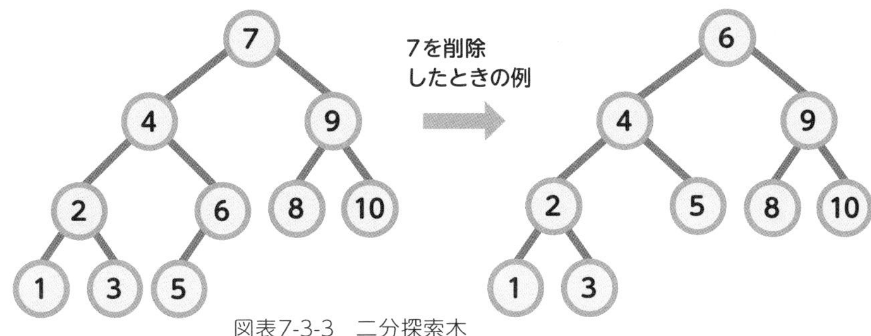


図表7-3-3　二分探索木

### ③多分木

一つの節が複数の子をもつ木構造です。葉までの階層の深さがすべて等しい多分木を**B木**といい、データ量が多くなっても記憶効率や探索効率がよく、階層型データベースなどで利用されます。

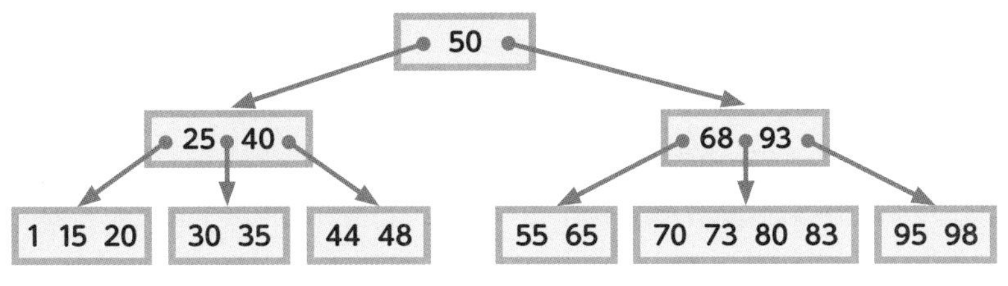


図表7-3-4　多分木

### ④ヒープ

**「親は一つまたは二つの子をもち、親の値は子の値よりも常に大きいか等しい」**という性質をもたせた二分木です。根には、最大の値をもつ要素がくるため、この性質を保つように再構成しながら根を順に取り出して並べれば要素を整列できます。

未整列の配列を木構造に変換する場合、要素番号の[1]を根にし、以下配列のi×2番目の要素をiの左側の子、i×2＋1番目の要素をiの右側の子に対応させていきます（子が一つの場合は左側の子になる）。

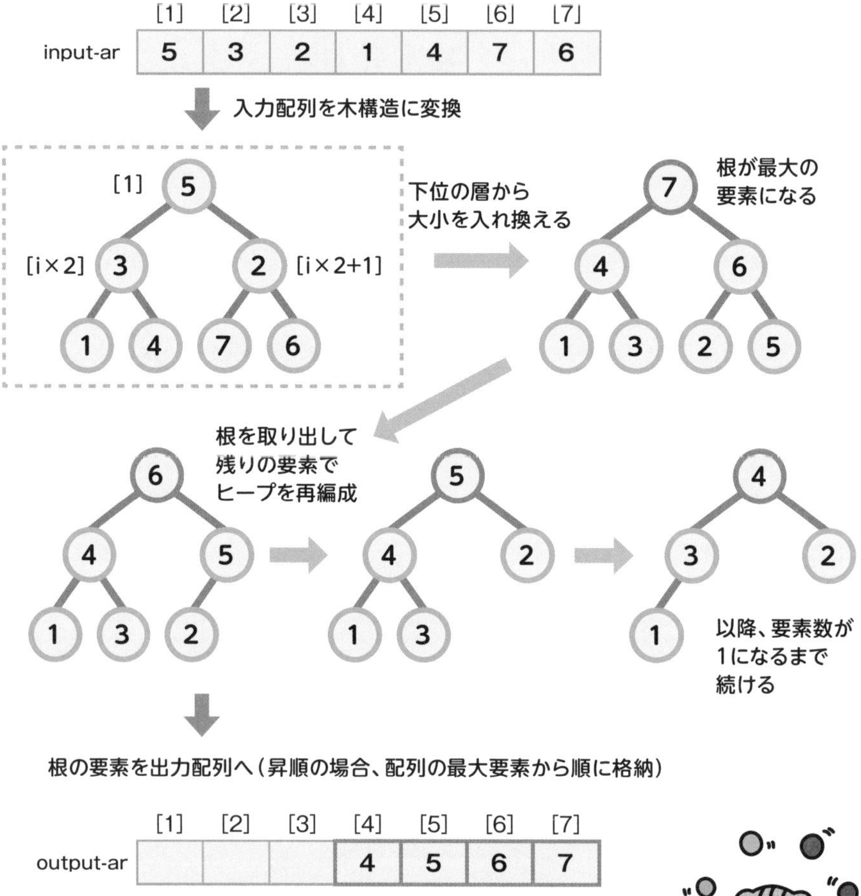

| | [1] | [2] | [3] | [4] | [5] | [6] | [7] |
|---|---|---|---|---|---|---|---|
| input-ar | 5 | 3 | 2 | 1 | 4 | 7 | 6 |

入力配列を木構造に変換

[1] 5
[i×2] 3　2 [i×2+1]
1　4　7　6

下位の層から
大小を入れ換える

7　根が最大の要素になる
4　6
1　3　2　5

根を取り出して
残りの要素で
ヒープを再編成

6
4　5
1　3　2

5
4　2
1　3

4
3　2
1

以降、要素数が
1になるまで
続ける

根の要素を出力配列へ（昇順の場合、配列の最大要素から順に格納）

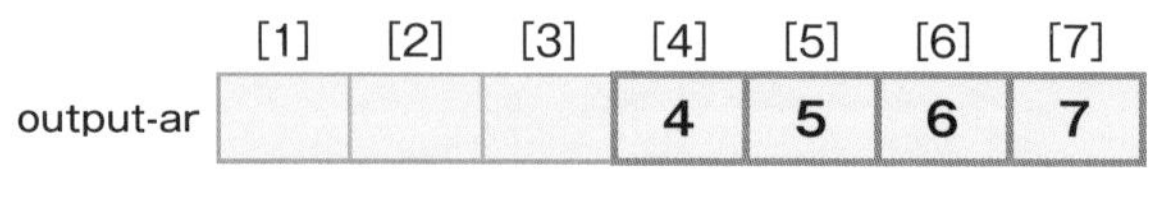

図表7-3-5　ヒープの手順

## 木構造の問題を解いてみよう

どんな問題が出るのか、試しに解いてみましょう。ヒープをテーマにした問題です。

例題

### 「ヒープのアルゴリズム」

次のプログラム中の [ a ] と [ b ] に入れる正しい答えの組合せを、解答群の中から選べ。ここで、配列の要素番号は1から始まる。

関数makeHeapは、配列arrayと要素数lengthを引数で受け取り、array[1]～array[length]の範囲でヒープを作成するものである。

ヒープは二分木であり、本問では、親は一つまたは二つの子をもち、親の値は子の値よりも常に大きいか等しいという性質をもつものとする。

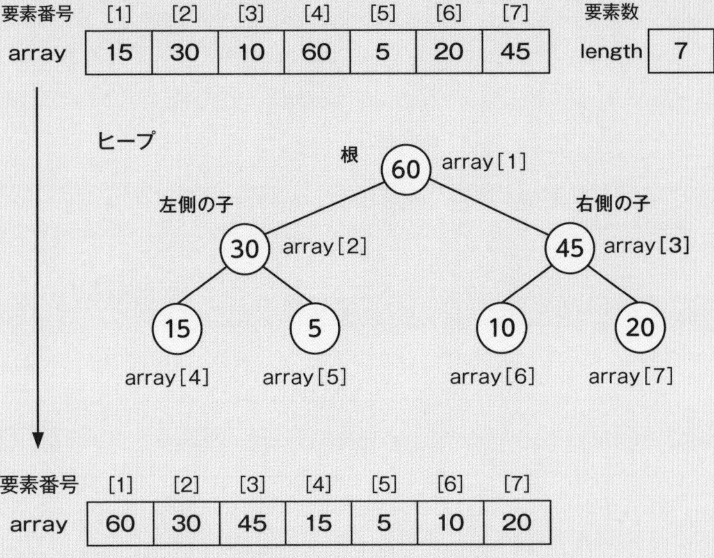


(1) 配列要素array[i](i＝1,2,3,…)は節に対応し、節の値を保持する。

(2) 配列要素array[1]は根に対応する。

(3) 配列要素array[i]に対応する節の左側の子は配列要素array[i×2]に対応し、右側の子は配列要素array[i×2＋1]に対応する。子が一つの場合、左側の子として扱う。

〔プログラム〕

```
○makeHeap(整数型配列: array, 整数型: length)
  整数型: i, j, k, temp
  for (i を 1 から length まで 1 ずつ増やす)
    j ← i
    while (j > 1)
      k ← [  a  ]
      if (array[j] > array[k])
        temp ← array[j]
        array[j] ← array[k]
        array[k]← temp
        j ← [  b  ]
      else
        break                /* while文の繰返しを抜ける */
      endif
    endwhile
  endfor
```

解答群

| | a | b |
|---|---|---|
| ア | j × 2 | j × 2 + 1 |
| イ | j × 2 | k − 1 |
| ウ | j × 2 + 1 | j × 2 |
| エ | j × 2 + 1 | k |
| オ | j ÷ 2 の商 | k |
| カ | j ÷ 2 の商 | k − 1 |

## ●プログラムで行っている処理を確認する

この問題は処理内容とともに、あらかじめプログラムでの処理前のデータと処理後のデータが示されています。解き方としては、実際の値を用いてトレースを行いながら必要となる処理（空欄部分）を見つけ出していきます。なお、このプログラムは引数として処理対象となる配列と配列の長さを格納した変数を受け取っていますが、戻り値は設定されていないので、配列の値を入れ換えたところで処理は終了となります。

### ①配列とヒープの関係

まずは、題材になっているヒープの処理を確認しましょう。

問題では、配列からヒープの木構造の図を作り、そこから再度配列を表現していますが、実際の作業では配列上で値の入換えを行います。ただし、アルゴリズムを考える際には、ヒープの木構造をイメージしておくとよりスムーズです。

問題に示されているヒープは、プログラムによって入換えが行われた後のものです。引数として受け渡された段階のヒープは、問題文の(1)～(3)のルールにより、次のような状態になります。ここからトレースを始めていきましょう。

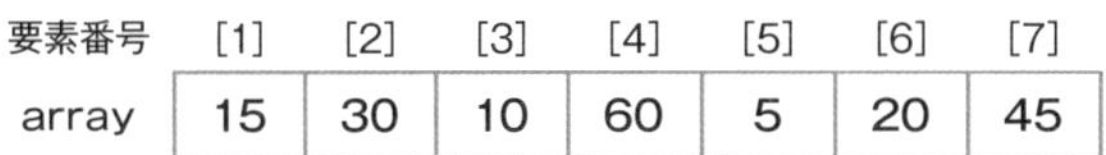

| 要素番号 | [1] | [2] | [3] | [4] | [5] | [6] | [7] |
|---|---|---|---|---|---|---|---|
| array | 15 | 30 | 10 | 60 | 5 | 20 | 45 |

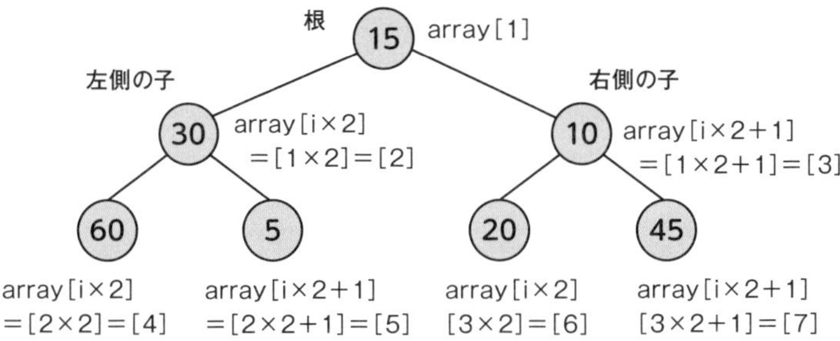


### ②プログラムの構成と処理概要

プログラムの構造を見ると、2重のループの中に条件文が含まれています。外側のfor～endforのループは配列を順に処理していく処理。内側のwhile～endwhileのループは値の入換えの有無を判断する部分、if～else～endifの条件文は、実際に入換えを行っている部分ということがわかります。

また、入換えの条件は、問題文にある「親の値は子の値よりも常に大きいか等しい」ということから、次の手順を行っていると想定できます。

> ① array[ i ]の要素をヒープの範囲に加えるとき、array[ i ]の親の要素と比較して大きさの順が逆であれば値を交換する。
> ② さらにその親の要素があれば比較と交換の処理を繰り返す。

プログラムの処理前のデータと処理後のデータが示されているので、実際にトレースを行いながら確認していきましょう。

## ●ヒープの状態を確認しながらトレースを行う

for〜endforのループでは配列要素の制御を行っており、制御変数をｉとしています。つまりｉが更新されるときに、その要素番号までのヒープが確定するということになります。また、while〜endwhileのループでは変数ｊをループの継続条件に用いており、さらにif〜else〜endifの条件文では、要素の入換えを行う際にｊとkを要素番号にしています。この点を踏まえてトレースを行うとよいでしょう。

### ① i＝1のとき

ヒープの根となる要素ができた状態です。while〜endwhileのループは、「j＞1」の継続条件に合致しないため入りません。

| 変数 | | 要素番号 | [1] | [2] | [3] | [4] | [5] | [6] | [7] |
|---|---|---|---|---|---|---|---|---|---|
| i | 1 | array | 15 | 30 | 10 | 60 | 5 | 20 | 45 |
| | | | j | | | | | | |
| j | 1 | array | 15 | 30 | 10 | 60 | 5 | 20 | 45 |

### ② i＝2のとき

配列のデータ範囲が2になるので、ｊが指す子array[2]と親array[1]との比較が発生します。空欄aによりk＝1になっている必要があります。ここでは、「親の値は子の値よりも常に大きいか等しい」という性質から、配列の要素を入れ換えます。（if文の2〜4行目）。

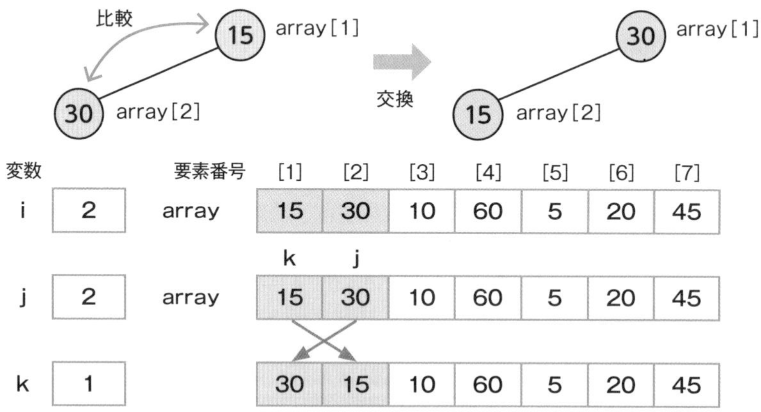


### ③ i＝3のとき

配列の範囲が三つになり、ｊが指す子array[3]と、kが示すその親array[1]との比較が発生。ここでもk＝1であることが必要です。結果、入換えは発生しません。

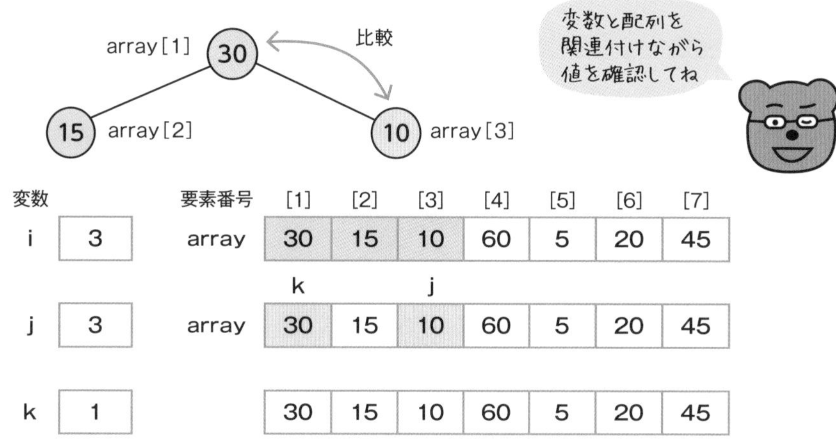


**④ i ＝4のとき**

配列のデータ範囲が4になります。まず、j が指す子array[4]とarray[2]との比較により、入換えが発生します。この時点で、k ＝2でなければなりませんから、空欄aには「j ÷ 2 の商」が入ることが予想できます（k ← j ÷ 2 の商）。これは、このヒープのルール「左側の子はarray［親×2］」とも合致しています。

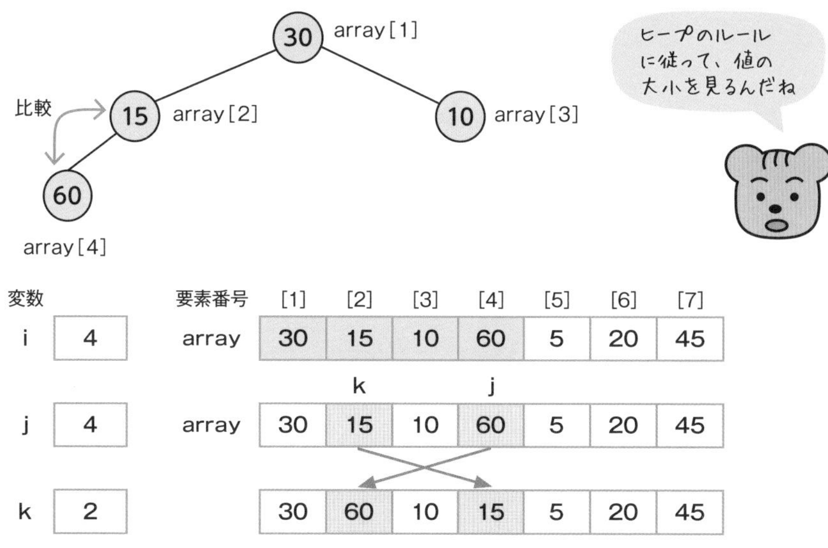


上記の入換えを行った結果、array[2]とその親であり根のarray[1]との比較が必要になります。これを行うためには、j ＝2、k ＝1が必要です。

つまり、仮の親としていた要素[k]を子[j]に指定し直して再度比較するということです。そこで、空欄bに「j←k」が入れば j＝2となり、再度while～endwhileのループに入ると「k←j ÷ 2 の商」によりk＝1となります。これで空欄bも確定します。

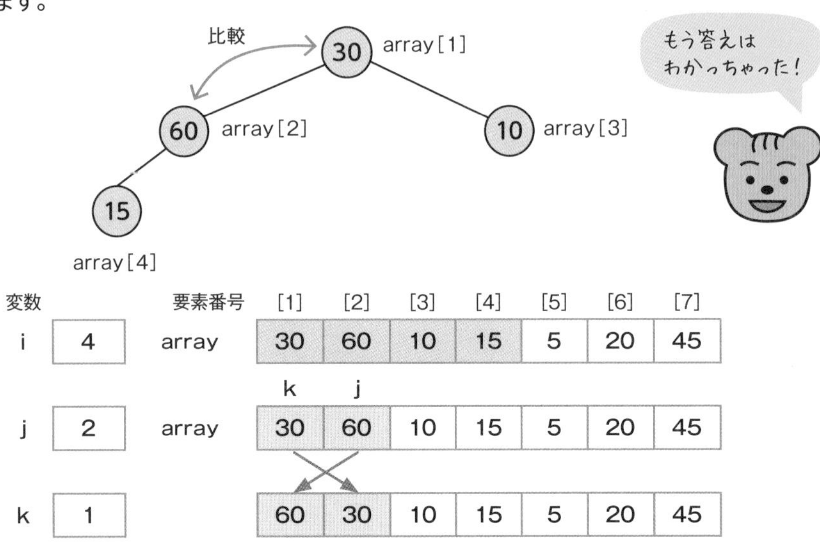


### ⑤ i＝5のとき

解答は出ましたが、続けて処理の流れを追ってみましょう。配列のデータ範囲が5になりますが、入換えは発生しません（変数kの値は省略）。

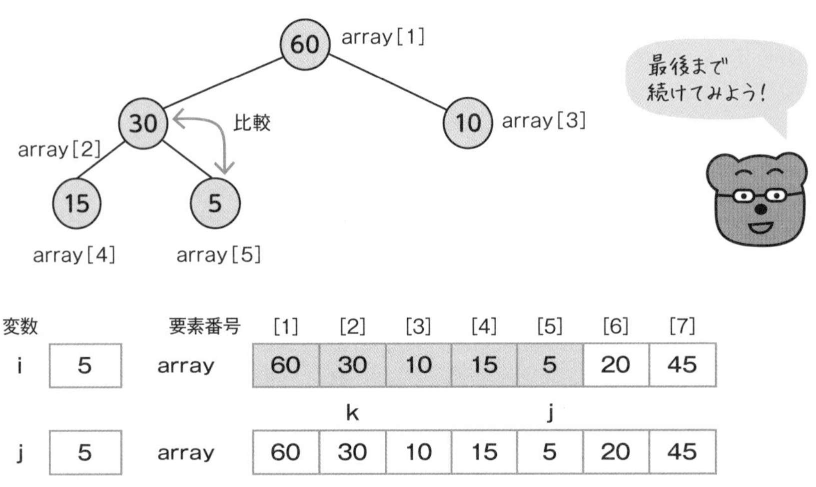

### ⑥ i ＝6のとき

配列のデータ範囲が6になり、1か所の入換えが発生します。

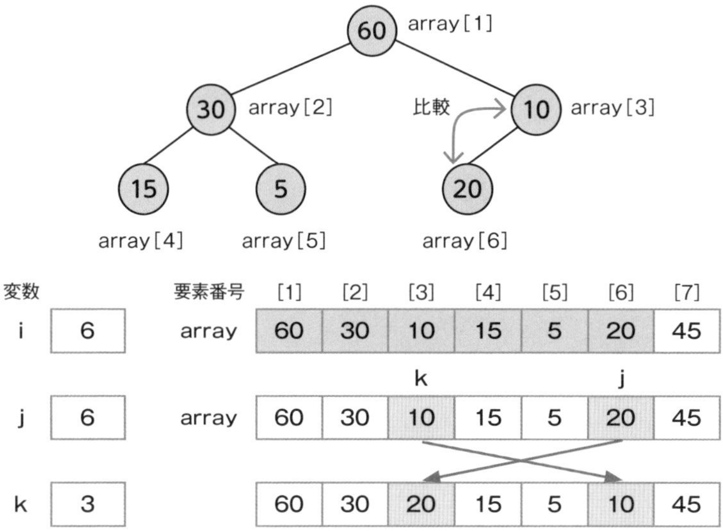


| 変数 | | 要素番号 | [1] | [2] | [3] | [4] | [5] | [6] | [7] |
|---|---|---|---|---|---|---|---|---|---|
| i | 6 | array | 60 | 30 | 10 | 15 | 5 | 20 | 45 |
| | | | | | k | | | j | |
| j | 6 | array | 60 | 30 | 10 | 15 | 5 | 20 | 45 |
| k | 3 | | 60 | 30 | 20 | 15 | 5 | 10 | 45 |

### ⑦ i ＝7のとき

配列のデータ範囲が7になり、1か所の入換えが発生します。

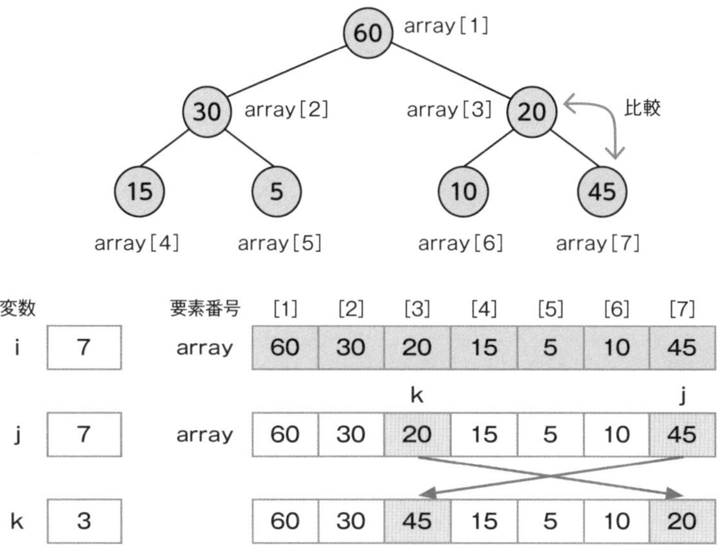


| 変数 | | 要素番号 | [1] | [2] | [3] | [4] | [5] | [6] | [7] |
|---|---|---|---|---|---|---|---|---|---|
| i | 7 | array | 60 | 30 | 20 | 15 | 5 | 10 | 45 |
| | | | | | k | | | | j |
| j | 7 | array | 60 | 30 | 20 | 15 | 5 | 10 | 45 |
| k | 3 | | 60 | 30 | 45 | 15 | 5 | 10 | 20 |

以上が、問題文と一致するヒープの最終形態になります。　〔解答　オ〕

## 木構造の走査（なぞり方）って何のこと？

木構造として格納した要素は、取出し、検索、削除といった、用途に合った処理を行います。木構造は、リスト構造のように要素へアクセスする順序が決まっているわけではないので、どのような順でアクセスするかを決める必要があります。これを**木構造の走査（なぞり方）**と呼んでいます。

### ●階層ごとにアクセスする「幅優先探索」

根を最初の階層として、同じ深さの階層ごとに節へアクセスしていく方法です。すべての階層が終われば、全要素へアクセスしたことになります。

図では、5、4、7、2、6、9、1、3、8の順になります。

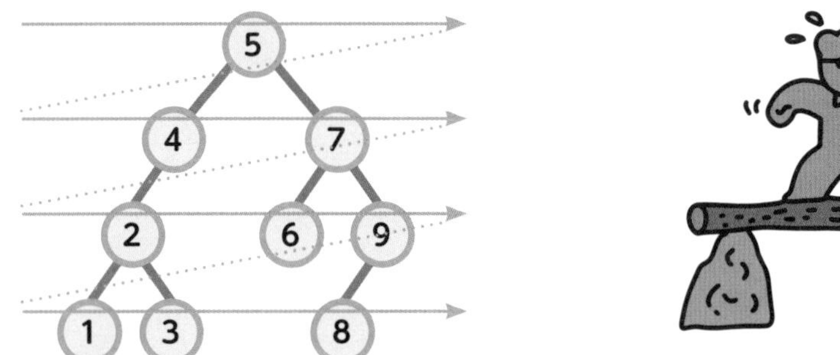


図表7-3-6　幅優先探索

### ●階層が深くなる方向にアクセスする「深さ優先探索」

根をスタートとして、葉に到達するまで階層が深い方向へアクセスしていく方法です。さらに、要素にアクセスするタイミングによって3通りの方法があります。

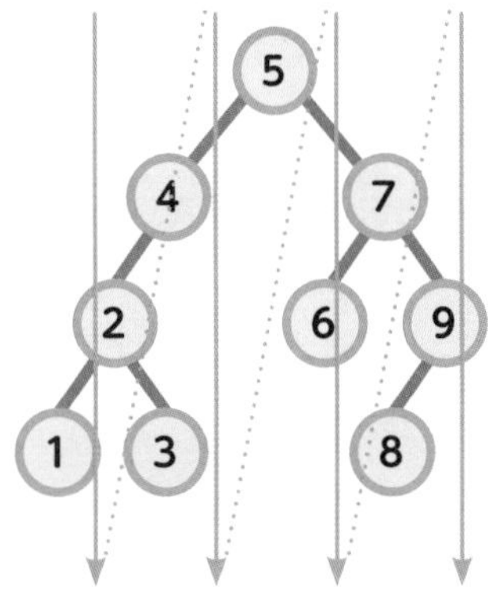

図表7-3-7　深さ優先探索

**①前順（先行順序）**

最初に葉に到達するタイミングでアクセスする方法で、「**行きがけ順**」ともいいます。図では、5、4、2、1、3、7、6、9、8の順になります。

図表7-3-8　前順走査

**②間順（中間順序）**

左部分木から右部分木へ移るタイミングでアクセスする方法で、「**通りがけ順**」ともいいます。図では、1、2、3、4、5、6、7、8、9の順になります。二分探索木であれば、整列された形で出力できます。

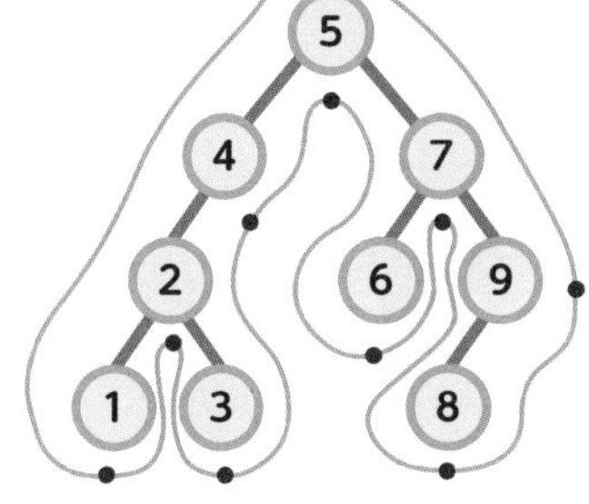


図表7-3-9　間順走査

**③後順（後行順序）**

最後に到達するタイミングでアクセスする方法で、「**帰りがけ順**」ともいいます。図では、1、3、2、4、6、8、9、7、5の順になります。

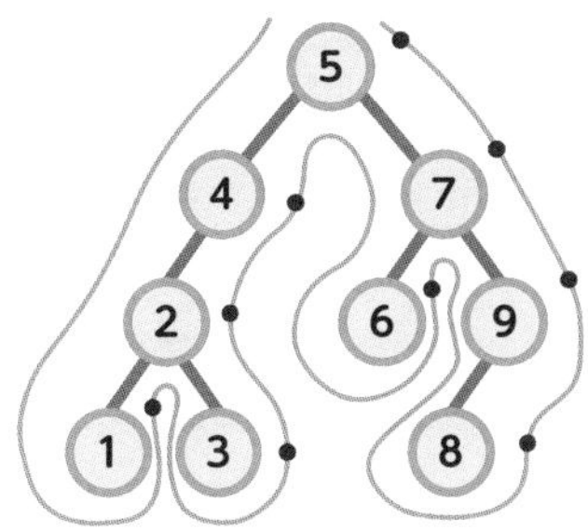


図表7-3-10　後順走査

## 木構造の走査に関する問題を解いてみよう

二分木の走査を題材とした問題を解いてみましょう。

例題

### 「二分木の走査」

次の記述中の [　　　] に入れる正しい答えを，解答群の中から選べ。ここで，配列の要素番号は1から始まる。

手続orderは、図の二分木の、引数で指定した節を根とする部分木をたどりながら、全ての節番号を出力する。大域の配列treeが図の二分木を表している。

配列treeの要素は、対応する節の子の節番号を、左の子、右の子の順に格納した配列である。例えば、配列treeの要素番号1の要素は、節番号1の子の節番号から成る配列であり、左の子の節番号2、右の子の節番号3を配列{2, 3}として格納する。

手続orderをorder(1)として呼び出すと、[　　　　]の順に出力される。

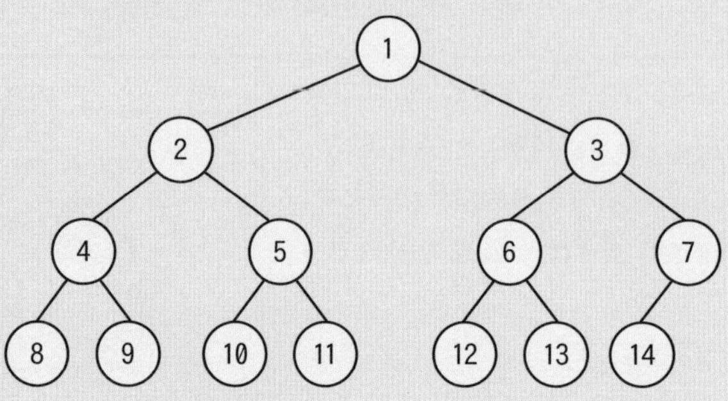

注記1　○の中の値は節番号である。
注記2　子の節が一つの場合は、左の子の節とする。

図　プログラムが扱う二分木

〔プログラム〕

```
大域: 整数型配列の配列: tree ← {{2, 3}, {4, 5}, {6, 7}, {8, 9},
                                {10, 11}, {12, 13}, {14}, {}, {}, {},
                                {}, {}, {}, {}} //{}は要素数0の配列
○order(整数型: n)
  if (tree[n]の要素数 が 2 と等しい)
    order(tree[n][1])
    nを出力
    order(tree[n][2])
  elseif (tree[n]の要素数 が 1 と等しい)
    order(tree[n][1])
    nを出力
  else
    nを出力
  endif
```

解答群

ア　1, 2, 3, 4, 5, 6, 7, 8, 9, 10, 11, 12, 13, 14
イ　1, 2, 4, 8, 9, 5, 10, 11, 3, 6, 12, 13, 7, 14
ウ　8, 4, 9, 2, 10, 5, 11, 1, 12, 6, 13, 3, 14, 7
エ　8, 9, 4, 10, 11, 5, 2, 12, 13, 6, 14, 7, 3, 1

出典：2022年12月公開 基本情報技術者試験 科目Bサンプル問題 問9

## ●プログラムで行っている処理を確認する

問題文から読み取れるのは、図で示されている二分木の要素を何らかの走査方法によってすべて出力することです。要素そのものは大域に取られた二次元配列に格納されており、初期値として値が設定されています。なお、この問題の二次元配列の要素番号の指定は、擬似言語の仕様とは異なり、tree [n] [1] は、tree [n, 1] を意味します。

**整数型配列：tree（二次元配列）**

| [1] | | [2] | | [3] | | [4] | | [5] | | [6] | | [7] | | [8] | | [9] | | … | [13] | | [14] | |
|---|---|---|---|---|---|---|---|---|---|---|---|---|---|---|---|---|---|---|---|---|---|---|
| 2 | 3 | 4 | 5 | 6 | 7 | 8 | 9 | 10 | 11 | 12 | 13 | 14 | | | | | | … | | | | |

ここで、二分木の図と照らし合わせてみると、要素番号6までは左右に子があるので配列要素も二つ格納されていますが、要素番号7は配列要素一つ、それ以降は二分木の「葉」に該当するため、配列要素はありません。また問題文から、要素番号＝節番号であり、節番号をそのまま出力すればよいことがわかります。

## ●自分自身を呼び出す「再帰処理」とは？

プログラムのif〜elseif〜elseは、三つの条件で構成されています。if文の条件式に該当するのが左右に子をもつケース、elseif文の条件式に該当するのが左側の子のみのケース、else文（上記二つの条件式のどちらにも該当しない）が子をもたないケース、つまり葉に該当します。

条件文の中では、「**再帰処理**」が行われています。再帰処理は、自分自身を呼び出す

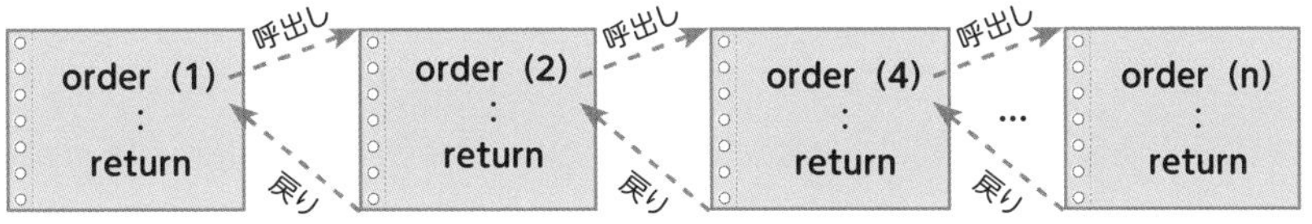


図表7-3-11　再帰処理の仕組み

ことからエンドレスのように思えますが、終わりが発生した時点で処理が戻ってくるので収束します。このプログラムでは、節n以下のすべての節を出力した時点でプログラムが終了します。

## ●トレースして二分木の走査を見つけよう

あらかじめデータが用意され、二分木も図で示されているので、トレースしていくことで、走査の種類がわかります。再帰処理に惑わされないように追うのがポイントです。

### ①節番号1（根の部分）

この手続は、order（1）として呼び出されるので、プログラムのスタートは二分木の根になります。条件文は、「要素数が2に等しい」に該当するので、左側の枝から再帰呼出しが開始されます。

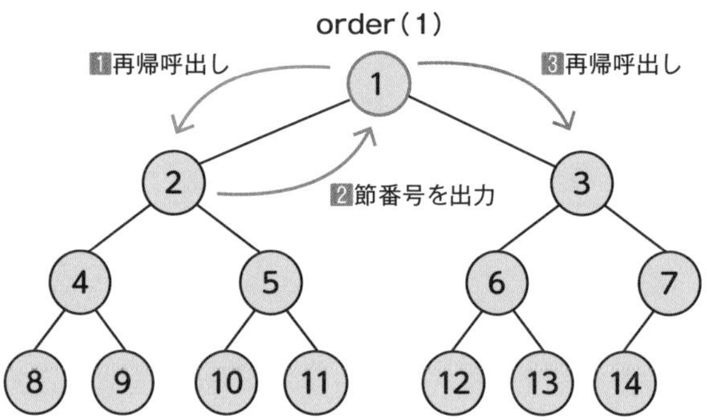


### ②節番号2、4

節番号1からの再帰呼出しによりorder(2)、さらに再帰呼出しが行われてorder(4)が呼び出されます。条件文は、ともに「要素数が2に等しい」に該当するので、①と同様に左側の枝から再帰呼出しが行われます。

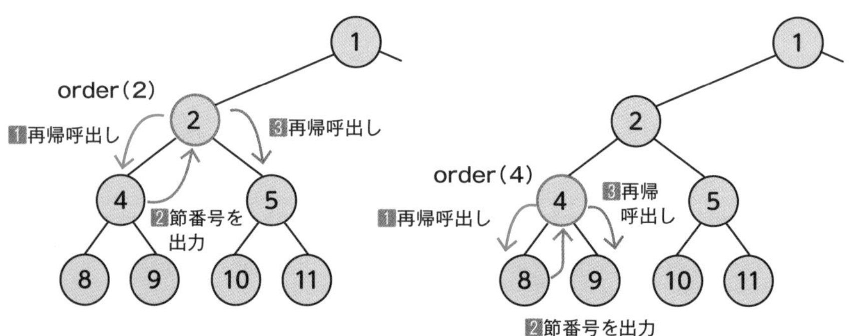

### ③節番号8

節番号4からの再帰呼出しによりorder(8) が呼び出されます。葉に該当するtree[8] の要素数は0のため、、if文とelseif文の条件式には合致しません。ここでelseの処理「nを出力＝8」を実行して、再帰呼出しによる手続が終了します。戻る場所はorder(4)なので、「nを出力＝4」を実行して右側の枝の再帰呼出しが行われます。

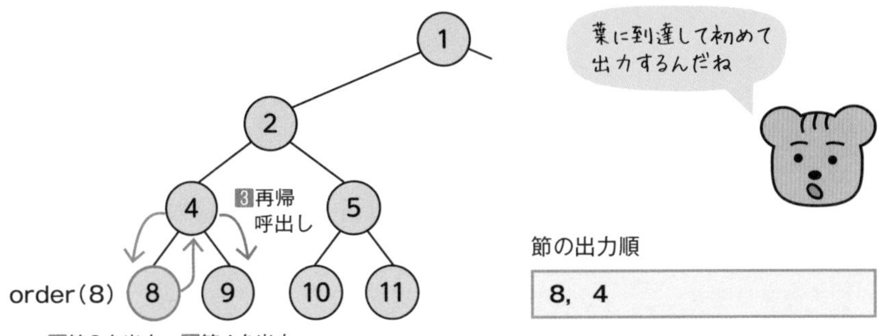


### ④節番号9

節番号4から、右側の枝の再帰呼出しorder(9) が呼び出されます。節番号8と同様にtree[9]の要素数は0のため、ifとelseifの条件文には合致しません。ここでelseの処理「nを出力＝9」を実行して、再帰呼出しによる手続が終了します。戻る場所はorder(4)で、再帰呼出しによる手続が終了します。さらに、再帰呼出しによる手続が終了し、節番号2に戻ります。ここでは「nを出力＝2」を実行し、右側の枝の再帰呼出しorder(5)が行われます。

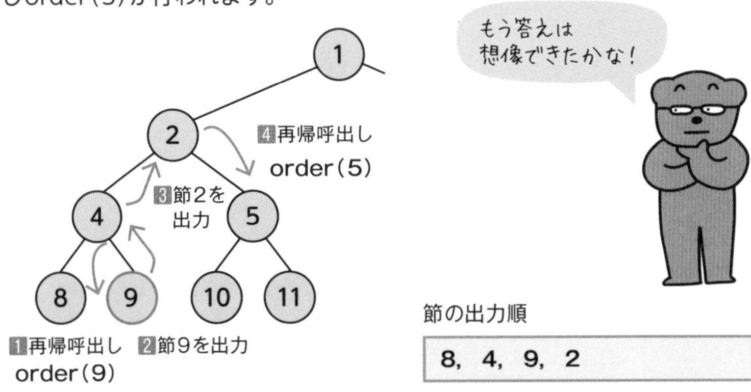


さて、この時点で選択肢の判別ができました。二分木の走査は、間順(中間順序)であることもわかるので、選択肢を確定できます。

〔解答　ウ〕

テーマ
7-4

# リスト構造とそのバリエーション

**リスト構造は、ポインタ型のデータをつないで、全体を操作できるようにしたデータ構造です。これまでの章でも取り上げてきた単方向リストのほかにも、いくつかの形態がありますので紹介していきましょう。**

## リスト構造の種類

リストは、配列の要素にあたる**データ部**と、連結先（リンク）のアドレス情報を格納した**ポインタ部**からなる**セル**（連結を示す場合は**ノード**）単位で管理されます。ポインタ部の値を参照することで、連結先のノードにアクセスできる仕組みになっています。

### ●線形リスト …始端と終端のあるリスト

先頭と末尾が存在するリストです。末尾のセルのポインタ部には、**NULL値**を格納しておきます。**ヘッダ**には、先頭のノードへアクセスするための情報を格納しておきます。また、末尾の情報を格納する**トレーラ**をもつ場合もあります。

#### ①単方向（片方向）リスト

ポインタが順方向にだけ付けられたリスト構造です。

こっちは
一方通行だよ！

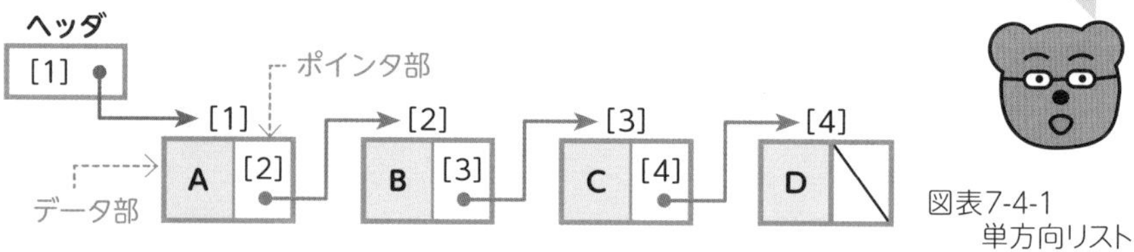


図表7-4-1
単方向リスト

#### ②双方向（両方向）リスト

順方向と逆方向のポインタをもち、両方向へリンクをたどることができます。

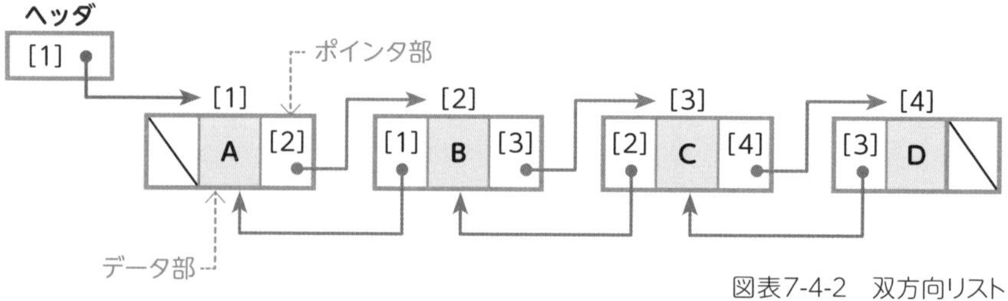


図表7-4-2　双方向リスト

## ●循環（環状）リスト　… 始端と終端のないリスト

先頭と末尾のセルをポインタによってつなげたリストです。線形リストと同様に、単方向と双方向があります。リストをたどるには始端と終端がありませんが、先頭から順にたどる場合やノードの追加や削除のために、ヘッダ（またはトレーラ）情報をもちます。

### ①単方向循環リスト

単方向リストの末尾のポインタが先頭につながっている形です。

後ろと前が
つながっているね

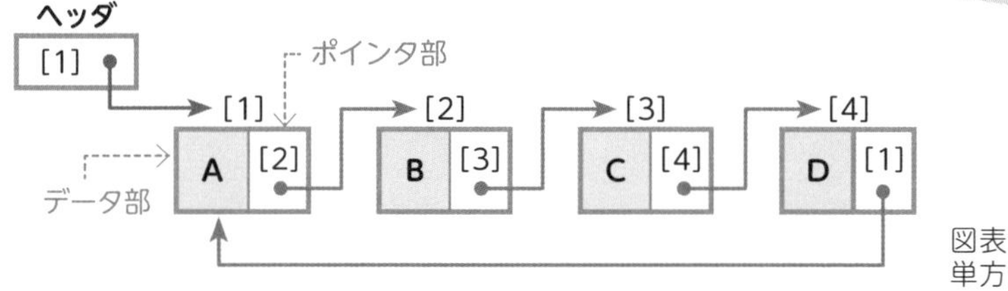


図表7-4-3
単方向循環リスト

### ②双方向循環リスト

双方向リストの末尾のポインタが先頭につながっている形です。

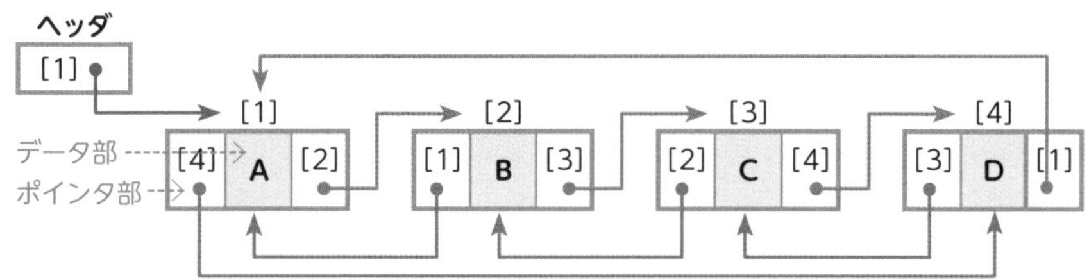


図表7-4-4　双方向循環リスト

先頭ノードの前にヘッダ用途の**ダミーノード**を置く形もあります。先頭と末尾がわかるのでアクセスを効率化でき、ヘッダを通常のセルと同じ形式にすることでアルゴリズムを容易にすることができます。ダミーにはデータを格納せず、ポインタのみ保持します。またリストの要素が空の場合、ポインタはダミー自身を指します。

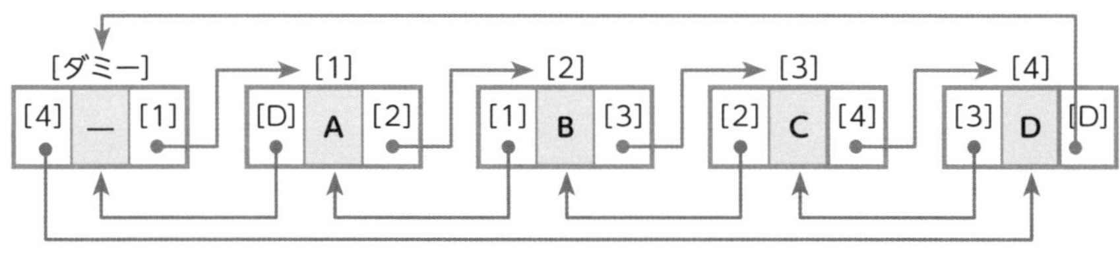


図表7-4-5　双方向循環リスト（ダミー）

## 双方向リストの問題を解いてみよう

単方向リストの問題は前章で解きましたので、双方向リストの問題を取り上げます。

例題

### 「双方向リストへの要素追加」

次のプログラム中の [ a ] と [ b ] に入れる正しい答えの組合せを、解答群の中から選べ。

関数insertNodeは、引数で与えられた整数を双方向リストに追加するものである。このとき、リストの先頭から順に値の昇順になる位置に要素を追加する。双方向リストの各要素は、クラスNodeを用いて表現する。クラスNodeの説明を図に示す。Node型の変数はクラスNodeの参照を格納するものとし、大域変数headは双方向リストの先頭の要素の参照を、大域変数tailは双方向リストの最後の要素の参照を格納する。

リストが空のときは、head、tailともに未定義である。また、リストの先頭の要素のメンバ変数prev、および、リストの最後の要素のメンバ変数nextは、いずれも未定義である。

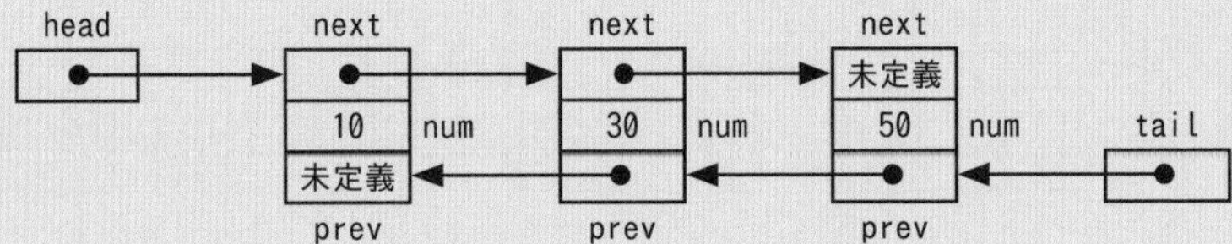


| コンストラクタ | 説明 |
|---|---|
| Node(整数型: value) | 引数valueでメンバ変数numを初期化する。 |

| メンバ変数 | 型 | 説明 |
|---|---|---|
| num | 整数型 | リストに格納する整数。 |
| next | node | リストの次の要素を保持するインスタンスの参照。初期状態は未定義である。 |
| prev | node | リストの一つ前の要素を保持するインスタンスの参照。初期状態は未定義である。 |

表 クラスNodeの説明

〔プログラム〕

```
大域: Node: head ← 未定義の値
大域: Node: tail ← 未定義の値
```

```
○insertNode(整数型: value)
  Node: cur, ref
  cur ← Node(value)
  if (head が未定義)
    head ← cur
    tail ← cur
  else
    ref ← head
    while ((ref が未定義でない) and (cur.num ≧ ref.num))
      ref ← ref.next
    endwhile
    if (ref が未定義)
      tail.next ← cur
      [    a    ]
      tail ← cur
    else
      cur.next ← ref
      if (ref = head)
        head ← cur
      else
        cur.prev ← ref.prev
        [    b    ]
      endif
      ref.prev ← cur
    endif
  endif
```

解答群

| | a | b |
|---|---|---|
| ア | cur.next ← head | ref.next ← cur |
| イ | cur.next ← head | ref.prev.next ← cur |
| ウ | cur.next ← tail | ref.next ← cur |
| エ | cur.next ← tail | ref.prev.next ← cur |
| オ | cur.prev ← head | ref.next ← cur |
| カ | cur.prev ← head | ref.prev.next ← cur |
| キ | cur.prev ← tail | ref.next ← cur |
| ク | cur.prev ← tail | ref.prev.next ← cur |

## ●双方向リストへ要素を追加する手順

オブジェクト指向によるリスト要素の追加は第6章のp.157で行っていますが、応用編と考えればよいでしょう。双方向リストへ要素（ノード）を追加する場合は、追加する要素のほか、その前後二つの要素に含まれるポインタを変更する必要があります。

また問題のリストは、先頭要素への参照（アドレス情報）を保持しているヘッダ（head）のほか、末尾への参照を保持しているトレーラ（tail）が設けられていることもポイントです。挿入位置を見つけ出したら、ヘッダまたはトレーラからたどりながらメンバ変数を指定することでアルゴリズムを容易にしています。

### ①要素が空の場合

リストの要素が何もない状態は、headまたはtailに“未定義”が設定されているかどうかを判断すればわかります。空のリストに新たな要素を追加したときは、その参照をポインタとしてheadとtailに設定します。また、追加要素自体のポインタには“未定義”の設定が必要ですが、これはコンストラクタNodeによる初期化で行われます。

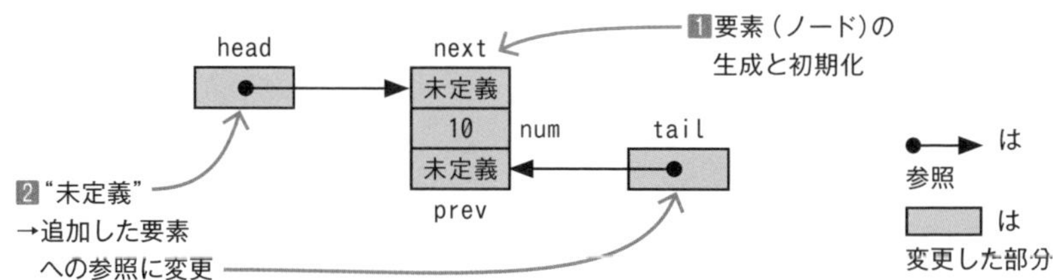


### ②要素が空でない場合

#### ②-1　末尾に追加するとき

空でないリストに要素を追加する場合は、追加した要素のprevを一つ前の要素にします。さらに、一つ前の要素のnextとtailが追加した要素を参照するようにします。

**《ポインタの変更前》**

**《ポインタの変更後》**

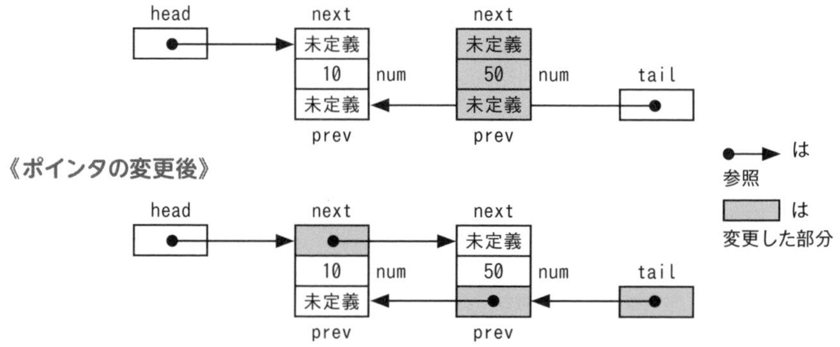

### ②-2 先頭に挿入するとき

現在ある先頭要素の前側に要素を追加したい場合は、末尾に追加するときと逆側のポインタを変更します。変更前と、変更後の結果は次のようになります。

**《ポインタの変更前》**

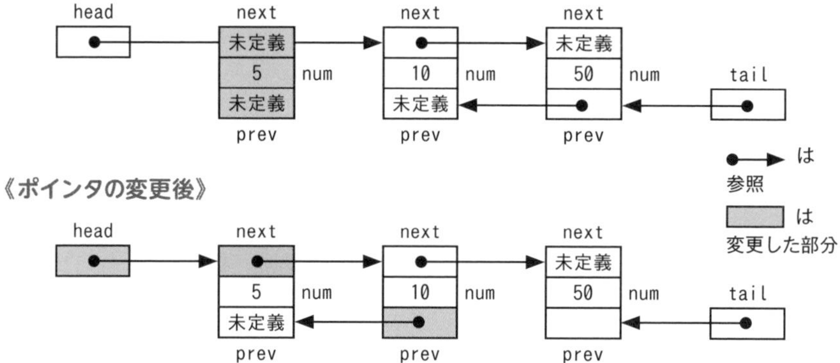


### ②-3 中間に挿入するとき

空でないリストの中間に要素を追加する場合は、追加した要素のprevを一つ前の要素に、またnextを一つ後の要素を参照するようにします。さらに、一つ前の要素のnextと、一つ後の要素のprevを、追加した要素を参照するようにします。

**《ポインタの変更前》**

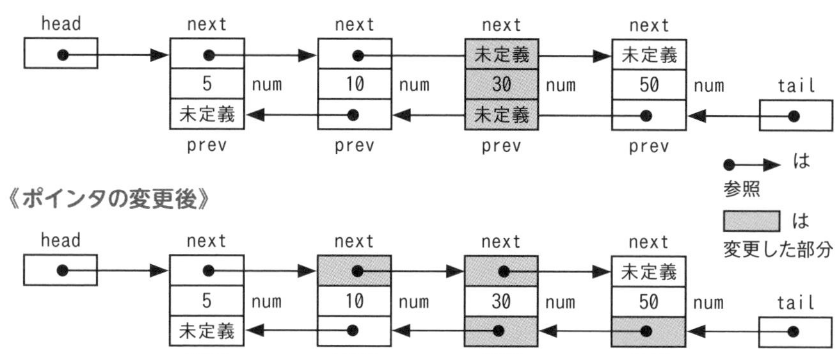


上記の4パターンをプログラムのどこで行っているか、突き合わせていくことで正解を導くことができます。

追加と挿入のパターンを理解できたら、問題にとりかかろう！

## ●プログラムで行っていること

プログラムは、ほぼすべてが条件文if～else～endifで構成されています。また、条件文の中にもif～else～endifが２重に含まれており、その中で前ページの場合分けがされていると考えられます。一つひとつ見ていきましょう。

### ①要素が空の場合の処理

引数を受け取った後は、コンストラクタが呼び出されて初期化を行い、同時に生成されたインスタンスの参照がNode型の変数curに設定されています。

最初の条件式は、headが“未定義”の場合、つまり「要素が空の場合」に該当するので、生成された要素（ノード）への参照curをheadとtailに設定しています。

```
Node: cur, ref
cur ← Node(value)
if (head が未定義)
  head ← cur
  tail ← cur
```

### ②要素が空でない場合の処理

リストの要素が空でない場合は、始めに挿入位置の確認が必要です。これは、前ページのように、末尾（②-1）か、先頭（②-2）か、中間（②-3）かの違いによって、処理が変わってくるからです。挿入位置を見つける方法は、リスト要素の“値”が昇順に並んでいることから、次の手順で行っています。

**① 先頭要素の参照をNode型の変数refに設定**
**② “未定義”が出現する(＝リストの末尾)、または**
**新たな要素の“値”が、refが指す“値”より小さくなるまでリストをたどる**

プログラムでは下記の部分です。リストをたどる作業は、繰返しの中で比較対象の要素への参照をnextポインタの参照に置き換えながら比較対象を移動しています。

```
else
  ref ← head
  while ((ref が未定義でない) and (cur.num ≧ ref.num))
    ref ← ref.next
  endwhile
```

while～endwhileのループを抜けた後が、挿入位置の振り分けです。

- **末尾に追加するとき(②-1の処理)**

最初の条件“refが未定義”とは、比較対象の要素のnextが“未定義”であること。つまり、新しい要素をリストの最後尾に追加することを意味しています。ここで行う処理は、❶リストの一つ前の要素のnextに新たな要素への参照を代入すること、❷tailに新たな要素への参照を代入すること、❸新たな要素のprevに一つ前の要素への参照を代入すること、の三つになります。❶と❷は、プログラム中に表示されているので、空欄aには、❸を記述すればよいことになります。これは、それまでtailに入っていた参照が入ればよいので、空欄aは**cur.prev ← tail**になります。

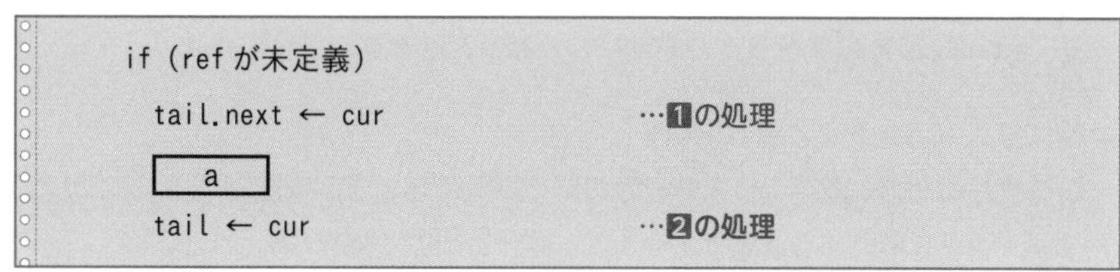

```
if (ref が未定義)
  tail.next ← cur                    …❶の処理
  [  a  ]
  tail ← cur                         …❷の処理
```

- **先頭に挿入するとき(②-2の処理)**

残った「先頭へ挿入するとき」と「中間へ挿入するとき」を振り分けているのが、プログラムの次の部分です。

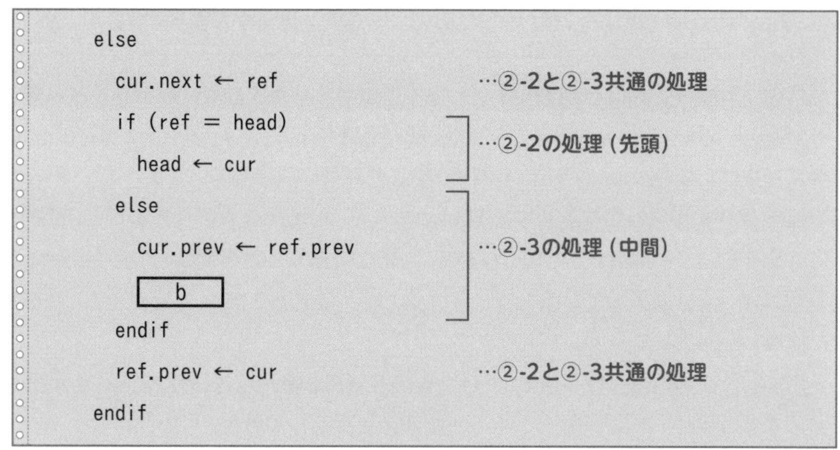

```
else
  cur.next ← ref                     …②-2と②-3共通の処理
  if (ref = head)                    ┐
    head ← cur                       ┘…②-2の処理(先頭)
  else                               ┐
    cur.prev ← ref.prev              │…②-3の処理(中間)
    [  b  ]                          ┘
  endif
  ref.prev ← cur                     …②-2と②-3共通の処理
endif
```

次の振り分けを行う前に行っている「cur.next ← ref」が気になりますが、先に最も内側の条件文if～endifを確認しておきます。代入元のrefには一つ後の要素への参照が入っています。条件として「ref = head」で振り分けが行われており、この条件に合致するのは、headが参照している要素、つまり先頭要素ということです。

それでは、先頭に挿入するときに行う処理を整理しておきましょう。

ⓐ headが、新たに挿入した要素を参照する用にする
ⓑ 新たに挿入した要素のnextが、一つ後の要素を参照する
ⓒ 一つ後の要素のprevが、新たに挿入した要素を参照する

条件文中の「head ← cur」は、上記ⓐに該当します。残りの処理のうち、ⓑに該当する「cur.next ← ref」は、if～endifに入る前に記述しています。これは、elseで行う最後の場合分け「中間に挿入するとき（②-3）の処理」でも必要となる共通の処理だからです。実はⓒも共通の処理なのですが、if文の前に記述できない理由があります。それは、最後の場合分けの処理にかかわってきます。

**・中間に挿入するとき（②-3）の処理**

この場合分けは、既存のリスト要素の間に挿入するときの処理です。ここでは4か所のポインタを変更する必要があります。数が多いので整理しましょう。

ⓐ 新たに挿入した要素のnextが、一つ後の要素を参照するようにする
ⓑ 新たに挿入した要素のprevが、一つ前の要素を参照するようにする
ⓒ 一つ前の要素のnextが、新たに挿入した要素を参照するようにする
ⓓ 一つ後の要素のprevが、新たに挿入した要素を参照するようにする

このうちⓐは、先の「cur.next ← ref」で行っていますから、空欄bを含むif～endifの中で残りを行えばよいのですが、空欄を含めて2行しかありません。ただ、条件文を抜けた後「ref.prev ← cur」があり、これがⓓに該当しています。

else条件の中にはⓑに該当する「cur.prev ← ref.prev」がありますから、空欄bにはⓒを記述すればよいことになります。「新たに挿入した要素の一つ前」の要素の参照はref.prevに入っているので、「ref.prev」と記述できます。したがって、空欄bには**ref.prev.next ← cur**が入ります。

さて、②-2の処理を行う前に、「一つ後の要素のprevが、新たに挿入した要素を参照するようにする」を記述できなかった理由を説明しておきましょう。

それは、②-3の処理のⓑとⓒに順番があるからです。先にⓒの「ref.prev ← cur」を行ってしまうと、ⓑの「cur.prev ← ref.prev」を行う前にref.prevが新しい値に置き換わってしまうためです。

〔解答　ク〕

# 第7章　確認問題

**問**　次のプログラム中の［ a ］と［ b ］に入れる正しい答えの組合せを、解答群の中から選べ。ここで、配列の要素番号は1から始まる。

書籍に付与されているISBN(国際標準図書番号：International Standard Book Number)の最後の数字はチェックキャラクター(検査数字)であり、次のようなルールで決められている。

(1) 奇数番目の数字はそのまま合計する。
(2) 偶数番目の数字の合計を3倍する。
(3) (1)と(2)の合計を10で割った余りを、10から引いた数字をチェックキャラクターとする。なお、10から引いた数字が10のときは0とする。

例えば、「ISBN978-4-297-12377-2」のチェックキャラクターは、次のように計算される。

(1) 9＋8＋2＋7＋2＋7＝35
(2) (7＋4＋9＋1＋3＋7)×3＝93
(3) 10－((35＋93)を10で割った余り)＝2　←チェックキャラクター

関数validateは、ISBNの文字列（英字やハイフンを含む)を文字型の配列として受け取り、チェックキャラクターが正しいときはtrue、誤っているときはfalseを返す。

※次ページへ続く

〔プログラム〕

```
○論理型: validate(文字型の配列: isbn)
  整数型: sum, number, i
  文字型: ch
  論理型: isEven
  sum ← 0
  isEven ← false
  for (i を1から (isbnの要素数－1) まで 1 ずつ増やす)
    if ((isbn[i] が文字'0'以上) and (isbn[i] が文字'9'以下))
      number ← isbn[i] を数値に変換
      if (isEven = true)
        sum ← sum + number × 3
      else
        sum ← sum + number
      endif
      isEven ← [  a  ]
    endif
  endfor
  number ← 10 － (sum mod 10)
  if (number = 10)
    number ← 0
  endif
  ch ← number を文字に変換
  if ( [  b  ] )
    return true
  endif
  return false
```

解答群

| | a | b |
|---|---|---|
| ア | true | ch ＝ isbn[isbnの要素数] |
| イ | true | ch ≠ isbn[isbnの要素数] |
| ウ | false | ch ＝ isbn[isbnの要素数] |
| エ | false | ch ≠ isbn[isbnの要素数] |
| オ | not isEven | ch ＝ isbn[isbnの要素数] |
| カ | not isEven | ch ≠ isbn[isbnの要素数] |

## 問 文字型配列とチェックキャラクターの計算

書籍のISBNコードと、チェックキャラクター（検査文字、チェックディジットともいう）の関係性が正しいかどうかを調べるためのプログラムです。

**チェックキャラクター**とは、数字列や文字列に対して一定の計算を行い、その計算結果から得た検査文字のことです。これを元のコードに付加しておくことで、入力ミスや転送時の誤りを検出できるようにするものです。

《ISBNコードの構成》

チェックキャラクター

ISBN978-4-297-13164-7

ISBN
（接頭番号＋国記号＋出版社＋書名記号）

例えば、"13164"を"13614"と入力を間違えた場合に、検査時に再度計算を行うと、チェックキャラクターが異なるので、正しいコードでないことが発見できます。

この問題では、ISBNコードを基にしたチェックキャラクターの計算方法がテーマになっています。プログラムとしては、引数で渡される文字型の配列操作がポイントです。

### ●チェックキャラクターの計算方法

このプログラムで行っている処理は、ISBNコードを構成する各桁が収められている文字型配列で受け取り、チェックキャラクターの正しさ（コード部分との相違）を論理値の"true"または"false"で返す形になっています。渡されるISBNコードから計算を行うためには、必要な部分を偶数番目と奇数番目に分けて取り出す必要があります。ただし、文字やハイフンも含まれているので、単純に要素番号で判断することはできません。各合計からの計算方法は問題文にあるとおりです。

| 要素番号 | [1] | [2] | [3] | [4] | [5] | [6] | [7] | [8] | [9] | [10] | [11] | [12] | [13] | [14] | [15] | [16] | [17] | [18] | [19] | [20] | [21] | 合計 |
|---|---|---|---|---|---|---|---|---|---|---|---|---|---|---|---|---|---|---|---|---|---|---|
| isbn | I | S | B | N | 9 | 7 | 8 | - | 4 | - | 2 | 9 | 7 | - | 1 | 3 | 1 | 6 | 4 | - | 4 | |
| 奇数番目 | | | | | 9 | | 8 | | | | 2 | | 7 | | | 3 | | 6 | | | | 35 |
| 偶数番目 | | | | | | 7 | | | 4 | | | 9 | | | 1 | | 1 | | 4 | | | 26×3=78 |

### ●プログラムで行っている処理

上記の計算を踏まえながら、プログラムを追ってみましょう。変数の初期化を行った後のfor～endforのループでは、配列から一つずつ要素を取り出して偶数番目と奇数番目ごとに計算を行っている部分と考えられます。「(isbnの要素数－1) まで」としているのは、最後の文字がチェックキャラクターだからでしょう。

```
if ((isbn[i] が文字'0' 以上) and (isbn[i] が文字'9' 以下))
  number ← isbn[i] を数値に変換
  if (isEven = true)
    sum ← sum + number × 3
  else
    sum ← sum + number
  endif
  isEven ← [  a  ]
endif
```

外側のif条件では、配列から要素を取り出す際、計算対象となる文字'0'～'9'であるかを判断しています。また次の代入文は、文字として格納されている配列要素を数値として扱えるように変換しています。ポイントとなるのは、値を奇数番目と偶数番目に振り分ける方法です。これは、偶数と奇数が交互に出現することを利用しています。

論理型変数isEvenを用いて、"true"であれば偶数、"false"であれば奇数と判断して、それぞれの計算処理を行っています。もちろん最初に現れるのは奇数なので、ループに入る前に「isEven ← false」で初期化しています。

- **空欄a**

計算を行った後は、偶数と奇数を入れ換えるため、isEvenが"true"なら"false"へ、"false"なら"true"へ入れ換える処理が必要です。これを1文で行うためには、論理演算子の否定(not)を用いた**isEven ← not isEven**があてはまります。

- **空欄b**

ループの中で偶数と奇数に分けて計算した値は、変数sumに合計されます。ループを出た後は、この合計値を使ってチェックキャラクターを計算します。除算の余りを求めるには、modを使います。例えば、「a mod 3」とすれば、aを3で割った余りが求められます。「number ← 10 − (sum mod 10)」で、問題文の計算を行っています。計算結果は再び文字型に変換を行い、文字型の変数chに代入します。

最後に、このプログラムの中で求めたchと、引数とした受け取ったチェックキャラクターの数字との照合を行います。この数字は、配列isbnの最後の要素なので、isbn[isbnの要素数]になります(配列の要素番号が1から始まることに注意)。また、戻り値に"true"を返すのは、**ch = isbn[isbnの要素数]**が真になったときです。

**解答** オ

第8章

# 探索と整列のアルゴリズム

テーマ
# 8-1 探索のアルゴリズム

探索は、多くのデータ要素の中から目的とする数値や文字、文字列を探し出すことです。探索内容やデータ件数などによって、効率よく探索を行うためのアルゴリズムがあり、その手法が出題されています。

探索は、数値または1文字分の文字を配列要素の中から見つけ出す手法がよく知られており、アルゴリズム問題としてたびたび出題されています。また、やや複雑なアルゴリズムとして、複数の文字列を探索する方法があります。この章では、いくつかの探索手法について、問題を解きながら解説していきましょう。

## 数値や1文字分の文字を探索する

まずは、引数で与えられた数値や1文字分の文字を対象となる配列から見つけ出すアルゴリズムを取り上げましょう。手法としては、線形探索と二分探索があります。

また、探索で重要なのは、その計算量です。限られた要素数の配列では問題になりませんが、データベースなど扱うデータが膨大になると、わずかな効率化が処理速度に影響してきます。その点も踏まえて、アルゴリズムを考える必要があります。

| 要素番号 | [1] | [2] | [3] | [4] | [5] | [6] | [7] | [8] | [9] | [10] | [11] | [12] | [13] | [14] | [15] | [16] | [17] | [18] | [19] | [20] |
|---|---|---|---|---|---|---|---|---|---|---|---|---|---|---|---|---|---|---|---|---|
| array | H | A | I | R | E | T | S | U | @ | Y | O | U | S | O | B | A | N | G | O | U |

順に照合していく

探索する文字 @

図表8-1-1　配列要素の線形探索

照合と要素数の確認の両方が必要になるね

### ●線形探索のアルゴリズム

**線形探索**は、配列要素を順に照合していく方法です。アルゴリズムのポイントになるのは終了条件で、「配列の要素数」を終了条件にすると、見つかった後もすべてを探索しなければならずムダが多くなります。ただし、見つける要素が複数存在し、その数がわかっていない場合には、要素数を終了条件にする必要があります。

これに対し、「要素が見つかったこと」を終了条件にすると効率化が図れますが、見つからなかったときに探索範囲を超えないようにストップする方法が必要になります。

解決方法としては、「要素数」と「見つかったこと」を併用する方法があります。探索位置を移動するつど要素番号を確認して、見つかったら終了するというアルゴリズムです。よく使われる手法としては、要素数nの配列に対して[n＋1]番目の要素を追加して、あらかじめ配列の末尾に検索する値そのものを格納しておきます。本来の要素の中に見つからなかった場合も、付け加えた要素で必ず見つかるので処理を終了でき、そのつど行う要素数の確認も省くことができます。これは、**“番兵”**と呼ばれる手法です。

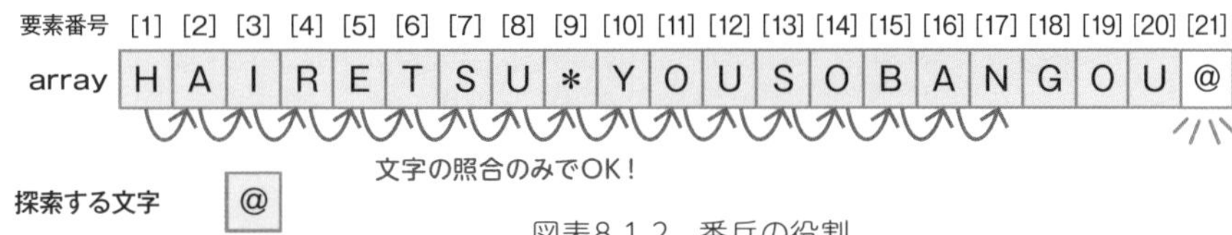

図表8-1-2　番兵の役割

## ●二分探索のアルゴリズム

**二分探索**は、配列に格納されている値の大小関係を見ながら探索範囲を2等分して狭めていく方法です。線形探索に比べ、探索値との比較回数が少なくなるため効率がよい手法ですが、値が昇順（または降順）に整列済みであることが前提になります。

**(1) 検索範囲の中央の要素を決めて、その値（中央値と呼ぶ）と検索値を比べる。**
**(2) 「中央値＜検索値」なら、検索範囲を中央の要素より大きい側に絞る。**
**(3) 「中央値＞検索値」なら、検索範囲を中央の要素より小さい側に絞る。**
**(4) 上記を繰り返し、「中央値＝検索値」になる（検索値が見つかった）か、検索範囲の要素が一つだけになったとき（検索値が見つからなかった）に終了。**

**〔二分探索の具体例〕**　配列要素が昇順に整列されている配列array（要素数11）から、探索値sar（＝18）と同じ値をもつ要素を見つけてみましょう。変数lowには探索範囲の下限の要素番号、変数highには上限の要素番号、変数midには中央の要素番号を入れるものとします。また、lowとhighの値を変更するつど大小関係を確認します。もし、low≦highならまだ検索する範囲が残っていることを示し、low＞highと逆転したときは見つからなかったと判断します。

❶ low＝1、high＝11より、mid＝（1＋11）÷2＝6で、low≦highで継続します。

| 要素番号 | [1] | [2] | [3] | [4] | [5] | [6] | [7] | [8] | [9] | [10] | [11] |
|---|---|---|---|---|---|---|---|---|---|---|---|
| array | 5 | 7 | 8 | 10 | 12 | 15 | 16 | 18 | 20 | 21 | 30 |
| | low | | | | | mid | | | | | high |

❷探索値sarは、array［6］より大きい（15＜30）ので、low＝mid＋1＝7として、探索の範囲を狭めます。つまり、array［6］以下のデータは探索不要です。

| 要素番号 | [1] | [2] | [3] | [4] | [5] | [6] | [7] | [8] | [9] | [10] | [11] |
|---|---|---|---|---|---|---|---|---|---|---|---|
| array | 5 | 7 | 8 | 10 | 12 | 15 | 16 | 18 | 20 | 21 | 30 |
| | | | | | | mid | low | | | | high |

❸low＝7、high＝11より、mid＝（7＋11）÷2＝9で、low≦highなので継続です。

| 要素番号 | [1] | [2] | [3] | [4] | [5] | [6] | [7] | [8] | [9] | [10] | [11] |
|---|---|---|---|---|---|---|---|---|---|---|---|
| array | 5 | 7 | 8 | 10 | 12 | 15 | 16 | 18 | 20 | 21 | 30 |
| | | | | | | | low | | mid | | high |

❹探索値sarはarray［9］より小さいので、high＝mid－1=8とします。つまり、array［9］以上のデータは、探す必要はありません。

| 要素番号 | [1] | [2] | [3] | [4] | [5] | [6] | [7] | [8] | [9] | [10] | [11] |
|---|---|---|---|---|---|---|---|---|---|---|---|
| array | 5 | 7 | 8 | 10 | 12 | 15 | 16 | 18 | 20 | 21 | 30 |
| | | | | | | | low | high | mid | | |

❺low＝7、high＝8より、mid＝（7＋8）÷2＝7で、low≦highなので継続です。

| 要素番号 | [1] | [2] | [3] | [4] | [5] | [6] | [7] | [8] | [9] | [10] | [11] |
|---|---|---|---|---|---|---|---|---|---|---|---|
| array | 5 | 7 | 8 | 10 | 12 | 15 | 16 | 18 | 20 | 21 | 30 |
| | | | | | | | low<br>mid | high | | | |

❻探索値sarは、array［7］より大きいので、low＝mid＋1＝8とします。

| 要素番号 | [1] | [2] | [3] | [4] | [5] | [6] | [7] | [8] | [9] | [10] | [11] |
|---|---|---|---|---|---|---|---|---|---|---|---|
| array | 5 | 7 | 8 | 10 | 12 | 15 | 16 | 18 | 20 | 21 | 30 |
| | | | | | | | mid | low<br>high | | | |

❼low＝8、high＝8より、mid＝（8＋8）÷2＝8となり、array［8］＝sarで確定します。

| 要素番号 | [1] | [2] | [3] | [4] | [5] | [6] | [7] | [8] | [9] | [10] | [11] |
|---|---|---|---|---|---|---|---|---|---|---|---|
| array | 5 | 7 | 8 | 10 | 12 | 15 | 16 | 18 | 20 | 21 | 30 |
| | | | | | | | | low<br>mid<br>high | | | |

## 文字列を探索する

複数の文字からなる文字列を探索するのは、１文字を探索するより複雑なアルゴリズムが必要です。例えば３文字からなる文字列を探索する場合、１文字目、２文字目までが合致しても３文字目が合っていなければ不一致です。また比較を再開するときは、前回の探索開始点より一つ右にずらしたところへ戻さなくてはなりません。

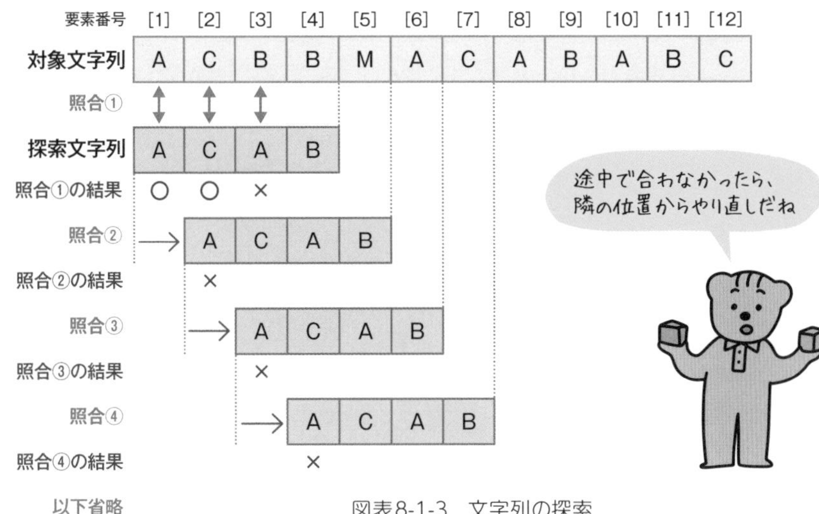


図表8-1-3　文字列の探索

## ●処理を効率化できる“ボイヤ・ムーア法”

上図の例では、照合①で3文字目が不一致になった時点で、要素番号[1]～[3]まで探索文字列と一致しないので、照合②と照合③が一致しないことは明らかです。そこで、不一致となった位置と文字の情報を利用すれば、探索処理を効率化できます。

この考え方を取り入れた方法が**ボイヤ・ムーア法**（**BM法**）と呼ばれるアルゴリズムです。この方法による比較は、探索文字列の先頭からではなく末尾から行います。一致しなかったときは、「探索文字列の末尾と比較を行った“対象文字列側の文字”の情報」を基にして必要な文字数分（移動量という）右へずらして再開します。

なお、文字ごとの移動量の情報は、あらかじめ計算して配列に格納しておきます。

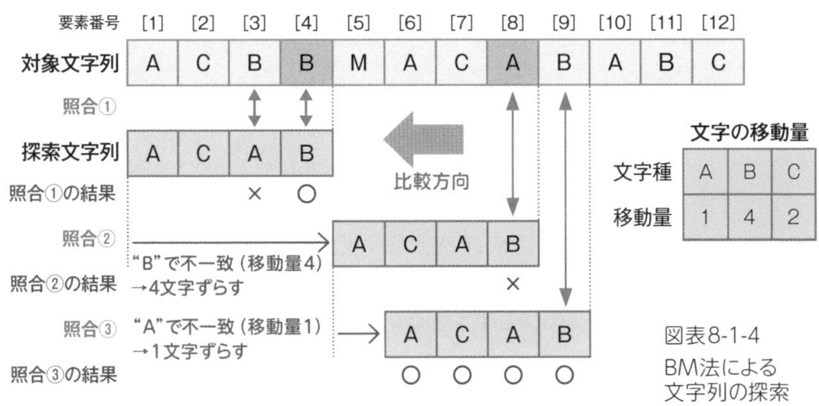


図表8-1-4
BM法による
文字列の探索

## ボイヤ・ムーア法による探索問題を解いてみよう

ボイヤ・ムーア法（BM法）のアルゴリズムが、どんな形で出題されているのかを見てみましょう。この問題は、BM法の仕組みを理解していることが前提となっていますが、詳しい説明がされる場合もあります。また、問題文中に移動量を求めるルールも説明されています。この計算方法が問われることもありますので把握しておきましょう。

例題

### 「ボイヤ・ムーア法による探索」

次のプログラム中の［ a ］と［ b ］に入れる正しい答えの組合せを、解答群の中から選べ。ここで、配列の要素番号は1から始まる。

文字列探索の手法にBoyer-Moore-Horspool法（以下、BM法という）がある。BM法では、探索文字列の末尾（右端）から先頭方向に向かって探索対象の文字列（以下、対象文字列）と1文字ずつ比較する。比較した文字が一致しなかった場合（照合失敗の場合）は、「探索文字列の末尾と比較した対象文字列側の文字」から「移動量」を求め、次に比較を開始する対象文字列の位置を決定する。

このようにして明らかに不一致となる照合を省き、高速な探索を実現する。

例えば、対象文字列と探索文字列（いずれも文字型の配列とする）が図1のような内容である場合を考える。

| 要素番号 | [1] | [2] | [3] | [4] | [5] | [6] | [7] | [8] | [9] | [10] | [11] | [12] |
|---|---|---|---|---|---|---|---|---|---|---|---|---|
| 対象文字列 | A | C | B | B | M | A | C | A | B | A | B | C |

| 探索文字列 | A | C | A | B |
|---|---|---|---|---|

図1　BM法による文字列探索

照合に失敗した場合の「移動量」は、探索文字列の長さをkLenとすると、次のように決定される。

(1)「対象文字列側の比較開始文字」が、探索文字列に現れない文字、および、探索文字列の末尾にだけ現れる文字の場合の移動量は、kLen文字分である。上記の例では、文字'B'（探索文字列の末尾）、および、文字'A'、'C'以外の文字（探索文字列に現れない文字）の移動量は4文字分である。

(2)「対象文字列側の比較開始文字」が、探索文字列のn番目の文字の場合の移動量は、kLen − n文字分である。ただし、複数回現れる場合は、最も末尾に近い文字に対応する移動量とする。上記の例では、文字'C'の移動量はkLen − 2で2文字分、文字'A'の移動量は、探索文字列の1文字目と3文字目に現れるため、kLen − 3で1文字分となる。

関数indexOfは、BM法による文字列探索を行う。引数として対象文字列を配列textに、探索文字列を配列keywordに受け取り、textの先頭から最初に探索文字列と一致したtextの要素番号を返す(上記の例では6を返す)。探索文字列が見つからない場合は、−1を返す。照合に失敗した場合の「移動量」の計算には、クラスBMSkipを利用する。クラスBMSkipは、コンストラクタで探索文字列(文字型配列)を受け取り、次のメソッドを利用できる。

| メソッド | 戻り値 | 説明 |
|---|---|---|
| get(文字型: c) | 整数型 | 引数cで受け取った文字に対応する移動量を返す。 |

図2 クラスBMSkipのメソッドの説明

〔プログラム〕

```
○整数型: indexOf(文字型配列: text, 文字型配列: keyword)
  整数型: i, j, tPos, tLen, kLen
  BMSkip: skip

  skip ← BMSkip(keyword)    /* クラスBMSkipのコンストラクタ */
  tLen ← 配列textの要素数
  kLen ← 配列keywordの要素数
  tPos ← kLen
  while (tPos ≦ tLen)
    i ← tPos
    j ← kLen
    while (text[i] = keyword[j])
      if ( [  a  ] )
        return i
      endif
      i ← i − 1
      j ← j − 1
    endwhile
    tPos ← tPos + skip.get( [  b  ] )
  endwhile
  return −1
```

解答群

| | a | b |
|---|---|---|
| ア | i ＝ 1 | keyword[j] |
| イ | i ＝ 1 | text[kLen] |
| ウ | i ＝ 1 | text[tPos] |
| エ | j ＝ 1 | keyword[j] |
| オ | j ＝ 1 | text[kLen] |
| カ | j ＝ 1 | text[tPos] |
| キ | tPos ≦ tLen | keyword[j] |
| ク | tPos ≦ tLen | text[kLen] |
| ケ | tPos ≦ tLen | text[tPos] |

## ●プログラムの機能

関数indexOfは、引数として対象文字列を配列textに、探索文字列を配列keywordに受け取って、textの先頭から最初に検索文字列と一致したtextの要素番号を返すというものです。また、探索文字列が見つからない場合は、－1を返します。

### ①文字照合に失敗した場合の「移動量」の算出

文字の照合に失敗した場合の「移動量」は、クラスBMSkipを使って算出します。

メソッドの利用法は、skip ← BMSkip(keyword)で配列keyword（探索文字列）の文字列を受け取ってインスタンスを生成し、getメソッドにより引数で受け取った文字に対応する移動量を返します(移動量：“A”→1、“C”→2、“B”→4、“M”→4)。

### ②探索の準備と変数の役割

問題文とプログラムを対応付けながら、変数の役割と処理内容を見ていきましょう。処理部の最初の行は、クラスBMSkipに引数として探索文字列keywordを渡してインスタンスを生成しています。次の２行目と３行目は、変数tLenに対象文字列textの要素数（＝12)が、変数kLenに探索文字列keywordの要素数（＝4)が入ります。4行目は、対象文字列側の比較開始位置（＝4)を変数tPosに設定しています。

### ③BM法による探索の動き

準備ができたら、プログラムの本題に入ります。while～endwhileは二重ループになっていますが、外側のループは探索が対象文字列の右端を超えないように制限を行っているだけで、中心は内側のループとその前後の処理ということになります。

内側のループに入る前には、変数 i と変数 j を使って、比較対象の位置（要素番号）を決めています。照合1回目は i ＝4、j ＝4で、２文字目で不一致になります(右図)。

```
while (tPos ≦ tLen)
  i ← tPos
  j ← kLen
  while (text[i] = keyword[j])              …不一致になる位置を見つける
    if (   a   )
      return i
    endif
    i ← i − 1
    j ← j − 1
  endwhile
  tPos ← tPos + skip.get(   b   )           …不一致になったときの処理
endwhile
return −1
```

不一致になったときは、メソッドgetを実行した戻り値（移動量）を、現在の探索開始位置を示すtPosに加算します。メソッドgetの引数は対象文字列の探索開始位置にある文字なので“B”となり、“B”の移動量は4です。また、この部分は内側のループを抜けた後に行っています。

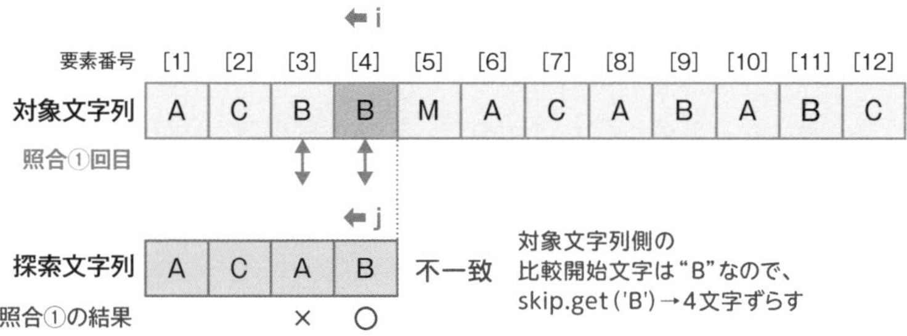


照合２回目は比較開始位置tPosが更新され（4＋4＝8)、下図のようになります。

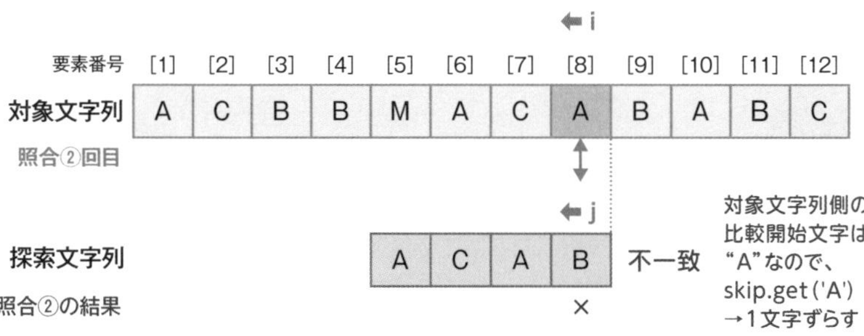

照合３回目は比較開始位置tPosが更新され（8＋1＝9）、下図のようになります。

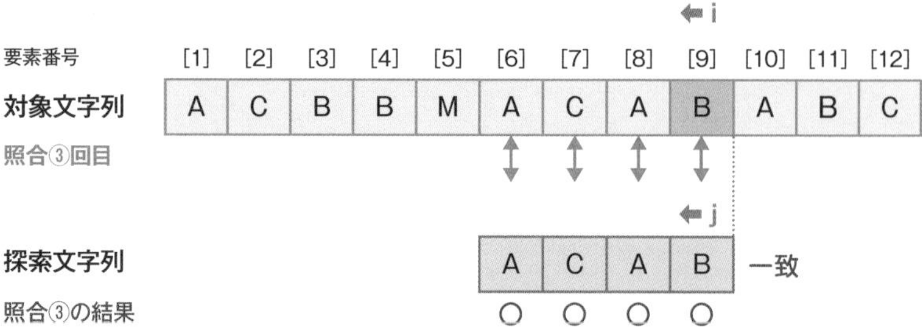


## ●探索の動きとプログラムの処理を照合する

最後にBM法による探索の動きを踏まえて、内側のループとその前後で行っている処理を探っていきましょう。

### ①ループの継続条件と空欄a

内側のループは、対象文字列と探索文字列の要素が一致していることを継続条件にしています。空欄aは、ｉを戻り値にして終了しているので、探索が成功（文字が一致）した条件になります。これは、ｉとｊを更新しながら照合を続け、ｊが1になったら探索文字列のすべてが一致したことになるので、**j ＝ 1**が入ります。

### ②メソッドの実行と空欄b

空欄bは、メソッドgetを実行し、その戻り値を使って次の対象文字列の開始位置tPosを更新する部分です。メソッドgetは、get（文字型：c）の形で実行しますが、引数は、現在（失敗したとき）の対象文字列textの比較開始位置にある文字を指定します。開始位置はtPosに保存されていますから、**text［tPos］**が入ります。

以上の解答の組合せは、「カ」ということになります。

〔解答　カ〕

テーマ 8-2

# 整列のアルゴリズム

整列はデータが多くなるほど処理方法による実行時間の差が大きく出るため、数多くのアルゴリズムが考え出されてきました。そのなかで、三つの基本手法を改良した整列法が確立され、試験にも出題されています。

## 整列アルゴリズムの概要を知っておこう

**整列**（**ソート**）のアルゴリズムは、そのわかりやすさに加えて処理効率が重要になります。そのため、比較回数を一般化した計算量を把握しながら、データに応じた整列アルゴリズムを選ぶ必要があります。まずは、代表的な基本法を知ったうえで、それを応用した改良法を見ていくと理解しやすくなります。すべてのアルゴリズムを詳細に解説することはできないので、ここでは大まかな概要をまとめておきます。なお、ヒープソートは、ヒープ<p.186>を利用した整列方法です。

| | 整列法 | | アルゴリズムの概要 |
|---|---|---|---|
| 選択法 | 基本法 | 選択ソート | 整列範囲内の最小値(または最大値) を選択し、それを範囲の先頭(または最後) の要素と交換する処理を繰り返す。 |
| 選択法 | 改良法 | ヒープソート | 未整列の部分をヒープとよばれる木構造で構成し、そこから最大値(または最小値)を取り出して、整列済みの部分に移す。この操作を繰り返すことで整列を行う。ヒープは、すべてのノードで親が子より大きい値をもつ木構造のこと<p.186>。 |
| 交換法 | 基本法 | バブルソート | 隣接する要素を比較し、値の大小関係が逆なら交換することを繰り返して、整列済みの要素を範囲の端から順に確定する。 |
| 交換法 | 改良法 | シェーカーソート | バブルソートの要素比較を先頭から末尾へ、末尾から先頭へと2方向から交互に行い、中央に到達したら終了する。 |
| 交換法 | 改良法 | クイックソート | 基準値(軸：ピボット) を定め、これより大きな要素と小さな要素のグループに振り分ける。振り分けたグループに対して、同様の処理を繰り返すことで整列を行う。 |
| 挿入法 | 基本法 | 挿入ソート | すでに整列されている範囲内の適切な位置に、新たな要素を挿入する処理を繰り返していく。 |
| 挿入法 | 改良法 | シェルソート | ある間隔(gap)で要素を取り出した部分列を整列し、徐々に、この間隔を狭くして、gap=1となったところで、基本整列法によって整列を行う。 |

図表8-2-1　主な整列アルゴリズム

## 選択ソートのアルゴリズム

**選択ソート**(**基本選択法**)は、範囲内で最小値を選び(昇順の場合)、配列の先頭から順に格納する方法です。配列Ar(Ar[ i ]:i = 1, 2, 3, …, n)を昇順に整列するアルゴリズムを考えます。まず、対象範囲 (Ar[1]〜Ar[n])から最小値Ar[m]を見つけ(ループ2)、Ar[m]とAr[1]を交換します(ループ1の後半)。最小値は❶❷の方法で見つけます。

❶配列の先頭のAr[1]とA[2]〜Ar[n]の要素をそれぞれ比較して、Ar[1]よりも小さい値が見つかったら、その要素番号を変数mに格納。

❷さらに、Ar[m]と残りの範囲の要素を比較して、Ar[m]よりも小さい値が見つかったら、その要素番号を変数mに格納。

なお、最小値の変更がない場合に交換を行わないように、ループ2に入る前に「m← i」としておき、交換前に「i≠m」を判断します。

以降、対象範囲がAr[n]だけになるまで繰り返せば(ループ1)、整列が完了します。

### 《選択ソートのトレース例(昇順)》

図表8-2-2 選択ソートのトレース

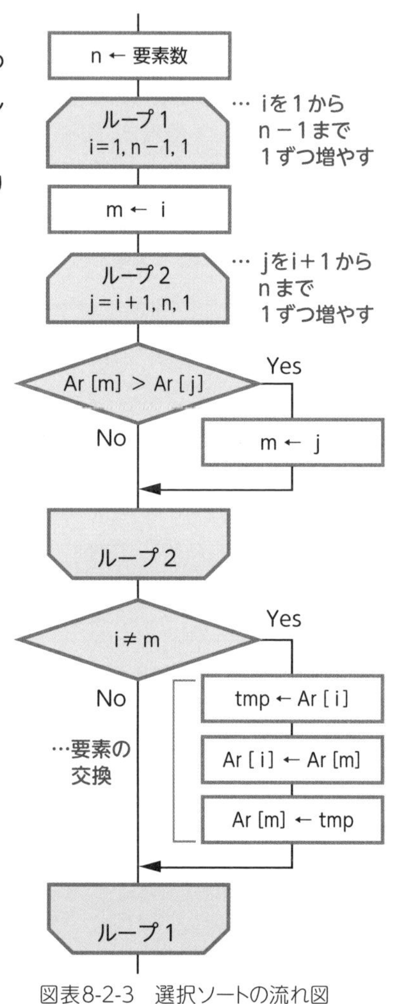


図表8-2-3 選択ソートの流れ図

## バブルソートのアルゴリズム

**バブルソート**（**基本交換法**）は、隣接する要素どうしの比較と入換えを繰り返し行うことで、すべての要素を整列する整列法です。配列Ar（Ar［ｉ］：ｉ＝1，2，3，…，n）を昇順に整列するアルゴリズムを考えてみましょう。昇順の場合、1巡目のループ1の実行によって（ｉ＝1～（n－1）まで）、対象範囲内の最大値はAr［n］に格納されます。2巡目は比較・交換の範囲が一つ狭まり、Ar［n－1］に2番目に大きな値が格納されます。処理を繰り返すたびに、最上位の値が要素の末尾（または先頭）へ移動する様子を、浮き上がる泡に見立ててバブルソートと呼んでいます。

**《バブルソートのトレース例（昇順）》**

図表8-2-4　バブルソートのトレース

なお上のトレース例では、3巡目で整列は終了していますが、アルゴリズムは引き続き行われます。そこで、1度も交換が行われなかったことを示すフラグ（判定用の変数）をアルゴリズムに組み込むと、すでに整列済みに近い状態の配列なら、より短時間で整列できます。

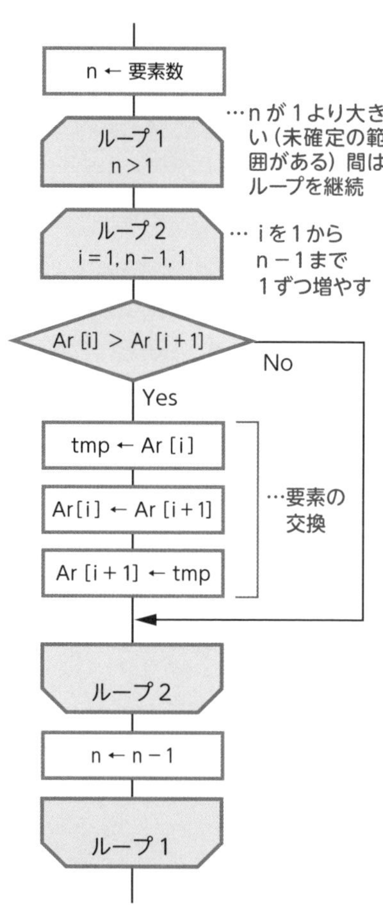


図表8-2-5　バブルソートの流れ図

## クイックソートのアルゴリズムに挑戦！

**クイックソート**は、基準値を決めて大きい値と小さい値に振り分け(基準値はどちらに入れても可)、さらにその中で基準値の大小に振り分けます。この振り分け動作を繰り返していき、最終的に要素が一つになれば整列が終了というアルゴリズムです。

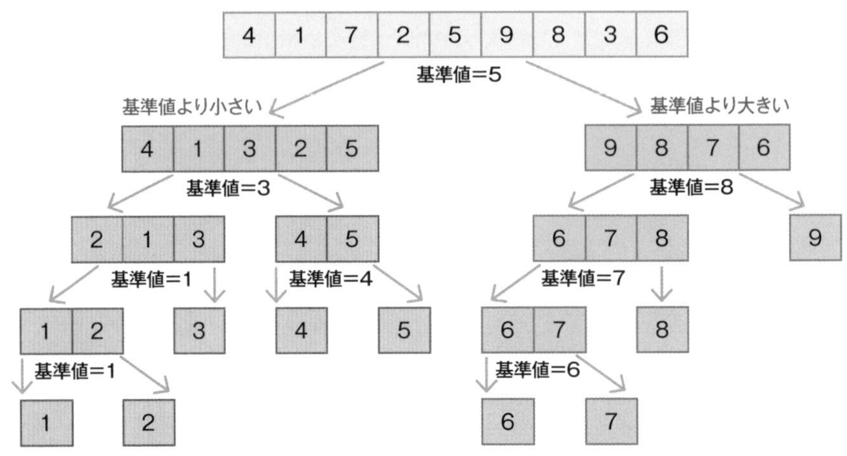


図表8-2-6　クイックソートの動作（基準値は小さいほうへ含めている）

処理の概要をつかめたところで、クイックソートの問題に挑戦してみましょう。

例題

### 「クイックソートのアルゴリズム」

次の記述中の ［　　　］ に入れる正しい答えを、解答群の中から選べ。ここで、配列の要素番号は1から始まる。

クイックソートは、指定された範囲のデータを、任意で選んだ基準値より小さい値のグループと基準値より大きい値のグループに分割し(基準値はどちらのグループに振り分けても構わない)、さらに、それぞれのグループの中で新たに基準値を選んで二つのグループに分割する処理を、グループの要素数が1になるまで繰り返すものである。

関数quickSortの引数で与えられた整数型配列arrayの内容が、{ 6, 2, 8, 5, 9, 3, 7 }、leftが1、rightが7のとき、プログラム中のα部分を2回目に実行したときの配列arrayの内容は{ ［　　　］ }になる。

〔プログラム〕

```
○quickSort(整数型配列: array, 整数型: left, 整数型: right)
  整数型: i, j, pivot, temp
  pivot ← array[(left＋right)÷2の商]
  i ← left
  j ← right
  while (true)       /* このwhile文の評価は常に「真」になる */
    while (array[i] ＜ pivot)
      i ← i ＋ 1
    endwhile
    while (array[j] ＞ pivot)
      j ← j － 1
    endwhile
    if (i ≧ j)
      break          /* 繰返しを抜ける */  ←―――――――― α
    endif
    temp ← array[i]
    array[i] ← array[j]
    array[j]← temp
    i ← i ＋ 1
    j ← j － 1
  endwhile
  if (left ＜ (i － 1))
    quickSort(array, left, i － 1)      /* 再帰呼出し */
  endif
  if ((j ＋ 1) ＜ right)
    quickSort(array, j ＋ 1, right)     /* 再帰呼出し */
  endif
```

解答群

ア 2, 3, 5, 6, 7, 8, 9　　イ 2, 3, 5, 8, 7, 6, 9

ウ 2, 3, 5, 8, 9, 6, 7　　エ 3, 2, 5, 8, 9, 6, 7

オ 3, 2, 8, 5, 9, 6, 7　　カ 6, 7, 8, 9, 5, 3, 2

キ 9, 8, 7, 6, 5, 3, 2

## ●プログラムで行っている処理を見ていこう

与えられたデータを使ってトレースを行い、その途中結果を解答する問題です。まずはクイックソートのアルゴリズムの仕組みを把握し、そのうえでプログラムと対応付けていきましょう。問題文の処理手順をまとめると次のようになります。

(1) 指定された範囲のデータを、任意で選んだ基準値より小さい値のグループと基準値より大きい値のグループに分割する。ここで、基準値はどちらのグループに振り分けても構わない。
(2) それぞれのグループの中で新たに基準値を選び、さらに二つのグループに分割。
(3) 上記をグループの要素数が1になるまで繰り返す。

### ①変数の役割と初期設定

最初に行っているのは、引数として渡された配列の基準値を決めることです。基準値は、引数left（配列の先頭の要素番号）とright（配列の末尾の要素番号）で示された範囲の中央の位置にあるarray[(left＋right)÷2の商]の値とし、変数pivotに代入しています。

```
pivot ← array[(left＋right)÷2の商]
i ← left
j ← right
```

### ②大小グループの振分け

右ページの部分の処理は、２重のwhile～endwhileで行っています。外側のループは、対象範囲内で値を入れ換えています。繰返しの条件式の評価は常に「真」であるため無限ループになりますが、対象範囲の開始位置と終了位置が逆転した時点でbreak文により繰返しを抜ける構造になっています（ /＊繰返しを抜ける＊/ の部分）。

また、内側のwhile～endwhileは、二つが順に実行されるように構成されています。ここでは、上側のループで基準値より大きい値を始端（左端）から終端（右端）に向かって探し、その要素番号を求めます。次に、下側のループで基準値より小さい値を終端から始端に向けて探し、その要素番号を求めます。

・振分けが完了している（内側のループに該当しない）

上記の二つのループにおいて該当する値がない場合は、基準値に到達した時点でループが終了します。これは、振分けが済んでいる状態ということになります。また、大小どちらのループも振分けが済んでいる場合は、次のif～endifの条件にあてはま

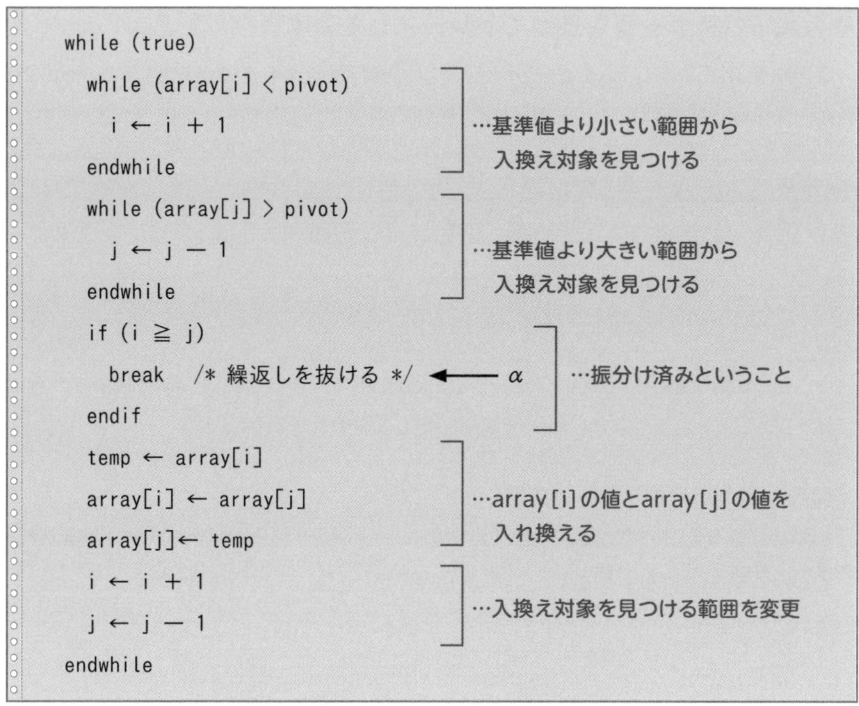

```
while (true)
  while (array[i] < pivot)
    i ← i + 1
  endwhile
  while (array[j] > pivot)
    j ← j − 1
  endwhile
  if (i ≧ j)
    break   /* 繰返しを抜ける */
  endif
  temp ← array[i]
  array[i] ← array[j]
  array[j]← temp
  i ← i + 1
  j ← j − 1
endwhile
```



ることになり、その時点で外側のwhile～endwhileを出ます。

・**振分けが完了していない**

内側の二つのループで該当する値がある場合は、array[ i ]の値とarray[ j ]の値が入換えの対象となります。この場合は、breakのあるif～endifの条件にあてはまらないので、このまま値（配列要素）の入換えが行われます。さらに入換えが確定した値を除くため、範囲を狭めて再度ループに入ります。

### ③グループの要素数が1になるまで繰り返す処理

「それぞれのグループの中で新たに基準値を選び、さらに二つのグループに分割する」という動作は、自分自身を呼び出す“再帰呼出し”で行っています。プログラムでは、二つのif～endifによって実現しており、上側が基準値以下のグループ、下側が基準値より大きい値のグループの処理です。それぞれのif～endifの中で、自分自身（関数quickSort）を呼び出しています（p.227 下から2行目と5行目）。

再帰呼出しの終了はグループの要素数が1になったときです。基準値以下のグループではleft < (i − 1)、基準値より大きい値のグループでは (j + 1) < rightが成り立たなくなったときを、終了の判断条件にしています。

## ●与えられたデータを使ってトレースしてみよう

この問題は、プログラムのα部分が２回目に実行されたときの値を求めているので、トレースを行って確認しましょう。まず、範囲の中央から基準値pivotを設定します。

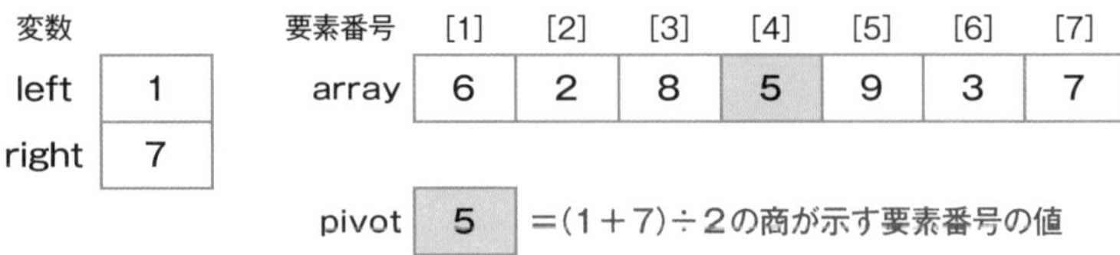


ここから、基準値より小さいグループ（左側）にあてはまらない値、基準値より大きいグループ（右側）にあてはまらない値を探し出し、入換えを行います。

### ①関数quickSortの１回目の実行

最初に呼び出されたときは、まず外側のループwhile～endwhileが２回実行され、２回の入換えが行われます。

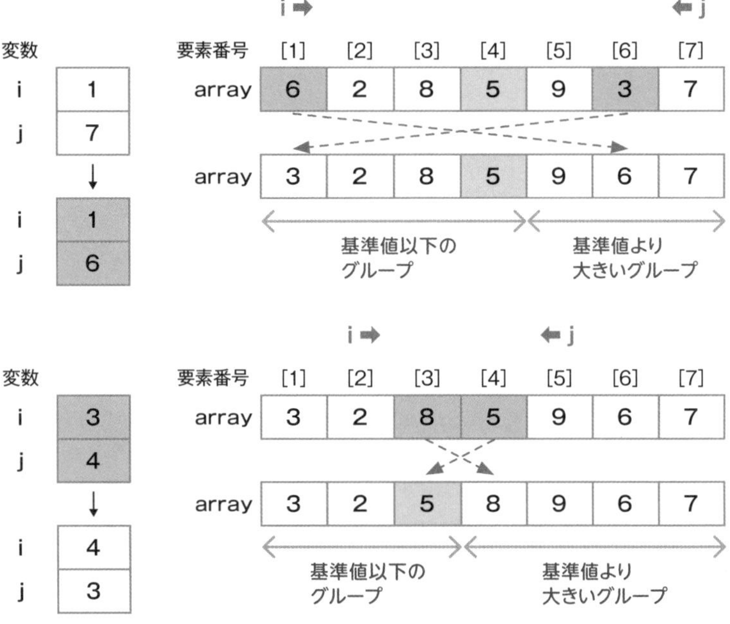


３回目に外側のループに入ったとき、変数 i と j の大小関係が入れ換わり、breakが実行されて繰返しを抜けます。ループを抜けた後は、再帰呼出しが実行されます。

### ②関数quickSortの2回目の実行

2回目に呼び出されたときは、基準値以下のグループが対象になります。

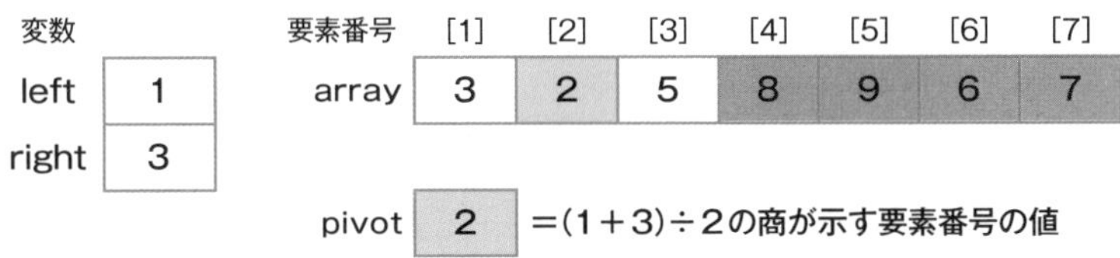


外側のループwhile～endwhileが最初に実行されたときに入換えが行われます。

2回目に外側のループに入ったとき、変数 i と j の大小関係が入れ換わり、breakが実行されるので、このときの配列arrayの状態が求める解答になります。

〔解答　ウ〕

# 第8章　確認問題

**問**　次の記述中の [　　] に入れる正しい答えを、解答群の中から選べ。ここで、配列の要素番号は1から始まる。

関数searchは、引数dataで指定された配列に、引数targetで指定された値が含まれていればその要素番号を返し、含まれていなければ−1を返す。dataは昇順に整列されており、値に重複はない。

関数searchには不具合がある。例えば、dataの [　　] 場合は、無限ループになる。

〔プログラム〕

```
○整数型: search(整数型の配列: data, 整数型: target)
  整数型: low, high, middle

  low ← 1
  high ← dataの要素数

  while(low ≦ high)
    middle ←(low + high) ÷ 2 の商
    if(data[middle] < target)
      low ← middle
    elseif(data[middle] > target)
      high ← middle
    else
      return middle
    endif
  endwhile

  return −1
```

解答群

ア　要素数が1で、targetがその要素の値と等しい

イ　要素数が2で、targetがdataの先頭要素の値と等しい

ウ　要素数が2で、targetがdataの末尾要素の値と等しい

エ　要素に−1が含まれている

出典：2022年12月公開　基本情報技術者試験 科目Bサンプル問題 問13

## 問　二分探索プログラムの不具合

プログラムの不具合を見つけるデバッグ問題です。問題文中に「特定のデータを引数としたときに、繰返し処理を終了できず、無限ループに入る」と記されているので、解答群のそれぞれを確認していくことで正解を導くことができます。

問題のプログラムは、探索を行っており、変数にlow、high、middleが使われていることから二分探索を題材にしていることがわかります。詳しいアルゴリズムはp.215で取り上げているので、プログラムを確認しておきましょう。

```
while(low ≦ high)
  middle ←(low + high) ÷ 2 の商        …要素番号の中央を決める
  if(data[middle] < target)            ┐
    low ← middle                       ┘…targetが中央値より大きい
  elseif(data[middle] > target)        ┐
    high ← middle                      ┘…targetが中央値より小さい
  else                                 ┐
    return middle                      ┘…targetが見つかった
  endif
endwhile
```

### ●使われている変数の役割

始めに、二分探索法のアルゴリズムと関数searchの処理内容を見ながら、処理に使われている変数の役割を整理しておきましょう。

| 変数名 | データ型 | 説　明 |
|---|---|---|
| low | 整数型 | 検索範囲にある要素の中で、最小の要素番号 |
| high | 整数型 | 検索範囲にある要素の中で、最大の要素番号 |
| middle | 整数型 | 検索範囲の中央にある要素番号 |

### ●選択肢を確認する

**(ア) 要素数が 1 で、target がその要素の値と等しい**

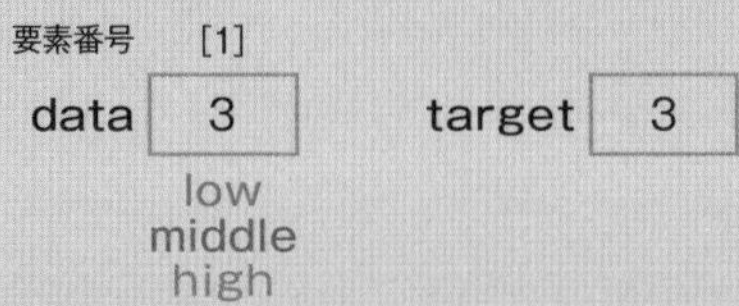

low、middle、highが同じ要素番号になり、if〜elseif〜else〜endif条件に入ります。targetが要素の値と等しいので、else条件になり正常に終了します。なお、targetが要素の値と等しくないときも同様の条件で処理され、無限ループになります(解消方法は下記と同様)。

**(イ) 要素数が 2 で、target が data の先頭要素の値と等しい**

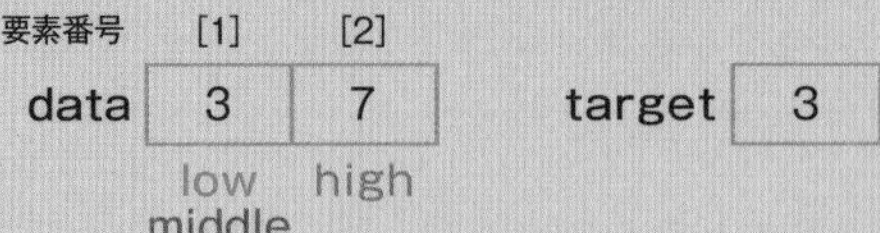


「data[middle] = target」となり、else〜の処理に入り、正常に終了します。

**(ウ) 要素数が 2 で、target が data の末尾要素の値と等しい**

要素番号 [1] [2]
data 3 7 target 7
low high
middle

「data[middle] < target」となり、「low ← middle」の処理が行われます。再度ループに入ったときも同じ探索・処理となり、無限ループになって終了しません。

**(エ) 要素に −1 が含まれている**

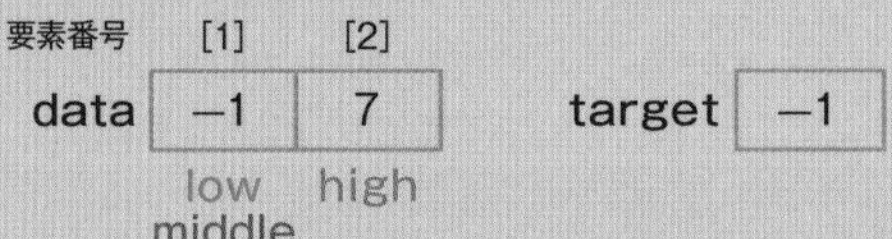


例えば(イ)の条件であれば、要素に −1 が含まれていても結果は同じです。

以上より、問題文にあり不具合の条件にあてはまるのは「ウ」ということになります。なお、この不具合を解消するためには、

data[middle] < target のとき、low ← middle +1
data[middle] > target のとき、high ← middle −1

という形に変更し、すでに比較が済んでいるmiddleの値を、探索範囲からはずす処理を行います。

**解答** ウ

第9章

# 数理と情報に関するアルゴリズム

テーマ 9-1

# 論理演算・シフト演算とビット操作

擬似言語の仕様には、演算子"and"、"or"、"not"が規定されていますが、2進数のビット操作やシフト演算については触れていません。ただし、問題文でルールを定める形でビット操作が出題されています。

**ビット操作**とは2進数を扱ったもので、論理演算やシフト演算によって操作を行います。問題演習に入る前に、この二つの演算について復習しておきましょう。

## 論理演算とシフト演算の基本

2進数のビット操作は、論理演算を使った操作が基本。また、2進数を値として操作する方法にシフト演算があります。試験では、両者を組み合わせた形で出題されます。

### ●三つの論理演算による、値の組合せを覚えよう

まず、擬似言語の仕様にある三つの演算子についてまとめておきます。ビット操作については、"0"と"1"の組合せをまとめた真理値表を覚えておくとよいでしょう。

| 論理論理子 | 意味 | 記号 |
|---|---|---|
| 論理積 (and) | ~かつ | ・ ∧ |
| 論理和 (or) | ~または | ＋ ∨ |
| 否定 (not) | ~でない | ￣ ¬ |

| A | B | A and B | A or B | $\overline{A}$ |
|---|---|---|---|---|
| 0 | 0 | 0 | 0 | 1 |
| 0 | 1 | 0 | 1 | |
| 1 | 0 | 0 | 1 | 0 |
| 1 | 1 | 1 | 1 | |

図表9-1-1 論理演算子と真理値表

### ●シフト操作を使うと演算ができる

**シフト演算**は、2進数の値を構成するビット列を左右の桁に移動する操作です。単に桁をずらすだけでなく、べき乗を使った乗算や除算を行うことができます。

計算の仕組みは、各桁の重みがポイントになります。数値には桁ごとに重みがついており、10進数なら10のべき乗、2進数なら2のべき乗という形で表現できます。

例えば、10進数の「251」なら、$(2\times10^2)+(5\times10^1)+(1\times10^0)=200+50+1$となります。2進数でも同様で、例えば8桁の2進数「00010101」であれば、$(1\times2^4)+(1\times2^2)+(1\times2^0)=16+4+1$となり、10進数の21であることがわかります。

シフト演算は左右に桁をずらす操作なので、2進数ならば左へ1ビット桁移動するごとに数値は2倍になり、右へ1ビット桁移動するごとに数値は1/2倍になります。ただし、シフト操作によって桁あふれ（左側または右側に“1”のビットがあふれること）が発生した場合、この法則は当てはまりません。

桁あふれが発生しないとき、2進数のシフト演算は次のようになります。

・左にnビットシフト→元の数値の$2^n$倍になる
・右にnビットシフト→元の数値の$2^{-n}$（＝$1/2^n$）倍になる

### ●論理シフトと算術シフトの使い分け

シフトには、論理シフトと算術シフトがあり、違いは左端の1ビットを符号として扱うかどうかです。**論理シフト**は全ビットを対象とするので負の数を扱うことはできませんが、**算術シフト**は符号ビットを固定するので負の数も扱うことができます。どちらもあふれたビットは捨てられ、空いたビットには次の規則により値が格納されます。

| | 左シフト | 右シフト |
|---|---|---|
| 論理シフト | 0 | 0 |
| 算術シフト | 0 | 符号ビットと同じもの |

図表9-1-2　シフト演算の規則

## 論理演算によるビット操作

論理演算やシフト演算を使うと、ビットごとの操作が可能になります。次のパターンは試験でもよく出題されているので、慣れておくとよいでしょう。

### ●特定のビットを取り出す“ビットマスク演算”

**ビットマスク演算**を使うと、特定のビットだけを取り出すことができます。方法は、取得したいビット位置のみを1としたビット列（**マスクビット**）とのand（論理積）をとります。例えば、8ビットの2進数から下位4を取り出すには、マスクビット列“00001111”とand演算を行います。

| | | | | | | | | | |
|---|---|---|---|---|---|---|---|---|---|
| | 1 | 0 | 0 | 1 | 1 | 0 | 1 | 1 | |
| and | 0 | 0 | 0 | 0 | 1 | 1 | 1 | 1 | ←マスクビット列 |
| | 0 | 0 | 0 | 0 | 1 | 0 | 1 | 1 | |

図表9-1-3　ビットマスク演算

## ●シフト演算を組み合わせる“ビット列の分割”

論理演算とシフト演算を組み合わせて、ビット列を分割することが可能です。例えば、16ビットの2進数nを16進数の各桁に分けたいとします。2進数4ビットは16進数1桁に対応するので、下位の桁から順に4ビットずつ取り出していきます。

この手順は次のようになり、①と②を繰り返すことで処理を行います。

> ① 2進数nとマスクビット000F$_{16}$とのand演算を行い、下位4ビットを取り出す。
> ② 次の桁(4ビット)を取り出すため、nを右に4ビット論理シフトする。

《例》2進数16桁のビット列　1100010001100010

| | | | | | | | | | | | | | | | | | |
|---|---|---|---|---|---|---|---|---|---|---|---|---|---|---|---|---|---|
| | 1 | 1 | 0 | 0 | 0 | 1 | 0 | 0 | 0 | 1 | 1 | 0 | 0 | 0 | 1 | 0 | ←元のビット列 |
| and | 0 | 0 | 0 | 0 | 0 | 0 | 0 | 0 | 0 | 0 | 0 | 0 | 1 | 1 | 1 | 1 | ←マスクビット |
| | 0 | 0 | 0 | 0 | 0 | 0 | 0 | 0 | 0 | 0 | 0 | 0 | 0 | 0 | 1 | 0 | ←4ビット取り出す |
| | 0 | 0 | 0 | 0 | 1 | 1 | 0 | 0 | 0 | 1 | 0 | 0 | 0 | 1 | 1 | 0 | ←4ビット論理右シフト |
| and | 0 | 0 | 0 | 0 | 0 | 0 | 0 | 0 | 0 | 0 | 0 | 0 | 1 | 1 | 1 | 1 | ←マスクビット |
| | 0 | 0 | 0 | 0 | 0 | 0 | 0 | 0 | 0 | 0 | 0 | 0 | 0 | 1 | 1 | 0 | ←4ビット取り出す |
| | 0 | 0 | 0 | 0 | 0 | 0 | 0 | 0 | 1 | 1 | 0 | 0 | 0 | 1 | 0 | 0 | ←4ビット論理右シフト |
| and | 0 | 0 | 0 | 0 | 0 | 0 | 0 | 0 | 0 | 0 | 0 | 0 | 1 | 1 | 1 | 1 | ←マスクビット |
| | 0 | 0 | 0 | 0 | 0 | 0 | 0 | 0 | 0 | 0 | 0 | 0 | 0 | 1 | 0 | 0 | ←4ビット取り出す |
| | 0 | 0 | 0 | 0 | 0 | 0 | 0 | 0 | 0 | 0 | 0 | 0 | 1 | 1 | 0 | 0 | ←4ビット論理右シフト |
| and | 0 | 0 | 0 | 0 | 0 | 0 | 0 | 0 | 0 | 0 | 0 | 0 | 1 | 1 | 1 | 1 | ←マスクビット |
| | 0 | 0 | 0 | 0 | 0 | 0 | 0 | 0 | 0 | 0 | 0 | 0 | 1 | 1 | 0 | 0 | ←4ビット取り出す |

分割された4ビットを並べたもの

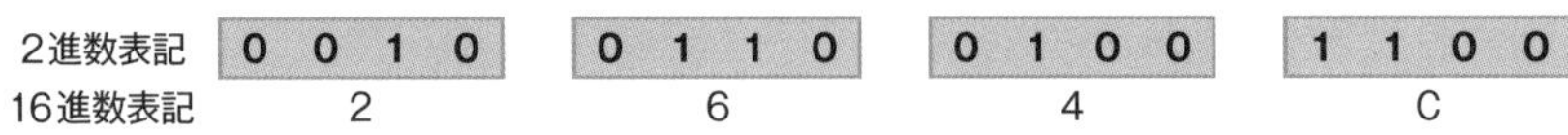

| | | | | |
|---|---|---|---|---|
| 2進数表記 | 0 0 1 0 | 0 1 1 0 | 0 1 0 0 | 1 1 0 0 |
| 16進数表記 | 2 | 6 | 4 | C |

図表9-1-4　ビット列の分割

## 論理演算とシフト演算の問題を解いてみよう　その1

具体的に、どんな問題が出るのか問題を解いてみましょう。

例題

### 「ビット列の取出しと配列への格納」

次のプログラム中の [ a ] と [ b ] に入れる正しい答えの組合せを、解答群の中から選べ。ここで、配列の要素番号は1から始まる。

32ビットのビット列を8ビットずつに区切って、それぞれを10進数で表示したい。関数bitsToDecimalは、32ビット符号なし2進整数型の引数を受け取り、8ビットずつに区切って次のように整数型配列に格納して返す。

| 32ビットのビット列 | 11000000 | 10101000 | 00011000 | 00000001 |
|---|---|---|---|---|
| | ↓ | ↓ | ↓ | ↓ |
| 整数型配列 | 192 | 168 | 24 | 1 |
| 要素番号 | [1] | [2] | [3] | [4] |

なお、本問において、演算子"∧"、"∨" は、二つの符号なし2進整数型データの対応するビット位置のビットどうしについて、それぞれ論理積、論理和を求めるものである。また、0b～は2進整数型定数を表す。

〔プログラム〕

```
○整数型配列: bitsToDecimal(32ビット符号なし2進整数型: bits)
  整数型配列: decimal ← { 0, 0, 0, 0 }
  整数型: i
  32ビット符号なし2進整数型: data, mask
  mask ← 0b00000000000000000000000011111111
                                /* 32ビットの下位8ビットが1 */
  for (i を1から decimalの要素数 まで 1 ずつ増やす)
    data ← [ a ]
    [ b ] ← data を整数型に変換する
    bits を右へ8ビット論理シフトする /* 空いたビット位置には0が入る */
  endfor
  return decimal
```

解答群

| | a | b |
|---|---|---|
| ア | bits ∧ mask | decimal[i] |
| イ | bits ∧ mask | decimal[decimalの要素数 − i − 1] |
| ウ | bits ∧ mask | decimal[decimalの要素数 − i + 1] |
| エ | bits ∨ mask | decimal[i] |
| オ | bits ∨ mask | decimal[decimalの要素数 − i − 1] |
| カ | bits ∨ mask | decimal[decimalの要素数 − i + 1] |
| キ | bits × mask | decimal[i] |
| ク | bits × mask | decimal[decimalの要素数 − i − 1] |
| ケ | bits × mask | decimal[decimalの要素数 − i + 1] |

## ●処理の概要を整理する

関数bitsToDecimalは、32ビットのビット列を8ビットずつに区切り、整数型配列に格納します。特定のビット列を取り出すためには、p.237のビットマスク演算を用います。ここでは下位8ビットを取り出すので、下位8ビットを"1"にした変数maskを使い、2進数を格納した変数bitsとの論理積を計算します。さらに、シフト演算を使って8ビットずつ移動する二つの処理を4回繰り返せば、うまく取り出すことができます。

| | | | | |
|---|---|---|---|---|
| 変数bits | 11000000 | 10101000 | 00011000 | 00000001 |
| and 変数mask | 00000000 | 00000000 | 00000000 | 11111111 |
| | 00000000 | 00000000 | 00000000 | 00000001 |
| 8ビット右シフト | 00000000 | 11000000 | 10101000 | 00011000 |
| and | 00000000 | 00000000 | 00000000 | 11111111 |
| | 00000000 | 00000000 | 00000000 | 00011000 |
| 8ビット右シフト | 00000000 | 00000000 | 11000000 | 10101000 |
| and | 00000000 | 00000000 | 00000000 | 11111111 |
| | 00000000 | 00000000 | 00000000 | 10101000 |
| 8ビット右シフト | 00000000 | 00000000 | 00000000 | 11000000 |
| and | 00000000 | 00000000 | 00000000 | 11111111 |
| | 00000000 | 00000000 | 00000000 | 11000000 |

## ●プログラムの処理を考える

プログラムを大まかに見ていくと、引数は32ビットの符号なし2進整数型として定義された変数bitsに格納されており、2進数のビット列として扱うことができます。また、マスク演算で使用する変数maskには、あらかじめビット列が代入されています。

ここで、代入する値の先頭に付いている“0b”は2進数の値を示しています。さらに戻り値となる配列decimalは要素数が4で、10進数の0が格納されています。

以上より、for～endforは4回繰り返され、ループには、「ビットマスク演算→下位8ビットの取り出し→右へ8ビット論理シフト」の三つの処理を含めればよいことになります。それでは、空欄の処理を検討していきましょう。

**・空欄a**

最初に行うべき処理は「ビットマスク演算」なので、変数bitsと変数maskとの論理積が該当します。この問題では、計算式の中で論理積を表現するときに、演算子“∧”を使うので、空欄aには**bits ∧ mask**が入ります。

**・空欄b**

続く処理では、「下位8ビットの取り出し」を行い、配列に格納する必要があります。空欄aの処理結果は、変数dataに収められており、代入文の右側は「整数型に変換する」と記述されているので、空欄bには配列decimalの該当する要素番号に値を入れるための処理が入ります。ただし、整数型配列decimalへ格納する順は、配列の末尾から先頭に向かって行わなければなりません。

| | | | | |
|---|---|---|---|---|
| data | 11000000 | 10101000 | 00011000 | 00000001 |
| | 4 桁目 ↓ | 3 桁目 ↓ | 2 桁目 ↓ | 1 桁目 ↓ |
| decimal | 192 | 168 | 24 | 1 |
| 要素番号 | [1] | [2] | [3] | [4] |

解答群には制御変数 i が使われているので、これを使って表現する方法を考えます。下図の処理が成り立つためには、decimal[4－i＋1]が入ればよいことがわかります。

要素数を一般化すると、**decimal[decimalの要素数 － i ＋ 1]**になります。

以上より、解答の組合せは「ウ」になります。なお、プログラム中の式で使われた論理積、論理和の記号、論理シフトを表す記号は、擬似言語の文法には規定されていないので、さまざまなものが使われる可能性があります。そのつど問題文で示されますので、見慣れない記号が出てきても戸惑わないようにしましょう。

〔解答　ウ〕

## 論理演算とシフト演算の問題を解いてみよう　その2

ビット演算に慣れるため、もう1問、同種の問題を解いてみましょう。

例題

### 「ビットの並びを逆転する」

次のプログラム中の [　　　] に入れる正しい答えを、解答群の中から選べ。

関数revは8ビット型の引数byteを受け取り、ビットの並びを逆にした値を返す。例えば、関数revをrev(01001011)として呼び出すと、戻り値は11010010となる。

なお、演算子∧はビット単位の論理積、演算子∨はビット単位の論理和、演算子>>は論理右シフト、演算子<<は論理左シフトを表す。例えば、value >> n はvalueの値をnビットだけ右に論理シフトし、value << n はvalueの値をnビットだけ左に論理シフトする。

〔プログラム〕

```
○8ビット型: rev(8ビット型: byte)
  8ビット型: rbyte ← byte
  8ビット型: r ← 00000000
  整数型: i
  for (i を 1 から 8 まで 1 ずつ増やす)
    [　　　]
  endfor
  return r
```

```
解答群
  ア  r ← (r << 1) ∨ (rbyte ∧ 00000001)
      rbyte ← rbyte >> 1

  イ  r ← (r << 7) ∨ (rbyte ∧ 00000001)
      rbyte ← rbyte >> 7

  ウ  r ← (rbyte << 1) ∨ (rbyte >> 7)
      rbyte ← r

  エ  r ← (rbyte >> 1) ∨ (rbyte << 7)
      rbyte ← r
```

出典：2022年12月公開　基本情報技術者試験 科目Bサンプル問題 問6

## ●プログラムと解答群からの手がかり

「ビットの並びを逆にする」という関数で行っている処理を求める問題です。「逆にする」手段として、論理積と論理和、論理右シフトと論理左シフトが使えるので、これらをどう組み合わせるかがポイントになります。

### ①プログラムからの手がかり

プログラムは短いものなので、行っている動作について見ていきましょう。

・**rbyte ← byte** …最初に代入を行っていますが、byteを後から使うことはありません。また、戻り値はrbyteではなく、新たに定義した変数rです。

・**制御変数 i** …ループ中の処理で使用しておらず、8回ループさせる制御のみです。

### ②解答群からの手がかり

空欄に入る解答群は、論理演算とシフト演算が複雑に組み合わされています。すべての選択肢をトレースすれば正解を導けますが、各選択肢ごとに8回確認することを考えると、別の手がかりが欲しいところです。

・**rbyte ∧ 00000001**…最下位1ビットを取り出すマスク処理を行っています。

・**rbyte >> 7、rbyte << 7**…7ビットシフトするということは、最上位ビットまたは最下位ビットが1でない場合、結果はすべて0になってしまいます。

## ●解答の目安を付けて、トレースで確認してみよう

シフト演算を行いながら「01001011」を「11010010」にするのですから、7ビットシフトの更新が含まれる「イ」は外せそうです。また、「ウ」と「エ」は、7ビットシフトと

のor演算を行っていますが、最上位または最下位ビットに残る1は、rbyteに含まれる途中のビットには依存しません。この点を踏まえて「ア」からトレースしてみましょう。

| ループ回数 | rbyte（開始） | （r << 1） | rbyte ∧ 00000001 | r | rbyte（終了） |
|---|---|---|---|---|---|
| 1 | 01001011 | 00000000 | 00000001 | 00000001 | 00100101 |
| 2 | 00100101 | 00000010 | 00000001 | 00000011 | 00010010 |
| 3 | 00010010 | 00000110 | 00000000 | 00000110 | 00001001 |
| 4 | 00001001 | 00001100 | 00000001 | 00001101 | 00000100 |
| 5 | 00000100 | 00011010 | 00000000 | 00011010 | 00000010 |
| 6 | 00000010 | 00110100 | 00000000 | 00110100 | 00000001 |
| 7 | 00000001 | 01101000 | 00000001 | 01101001 | 00000000 |
| 8 | 00000000 | 11010010 | 00000000 | 11010010 | 00000000 |
|  |  | rを1ビット左へ論理シフト | rbyteの最下位ビットを取り出す | 取り出したビットをrの最下位ビットへ追加する | rbyteを1ビット右へ論理シフト |

最初の選択肢をトレースすると答えが出ましたが、このように上手くいくとは限りません。途中のトレースミスや思わぬ時間を取られてしまう可能性もあります。

## ●求められている動作からプログラムの論理を考える

トレースを行わない別のアプローチとして、動作のアルゴリズムを考えてみましょう。

元のビット列が格納されている変数rbyteと、結果を格納する変数rが異なることに目を付けます。ビット列を反転するのですから、変数rbyteビット列の最下位ビット（右端）から1ビットずつ取り出し、変数rに最下位ビット（右端）から格納していけば、並べ換えができます。プログラムでは、下図のように変数rbyteから取り出した値を、or演算によって変数rの最下位に書き出し、シフト演算によって左へ移動させています。

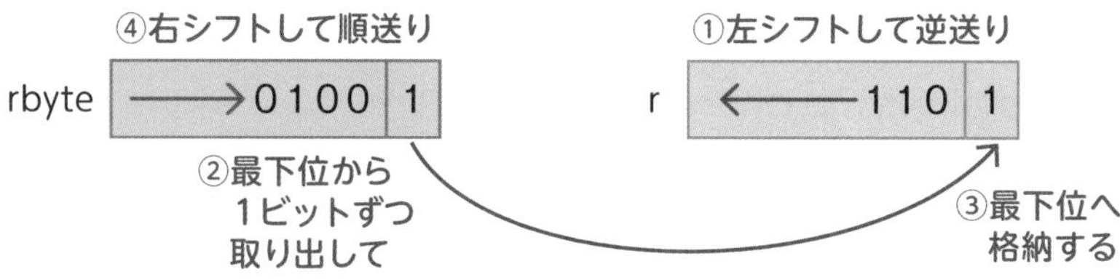


この問題は、「アルゴリズムの論理を考えるのが早いか」、「実際にトレースして法則に気づくのが早いか」という判断が必要です。どちらにしても、論理積と論理和、シフトおよびマスク演算に慣れておけば、解答時間を短縮することができます。

〔解答　ア〕

テーマ 9-2

# 再帰処理を利用したアルゴリズム

再帰処理とは、プログラムを実行中に自分自身を呼び出して実行することです。再帰処理を利用した代表的なアルゴリズムには、整数の和を求める計算、積を求める階乗計算、フィボナッチ数列などがあります。

**再帰処理**は、処理中に自分自身を呼び出す処理方法です。ただし、繰返し呼び出すだけでは永久に処理が終わりません。そこで、ある条件に至ったときは、必ず終了するようなアルゴリズムにしておく必要があります。

## 再帰処理には、必ず終わりが必要

例えば、再帰処理によって1～nまでの合計を求める関数Fを考えます。次のように記述すると、どこまでも再帰呼出しが行われて終了することができません。

**F(n)＝n＋F(n－1)**

そこで、n＝1になったときに終了する条件を加えます。

**n＞1のとき　F(n)＝n＋F(n－1)**

**n＝1のとき　F(n)＝1**

こうしておけば、正しい値を返すことができます。nを5として、1～nまで求める(答えは15)とすると、次のような再帰呼出しが行われます。

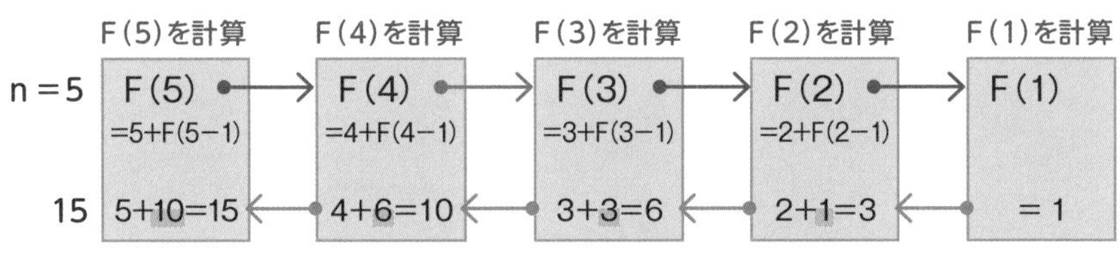


図表9-2-1　再帰処理

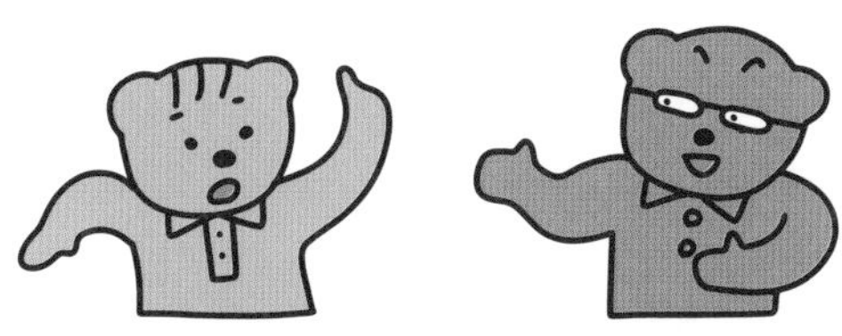

## “階乗”の計算は代表的な再帰処理

再帰処理の問題として、試験でもよく出題されるテーマに“階乗”の計算があります。

n!(nの階乗)と書かれると何か難しそうな感じがしますが、前ページのnまでの加算を乗算に置き換えただけです。例えば、4!であれば、4×3×2×1＝24という結果になり一般例の式にすると、次のように記述できます。

**n!＝n×(n−1)×(n−2)……×3×2×1**

**0!＝1**　　**※0!は、1と定義されている**

これを関数Fを使ってプログラムの形にすると、

**n＞0のとき　F(n)＝n×F(n−1)**

**n＝0のとき　F(0)＝1**

前ページと同じ形の図を使い、n＝4としてn!を求めてみましょう。

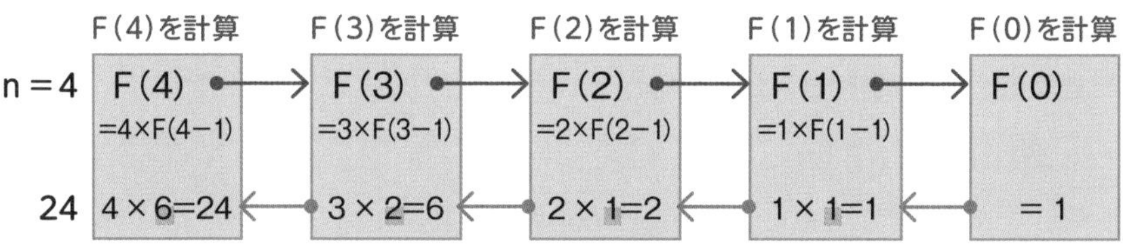


図表9-2-2　階乗の計算

## 再帰処理の応用問題を解いてみよう

上記の再帰処理をプログラムでどのように実現するのか、再帰の仕組みはどうなっているのか、空欄穴埋めとトレースの複合問題を解きながら見ていきましょう。

例題

### 「階乗を求めるプログラム」

次の記述中の［ a ］と［ b ］に入れる正しい答えの組合せを、解答群の中から選べ。

関数funcは、階乗の計算を行うプログラムである。引数nの値は0以上12以下の整数であり、乗算による桁あふれ(オーバーフロー)は発生しないものとする。

プログラムに入れるべき適切な記述は［ a ］であり、関数がfunc(5)で呼び出されたとき、α部分のreturnで返される値は、実行順に［ b ］と変化する。

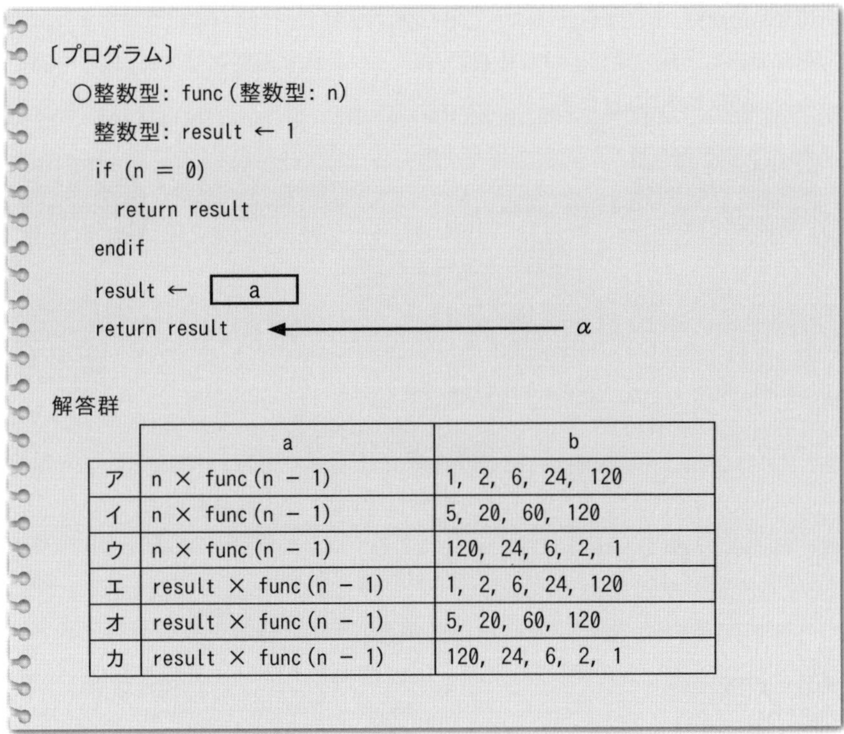

〔プログラム〕

```
○整数型: func(整数型: n)
  整数型: result ← 1
  if (n = 0)
    return result
  endif
  result ← [  a  ]
  return result  ←――――――――― α
```

解答群

| | a | b |
|---|---|---|
| ア | n × func(n − 1) | 1, 2, 6, 24, 120 |
| イ | n × func(n − 1) | 5, 20, 60, 120 |
| ウ | n × func(n − 1) | 120, 24, 6, 2, 1 |
| エ | result × func(n − 1) | 1, 2, 6, 24, 120 |
| オ | result × func(n − 1) | 5, 20, 60, 120 |
| カ | result × func(n − 1) | 120, 24, 6, 2, 1 |

## ●プログラムを読み解いて空欄を考える

このプログラムは、左ページの解説がそのまま形になっています。

**• 空欄a**

if～endifでは、再帰処理の終了条件となるn＝0を別の扱いにして、合致した場合にはresult（初期値として代入された1）を返して終了します。

空欄aは、n＞0（この関数が扱えるのは非負の整数なので）のときに行う処理F(n)＝n×F(n−1)を記述すればよいことがわかります。これは、解答群の選択肢では、**n × func(n − 1)**が該当します。

**• 空欄b**

空欄bは、関数funcがfunc(5)で呼び出されたとき、α部分のreturnで返される値が問われています。プログラム中で再帰呼出しを行っているので、func(5)→func(4)→func(3)→func(2)→func(1)→func(0)と呼び出されていったとき、最初にプログラムが終了するところからさかのぼる形で値が返されていきます。

ただし、func(0)のときはαの部分を通過せずに終了するため、func(1)が戻りの開始となり、そこから順に「1、2、6、24、120」という戻り値になります。ここで、再帰呼出しと戻り値が返される（**戻り値**①〜⑤の順にαを通過する）様子を図にすると、次のようになります。

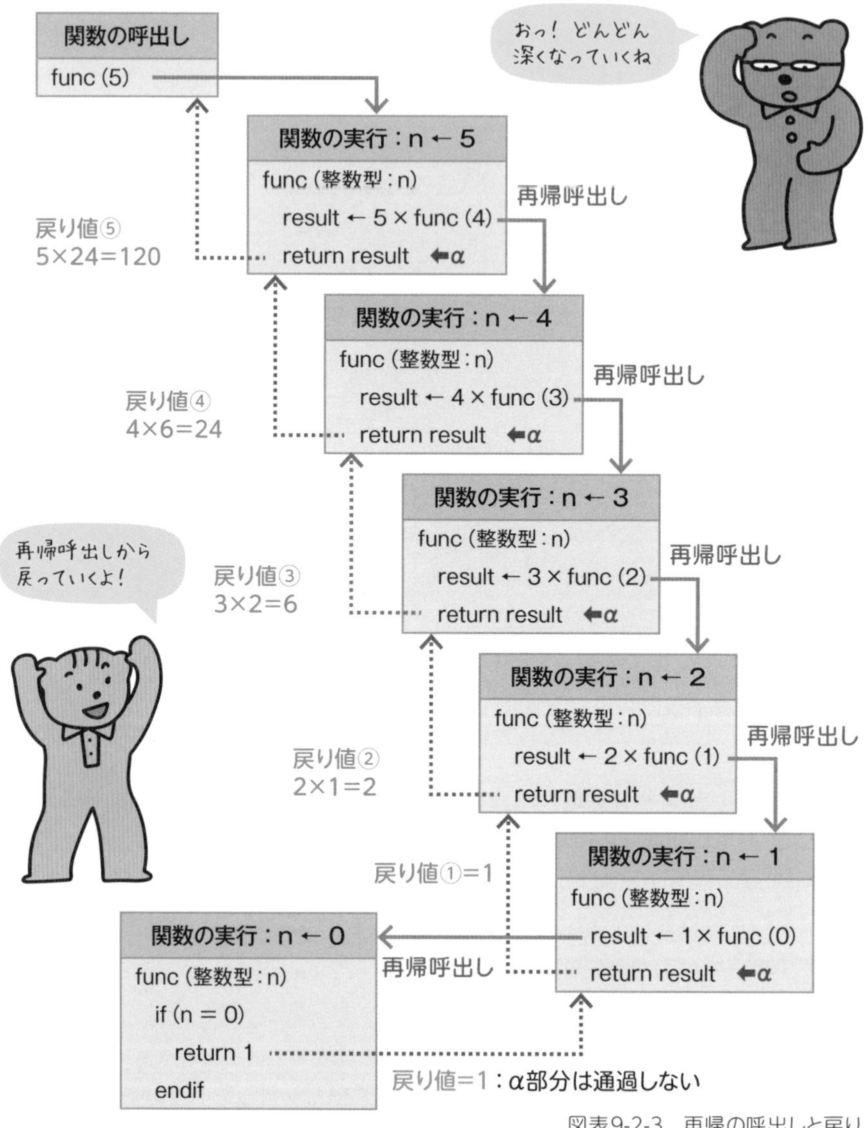


図表9-2-3　再帰の呼出しと戻り

以上の空欄の組合せから解答群を選ぶと「ア」が該当します。

〔解答　ア〕

テーマ 9-3

# 最短経路問題のアルゴリズム

最短経路問題は、2地点間に複数の経路が存在する場合に、最も短い経路とその所要時間を求めるアルゴリズムです。名称は聞いたことがなくても路線探索やカーナビなど、さまざまな用途で利用されています。

**最短経路問題**を考える際、複数の経路を単純化したグラフを用います。グラフは進める方向が決まっているものを**有向グラフ**、どちらの方向にも進めるものを**無向グラフ**といいます。また、始点と終点、および経由する地点を**ノード**と呼びます。

例えば次のような無向グラフで表された経路で、ノードⒶからノードⒸに行く経路は複数存在しています。

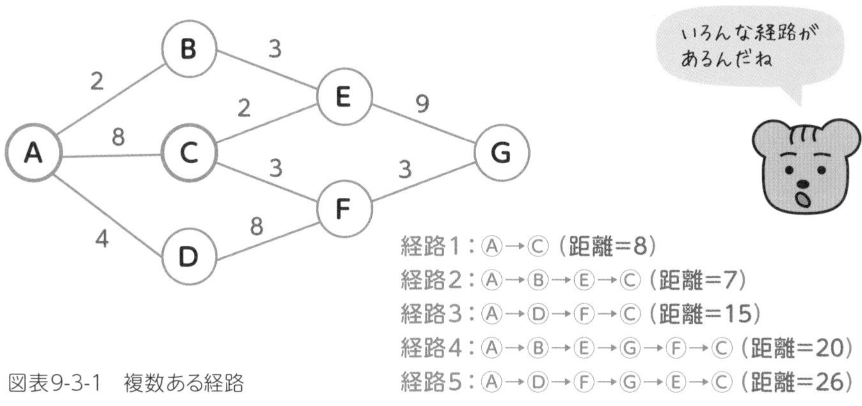


図表9-3-1　複数ある経路

このうち、最も短い経路は「Ⓐ→Ⓑ→Ⓔ→Ⓒ」ですが、「Ⓐ→Ⓒ」より多くのノードを経由します。このように、必ずしも経由するノードが少ないほうが短いとは限りません。

## 最短経路問題のスタンダード“ダイクストラ法”

**ダイクストラ法**は、グラフによって表現される始点ノードから、ほかのノードまでの最短距離を求めるアルゴリズムです。処理を開始するにあたり、各ノードごとに隣接するノードまでの距離を書き入れた一覧表を準備しておきます。また、隣接していないノードには、距離を比較するために非常に大きい仮の値（無限大∞など）を入れておきます。

上記の無向グラフを使い、最短経路を求める手順を求めてみましょう。

## ●ダイクストラ法の手順

ここでは、ダイクストラ法を使って各ノードまでの最短距離を求め、ノードⒶ→Ⓖまでの距離を算出してみましょう。各ノード間の距離はピンクの数字で示し、各ノードまでの距離をグリーンの四角で示しています。なお、距離は初期値として無限大（∞）にしておきます。また、最短経路が確定したノードは塗りつぶして示します。

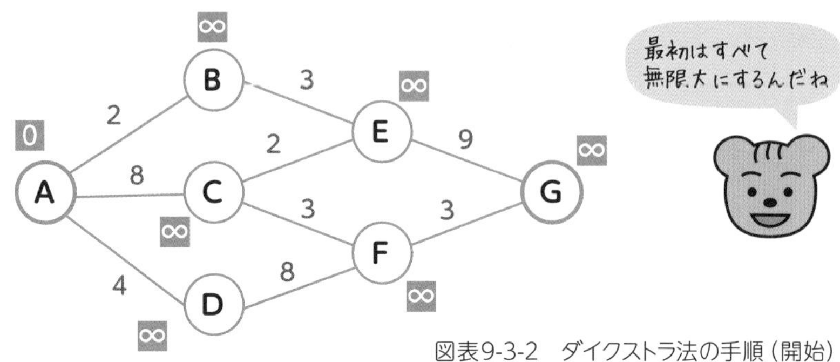


図表9-3-2　ダイクストラ法の手順（開始）

ここで、ダイクストラ法のアルゴリズムを示しておきましょう。

> ① 始点とするノードを決めて、基点ノードとする。
> ② 基点ノードに接続されているノードに距離を記入する。
> ③ 基点ノードに接続されている未確定のノードのうち、距離が最短のものを新たな基点ノードとする。
> ④ すべてのノードの経路が確定するまで、②～③を繰り返す。

まず始点はⒶなので、最初の基点とします。基点なので距離は0です（Ⓐを確定）。また、Ⓐにつながっているノードは Ⓑ、Ⓒ、Ⓓなので、それぞれ距離を記入します。

**《基点Ⓐからの距離》**

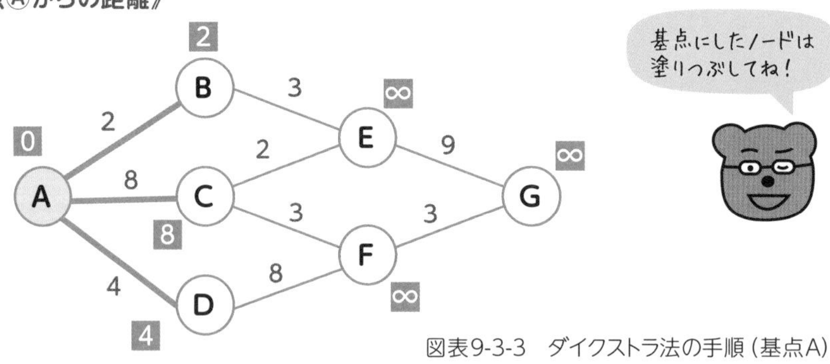


図表9-3-3　ダイクストラ法の手順（基点A）

距離を記入したら、次の基点ノードを選びます。未確定のノードのうち、距離が最短のものはⒷなので、次はここを基点としてます。Ⓑに接続されている未確定ノードはⒺのみです。また、距離を計算する際は、Ⓑまでの距離を加算します。

**《基点Ⓑからの距離》**

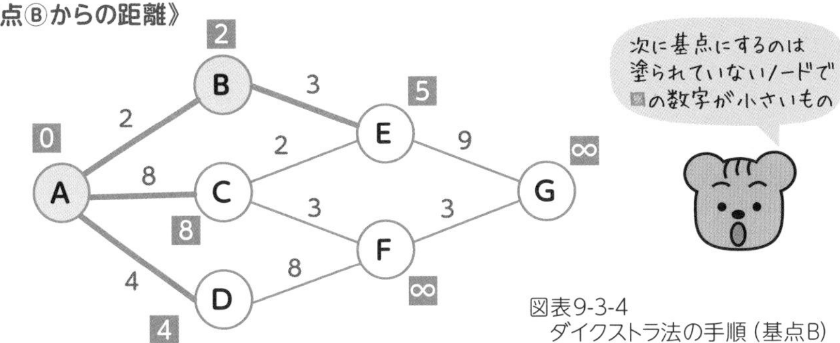


図表9-3-4
ダイクストラ法の手順（基点B）

さらに、基点をⒹに移します。接続されている未確定ノードはⒻのみです。

**《基点Ⓓからの距離》**

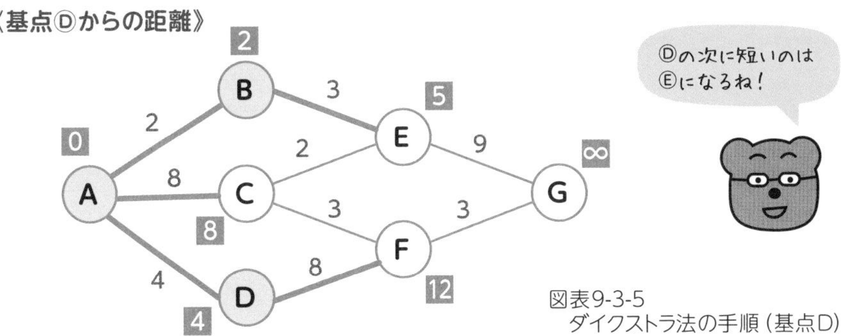


図表9-3-5
ダイクストラ法の手順（基点D）

次に距離が短い基点Ⓔは、ノードⒸとⒼにつながっているので、それぞれ距離を計算します。ノードⒸまでの距離は元の値より短くなりましたが、このときは、距離が短いものに置き換えます。

**《基点Ⓔからの距離》**

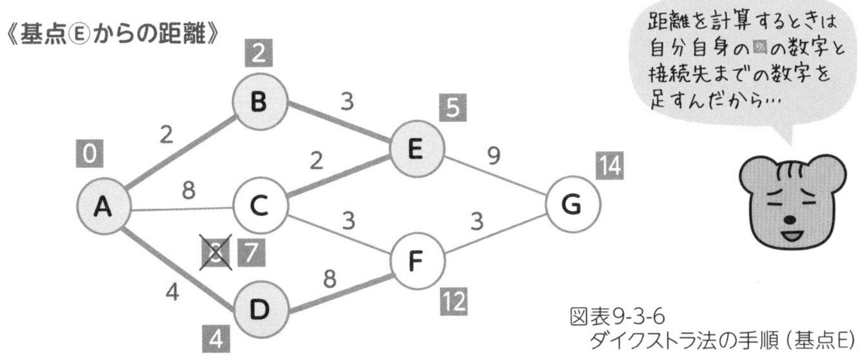


図表9-3-6
ダイクストラ法の手順（基点E）

次に基点をⓒに移して距離を計算すると、ノードⓕまでの距離が更新されます。

**《基点ⓒからの距離》**

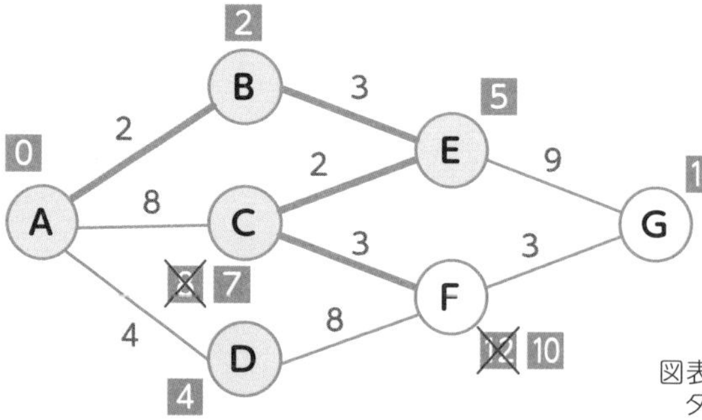

図表9-3-7
ダイクストラ法の手順（基点C）

基点をⓕに移して距離を計算すると、ノードⓖまでの距離が更新されます。

**《基点ⓕからの距離》**

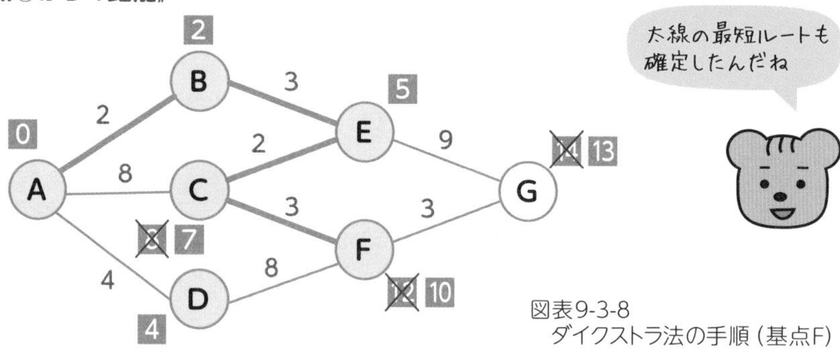


図表9-3-8
ダイクストラ法の手順（基点F）

最後に基点はⓖになりますが、ⓖのほかに未確定のノードがないためⓖも確定します。これですべてのノードが確定したので終了です。結果は、ノードⓐ→ⓖまでの距離が「13」、最短経路は図の太線をたどった「ⓐ→ⓑ→ⓔ→ⓒ→ⓕ→ⓖ」となります。

**《基点ⓖからの距離》**

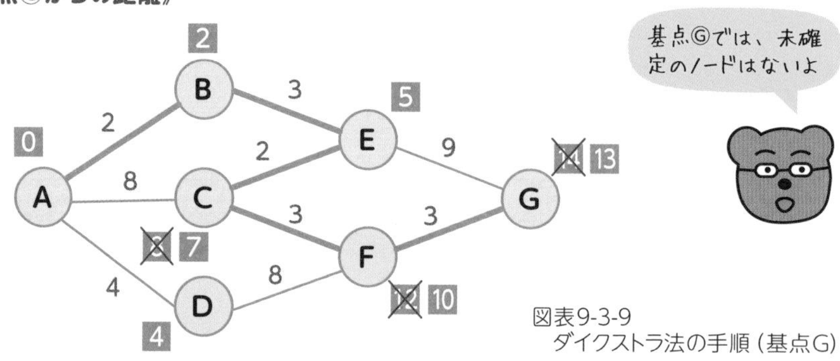


図表9-3-9
ダイクストラ法の手順（基点G）

## 「ダイクストラ法」の問題を解いてみよう

ダイクストラ法の手順を把握したら、どのようなプログラムで実現されるか、問題を解きながら見ていきましょう。この問題では、ノード間の関係を有向グラフで示しています。有向グラフでは、矢印の方向しかノード間の移動ができないので注意しましょう。

例題

### 「最短経路を求めるプログラム」

次の記述中の □ に入れる正しい答えを、解答群の中から選べ。ここで、配列の要素番号は1から始まる。

出発点から目的地までの最短経路を求める代表的なアルゴリズムにダイクストラ法がある。n個（n＞0)の地点で構成される図1のような有向グラフ(矢印で向きを示す)で表される経路図において、地点1(出発地)から地点n(目的地)に至る最短経路と最短距離を求める。なお、出発地から目的地に至る経路は必ず一つ以上存在するものとする。

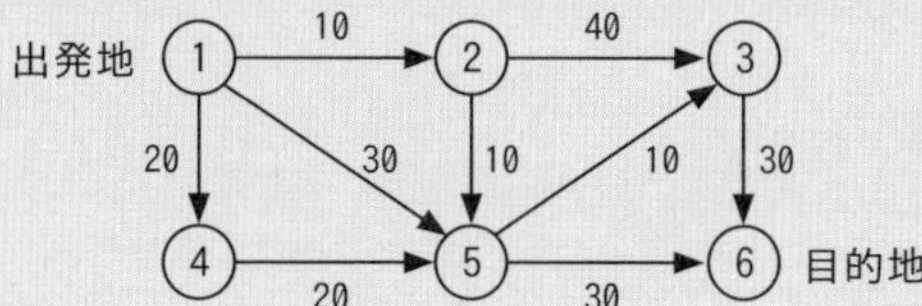


図1　経路図の例（n＝6)

関数shortestPathは、経路図の情報を二次元配列distで、地点の総数をnで受け取り、最短経路情報を配列route(要素数n)に格納するとともに、最短距離を戻り値として返す。

図1の経路図の例の場合、渡される引数の内容は次のようなものになる。

経路図の情報　二次元配列 dist

| 要素番号 | [1] | [2] | [3] | [4] | [5] | [6] ←列番号 |
|---|---|---|---|---|---|---|
| [1] | ∞ | 10 | ∞ | 20 | 30 | ∞ |
| [2] | ∞ | ∞ | 40 | ∞ | 10 | ∞ |
| [3] | ∞ | ∞ | ∞ | ∞ | ∞ | 30 |
| [4] | ∞ | ∞ | ∞ | ∞ | 20 | ∞ |
| [5] | ∞ | ∞ | 10 | ∞ | ∞ | 30 |
| [6] | ∞ | ∞ | ∞ | ∞ | ∞ | ∞ |

↑行番号

地点の総数

n | 6

最短経路情報

| 要素番号 | [1] | [2] | [3] | [4] | [5] | [6] |
|---|---|---|---|---|---|---|
| 配列 route |  |  |  |  |  |  |

注）配列要素の内容は未定義

図2　引数の例

配列dist[i,j]の値は、地点iから地点jまでの距離を表す。地点iから地点jまでの直接の経路が無い場合、地点iと地点jが等しい場合、および、進行方向と逆の場合は∞（無限大）が格納されている。

関数内では、地点1から地点iまでの最短距離を格納する配列pdist（整数型の配列、要素数n）と、最短経路を求める過程で処理済みとなった地点を識別する配列fixed（論理型の配列、要素数n）を用意する。

初期設定として、引数で受け取った配列routeのすべての配列要素を1で初期化し、配列pdistには、pdist[i]にdist[1, i]（i＝1, 2, 3, …, n）を設定する。また、配列fixedは、fixed[1]だけにtrueを設定し、その他の配列要素にはfalseを設定しておく。

これらの初期設定を行った上で、最短経路と最短距離を求める手順は次のとおりである。

(1) 処理していないすべての地点i（fixed[i]＝false）のうちで、pdist[T]が最小である地点Tを選ぶ。
(2) 地点Tを処理済み（fixed[T]←true）とする。
(3) 処理していないすべての地点i（fixed[i]＝false）に対して、
　pdist[T]＋dist[T, i]の値がpdist[i]の値より小さければ、
　pdist[T]＋dist[T, i]の値でpdist[i]を置き換える。
(4) (3)でpdist[i]の値を置き換えた場合は、route[i]にTを代入する。
(5) 処理(1)～(4)を、すべての地点が処理済みになるまで繰り返す。

関数shortestPathに与えられる引数が図2で示したものであった場合、関数実行後の配列routeの内容は{ ＿＿＿＿ }になる。

〔プログラム〕

```
○整数型: shortestPath (整数型二次元配列: dist, 整数型配列: route, 整数型: n)
  整数型配列: pdist[n]                     /* 要素数nの配列を確保 */
  論理型配列: fixed[n]                     /* 要素数nの配列を確保 */
  整数型: i, j, pos, min
```

```
for (i を 1 から n まで 1 ずつ増やす)               /* 初期設定 */
  route[i] ← 1
  pdist[i] ← dist[1, i]
  fixed[i] ← false
endfor
fixed[1] ← true

for ( i を 2 から n まで 1 ずつ増やす)  /* 最短経路と最短距離を求める */
  min ← ∞
  for (j を 2 から n まで 1 ずつ増やす)
    if (not(fixed[j]) and (pdist[j] < min))
      min ← pdist[j]
      pos ← j
    endif
  endfor
  fixed[pos] ← true
  for (j を 2 から n まで 1 ずつ増やす)
    if (not(fixed[j]) and ((pdist[pos] + dist[pos][j]) < pdist[j]))
      pdist[j] ← pdist[pos] + dist[pos][j]
      route[j] ← pos
    endif
  endfor
endfor
return pdist[n]
```

解答群

| | |
|---|---|
| ア 1, 1, 2, 1, 1, 5 | イ 1, 1, 2, 1, 2, 1 |
| ウ 1, 1, 2, 1, 2, 3 | エ 1, 1, 5, 1, 1, 3 |
| オ 1, 1, 5, 1, 1, 5 | カ 1, 1, 5, 1, 2, 5 |
| キ 1, 2, 5, 6, 1, 1 | |

## ●プログラムを読み解いて空欄を考える

プログラムでは、ダイクストラ法によって出発地から目的地までの最短経路と最短距離を求めています。アルゴリズムの詳細は問題文に詳しく説明があるので、ひととおり理解したらプログラムを対応づけながら、トレースしていきましょう。

関数shortestPathに渡される三つの引数は、問題文の図2で示されています。問題中にトレース結果が提示されているので、この値をそのまま使います。

**・二次元配列distの役割**

引数として渡される二次元配列distは、六つの地点（ノード）における距離情報が格納されています。列番号が各地点を表しており、接続されている地点には∞以外の値が格納されています。例えば出発地である“地点1”なら、二次元配列の1行目を見ます。地点1には三つの地点が接続されているので、該当する箇所を参照すれば距離情報がわかります。

**・プログラムの処理　…初期設定**

ダイクストラ法では、経路探索を行う前の準備が重要です。プログラムの「初期設定」のコメント部分では、出発地を表す「地点1」の値と引数の配列routeをセットにしています。各配列の役割と初期設定後の状態は次のようになります。

| 要素番号 | [1] | [2] | [3] | [4] | [5] | [6] | |
|---|---|---|---|---|---|---|---|
| 配列 route | 1 | 1 | 1 | 1 | 1 | 1 | …… 最短経路情報 |

| 要素番号 | [1] | [2] | [3] | [4] | [5] | [6] | |
|---|---|---|---|---|---|---|---|
| 配列 pdist | ∞ | 10 | ∞ | 20 | 30 | ∞ | …… 地点1から地点 i までの最短距離 |

| 要素番号 | [1] | [2] | [3] | [4] | [5] | [6] | |
|---|---|---|---|---|---|---|---|
| 配列 fixed | true | false | false | false | false | false | …… 処理済み（確定済み）かどうかの判定用 |

配列fixedは、確定した地点かどうかを判定するための配列です。出発点を示す要素番号[1]は、最初から確定しているので“true”にしておきます。

**・プログラムの処理 …経路探索**

最短経路は次の手順で求めます。これはp.250の手順をプログラムにした形です。

(1) 処理していないすべての地点 i (fixed[ i ]=false)のうちで、pdist[T]が最小である地点Tを選ぶ。
(2) 地点Tを処理済み(fixed[T]←true)とする。
(3) 処理していないすべての地点 i (fixed[i]=false)に対して、pdist[T]+dist[T, i]の値がpdist[i]の値より小さければ、pdist[T]+dist[T, i]の値でpdist[i]を置き換える。
(4) (3)でpdist[i]の値を置き換えた場合は、route[i]にTを代入する。
(5) 処理 (1)〜(4)を、すべての地点が処理済みになるまで繰り返す。

プログラムでは、上記の手順 (1)〜(2)を次の部分で行っています。for〜endforでpdist[2]〜pdist[n]の要素を対象としているのは、未確定の地点ということです。

```
min ← ∞                                       …minの初期値として“∞”を入れる
for (j を 2 から n まで 1 ずつ増やす)          …pdist[2]〜pdist[n]の要素が対象
  if (not(fixed[j]) and (pdist[j] < min))     …未確定の地点の中で
    min ← pdist[j]                             最小値なのかを判定
    pos ← j                                   …最小値である地点Tをposに保存
  endif
endfor
fixed[pos] ← true                             …地点T(posの値)を処理済みにする
```

問題文の説明で使用されている地点Tは、プログラムでは変数posの値として保持されています。また、not(fixed[ j ])の条件は、fixed[ j ]の値が“false”、つまり未確定のとき“true”になります。この処理が最初に実行された後のposの値は2になるので、fixed[2]に“true”が代入されます。

| 要素番号 | [1] | [2] | [3] | [4] | [5] | [6] |
|---|---|---|---|---|---|---|
| 配列 pdist | ∞ | 10 | ∞ | 20 | 30 | ∞ |

min 10

| 要素番号 | [1] | [2] | [3] | [4] | [5] | [6] |
|---|---|---|---|---|---|---|
| 配列 fixed | true | true | false | false | false | false |

pos 2

さらに、手順 (3)〜(4)は、プログラムの次の部分が該当します。処理の目的は、

「直前に確定した地点posを経由して地点ｊまで進んだ距離が、それまでにpdist[ j ]に格納されていた距離より短かければpdist[ j ]を置き換えること」。さらに、「経由した地点posをroute[ j ]に保存しておくこと」です。

```
for (j を 2 から n まで 1 ずつ増やす)
  if (not(fixed[j]) and ((pdist[pos] + dist[pos][j]) < pdist[j]))
    pdist[j] ← pdist[pos] + dist[pos][j]    …地点posを経由して
                                               地点jまで進んだ
                                               距離に置換
    route[j] ← pos    …経由した地点posを
                        route[j]に保存
  endif
endfor
```

上記の処理が最初に実行された後の配列内容は、次のようになります。

| 要素番号 | [1] | [2] | [3] | [4] | [5] | [6] |
|---|---|---|---|---|---|---|
| 配列 pdist | ∞ | 10 | 50 | 20 | 20 | ∞ |

| 要素番号 | [1] | [2] | [3] | [4] | [5] | [6] |
|---|---|---|---|---|---|---|
| 配列 route | 1 | 1 | 2 | 1 | 2 | 1 |

外側のループ for（ｉ を２からｎまで１ずつ増やす）～endforが１回実行されるたびに一つの地点posが確定するため、これ4をｎ個の地点すべてが確定するまで繰り返します。これが、前ページの手順（5）に該当します。

**・ループ2回目（ｉ＝3）**

ここからは、ループの回数ごとの配列内容の変化を図で示していきましょう。ループ２回目では、地点４の最短経路が確定します。

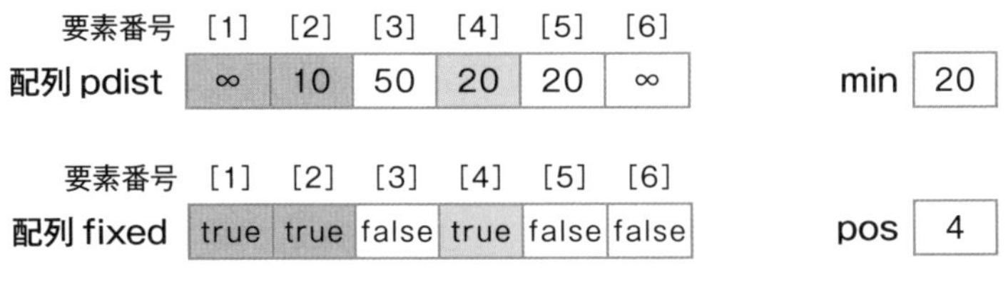

| 要素番号 | [1] | [2] | [3] | [4] | [5] | [6] |
|---|---|---|---|---|---|---|
| 配列 pdist | ∞ | 10 | 50 | 20 | 20 | ∞ |

min 20

| 要素番号 | [1] | [2] | [3] | [4] | [5] | [6] |
|---|---|---|---|---|---|---|
| 配列 fixed | true | true | false | true | false | false |

pos 4

**配列pdist、配列route　変更なし**

**・ループ3回目（ｉ＝4）**

ループ３回目では、地点５の最短経路が確定します。また、配列pdistと配列routeの値が変更されます。

| 要素番号 | [1] | [2] | [3] | [4] | [5] | [6] | | |
|---|---|---|---|---|---|---|---|---|
| 配列 pdist | ∞ | 10 | 50 | 20 | 20 | ∞ | min | 20 |

| 要素番号 | [1] | [2] | [3] | [4] | [5] | [6] | | |
|---|---|---|---|---|---|---|---|---|
| 配列 fixed | true | true | false | true | true | false | pos | 5 |

| 要素番号 | [1] | [2] | [3] | [4] | [5] | [6] |
|---|---|---|---|---|---|---|
| 配列 pdist | ∞ | 10 | 30 | 20 | 20 | 50 |

| 要素番号 | [1] | [2] | [3] | [4] | [5] | [6] |
|---|---|---|---|---|---|---|
| 配列 route | 1 | 1 | 5 | 1 | 2 | 5 |

**・ループ4回目（ｉ＝5）**

ループ４回目では、地点３の最短経路が確定します。

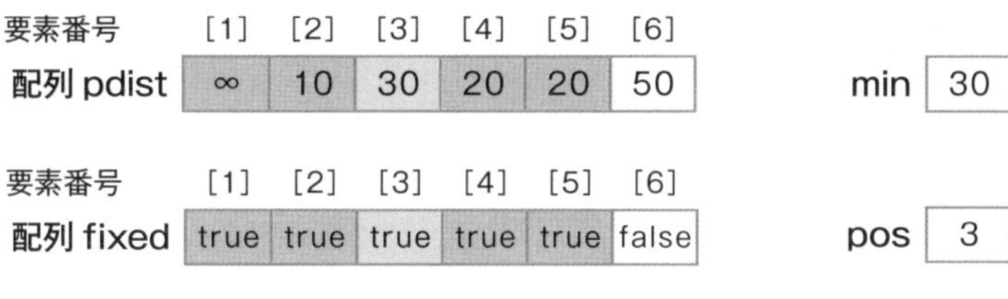

| 要素番号 | [1] | [2] | [3] | [4] | [5] | [6] | | |
|---|---|---|---|---|---|---|---|---|
| 配列 pdist | ∞ | 10 | 30 | 20 | 20 | 50 | min | 30 |

| 要素番号 | [1] | [2] | [3] | [4] | [5] | [6] | | |
|---|---|---|---|---|---|---|---|---|
| 配列 fixed | true | true | true | true | true | false | pos | 3 |

配列pdist、配列route　変更なし

**・ループ5回目（ｉ＝6）**

ループ５回目では、地点６の最短経路が確定します。

| 要素番号 | [1] | [2] | [3] | [4] | [5] | [6] | | |
|---|---|---|---|---|---|---|---|---|
| 配列 pdist | ∞ | 10 | 30 | 20 | 20 | 50 | min | 50 |

| 要素番号 | [1] | [2] | [3] | [4] | [5] | [6] | | |
|---|---|---|---|---|---|---|---|---|
| 配列 fixed | true | true | true | true | true | true | pos | 6 |

配列pdist、配列route　変更なし

以上で地点すべての最短距離が確定し、配列routeの内容は下図の形になります。

また、目的地（地点6）までの最短距離は**50**に、最短経路は配列routeの要素番号6から逆にたどったもので、**地点1→地点2→地点5→地点6**になります。

| 要素番号 | [1] | [2] | [3] | [4] | [5] | [6] |
|---|---|---|---|---|---|---|
| 配列 route | 1 | 1 | 5 | 1 | 2 | 5 |

〔解答　カ〕

テーマ 9-4

# 逆ポーランド記法のアルゴリズム

逆ポーランド記法(後置表記法)は、「情報に関する理論」に含まれるテーマです。数式表現の一つで、括弧を使わずに演算の優先順位を表せることから、コンピュータ内部で計算を行うときに利用されます。

式を表現する場合、演算子を中間におくのが一般的です(これを中置表記法といいます)。これに対してコンピュータに式の値を計算させるには、計算の優先順位を示す括弧がないほうがアルゴリズムは簡単になります。**逆ポーランド記法**は、演算子を被演算子の後ろに置いて表す方法で、**後置表記法**とも呼ばれています。

## 「逆ポーランド記法」で式を表現すると?

逆ポーランド記法では、例えば“a＋b”なら、“ab＋”と表記されます。また、括弧がある数式は、次のように省いて記述します。

| 一般の数式表現(中置表記法) | 逆ポーランド記法(後置表記法) |
|---|---|
| a＋b | ab＋ |
| a×(b－c) | abc－× |
| (a＋b)×(c－d) | ab＋cd－× |

図表9-4-1　逆ポーランド記法による記述

### ●逆ポーランド記法の数式を元に戻すには?

逆ポーランド記法で表現した式は、通常の式に戻すこともできます。手順は下図のとおりで、ルールとしては、「演算子は直前の二つの項にかかる」、「演算子は左から処理する」の2点です。

**手順1**　A B C D ÷ ＋ －　…左端の演算子を直前の二つにかけて括弧を付ける

**手順2**　A B (C÷D) ＋ －　…上記の部分をひとまとまりと考え同じ手順を行う

**手順3**　A (B＋(C÷D)) －　…さらに同様の手順を続ける

**手順4**　A－(B＋(C÷D))　…処理すべき演算子がなくなったら終了

図表9-4-2　逆ポーランド記法の記述を戻す手順

## 「逆ポーランド記法」の問題を解いてみよう

具体的な問題を解いて、「逆ポーランド記法」に慣れていきましょう。

例題

### 「逆ポーランド記法」

次のプログラム中の [ a ] と [ b ] に入れる正しい答えの組合せを、解答群の中から選べ。

後置表記法（逆ポーランド表記法 : Reverse Polish Notation）で表現された整数式を受け取って、その値を返すプログラムである。後置表記法では、演算で使用する二つのオペランドを演算子の前に記述する。

例えば、(a−b)×(c+d)÷eの式を後置表記法で表現すると次のようになる。

式　　　　　: (a − b) × ( c + d ) ÷ e
後置表記法　: a b − c d + × e ÷

関数calcRPNは、後置表記法で表現された整数式を引数formulaで受け取り、計算した結果を返す。引数formulaは文字列型であり、オペランド（被演算子、演算の対象となる値）とオペランド、および、オペランドと演算子は、空白文字で区切られている。例えば、「(10 − 5) × (3 + 4) ÷ 6」の式の場合、引数formulaには次の形式でデータが渡され、計算結果5を返す。

文字列型 : formura [ 10 △ 5 △ − △ 3 △ 4 △ + △ × △ 6 △ ÷ ]

注記）△は空白文字を表す

指定される演算子の種類は、+（加算）、−（減算）、×（乗算）、÷（除算）の4種類だけであり、除算の場合は計算結果の小数点以下を切り捨てる。

文字列型からトークン（オペランドや演算子）を取り出すために、クラスStringTokenを用いる。また、後置表記法の数式の演算を行うには、クラスStackを利用する。クラスStringTokenとクラスStackの説明を図1、図2に示す。

| メンバ変数 | 戻り値 | 説明 |
|---|---|---|
| hasNext() | 論理型 | 文字列の中に、次に取り出せるトークンが存在する場合はtrue、存在しない場合はfalseを返す。 |
| next() | 文字列型 | 次のトークンを取り出して返す。<br>例）文字列が"abc,de,f"で、区切り文字が","とすると、このメソッドが実行されるたびに、<br>"abc"→"de"→"f"の順に取り出される。 |

| コンストラクタ | 説明 |
|---|---|
| StringToken(文字列型: str, 文字列型: delim) | 文字列strに対するStringTokenを作成する。delimは、トークンを区切るための区切り文字として使用する。 |

図1 クラスStringTokenの説明

| メンバ変数 | 戻り値 | 説明 |
|---|---|---|
| push(整数型: e) | なし | スタックに引数eの値を追加する。 |
| pop() | 整数型 | スタックから値を取り出して返す。取り出された要素はスタックから削除される。 |

| コンストラクタ | 説明 |
|---|---|
| Stack() | スタックを初期化する。 |

図2 クラスStackの説明

また、文字列が数字だけで構成されてるかの判定には関数isNumericを、文字列型から整数への変換には関数parseIntを用いる。

| 関数 | 戻り値 | 説明 |
|---|---|---|
| isNumeric(文字列型: str) | 論理型 | 引数strが数字だけで構成されている場合はtrue、そうでない場合はfalseを返す。 |
| parseInt(文字列型: str) | 整数型 | 引数strを10進数と解釈して、整数に変換して返す。 |

図3 関数isNumericと関数parseInt

〔プログラム〕

```
○整数型: calcRPN(文字列型: formula)
  StringToken: strtok
  Stack: stack
  文字列型: token
  整数型: op1, op2

  strtok ← StringToken(formula," ")  /* 区切り文字に空白文字を指定 */
  stack ← Stack()
  while (strtok.hasNext())
    token ← strtok.next()
    if (isNumeric(token))
    [    a    ]
    else
    [    b    ]
    endif
  endwhile
  return stack.pop()
```

```
○整数型: compute(整数型: op1, 整数型: op2, 文字列型: operator)
  if (operator が "＋" と一致する)
    return (op1 ＋ op2)
  elseif (operator が "－" と一致する)
    return (op1 － op2)
  elseif (operator が "×" と一致する)
    return (op1 × op2)
  else
    return (op1 ÷ op2) の商
  endif
```

解答群

| | a | b |
|---|---|---|
| ア | stack.push(parseInt(token)) | op1 ← stack.pop()<br>op2 ← stack.pop()<br>stack.push(compute(op1, op2, token)) |
| イ | stack.push(parseInt(token)) | op2 ← stack.pop()<br>op1 ← stack.pop()<br>stack.push(compute(op1, op2, token)) |
| ウ | op1 ← parseInt(token)<br>stack.push(op1) | op2 ← stack.pop()<br>stack.push(compute(op1, op2, token)) |
| エ | op2 ← parseInt(token)<br>stack.push(op2) | op1 ← stack.pop()<br>stack.push(compute(op1, op2, token)) |
| オ | op1 ← stack.pop()<br>op2 ← stack.pop()<br>stack.push(compute(op1, op2, token)) | stack.push(parseInt(token)) |
| カ | op2 ← stack.pop()<br>op1 ← stack.pop()<br>stack.push(compute(op1, op2, token)) | stack.push(parseInt(token)) |

## ●プログラムの機能を整理する

この問題は、後置表記法で表現された整数式を引数で受け取り、計算した結果を返す関数calcRPNのアルゴリズムを完成させるというものです。プログラムには二つの関数が含まれており、関数calcRPNから関数computeを呼び出す形になっています。

関数calcRPNの引数formulaで受け取る整数式は文字列型で、オペランドとオペランド、およびオペランドと演算子が、空白文字で区切られています。オペランドとは、演算の対象となる値を指します。また、問題文では空白文字を白三角で表しています。

例えば、引数の値と取り出す値の関係は次のようになります。

"10△5△－△3△4△＋△×△6△÷"

↓

"10" → "5" → "－" → "3" → "4" → "＋" → "×" → "6" → "÷"
→ (次に取り出す要素なし)

この処理を行うためには、クラスStringTokenを利用します。

**・クラスStringTokenの機能**

クラスStringTokenは、コンストラクタにより対象の文字列と区切り文字として使う文字列を受け取り、hasNextメソッドで次に取り出す文字列があるかどうかを判定します。また、nextメソッドによって次のトークンを取り出します。ここでは、文字列を**トークン**と呼んでいます。関連する処理を抜粋してみましょう。

```
〔プログラムの抜粋〕
  StringToken: strtok
    ⋮
  strtok ← StringToken(formula," ")   …StringTokenのインスタンスを生成
  stack ← Stack()
  while (strtok.hasNext())            …トークンが存在している間、繰り返す
    token ← strtok.next()             …次のトークンを取り出す
     取り出したトークンに対する処理を行う
  endwhile
```

そのほか、取り出したトークン(文字列)がオペランド(演算の対象となる値)なのか、演算子なのかを判定するために、**関数isNumeric**が用意されています。また、取り出したトークンがオペランドであった場合、文字列型のデータを整数に変換するためには、**関数parseInt**を利用します。

## ●スタックを使った逆ポーランド記法の計算

それでは、逆ポーランド記法の計算アルゴリズムを考えていきましょう。プログラムの最後の行で、戻り値として"stack.pop()"が返されていることから、計算にはスタック(Stackクラス)を利用していることがわかります。ここで、計算手順をまとめると次のようになります。

① 取り出したトークンがオペランドの場合、それをスタックにpushする。
② 取り出したトークンが演算子の場合、スタックからオペランドを二つ取り出し（popする）、指定された演算を行って、その結果をスタックにpushする。
③ 次に取り出すトークンが無くなるまで①～②の処理を繰り返す。最後にスタックに残っている値が式の計算結果となる。

問題文の説明と例示から、式 "10△5△－△3△4△＋△×△6△÷" に対して、この手順を適用したときのスタックの内容の変化を見ていきましょう。図中では、オレンジの部分が取り出されるトークンを表しています。

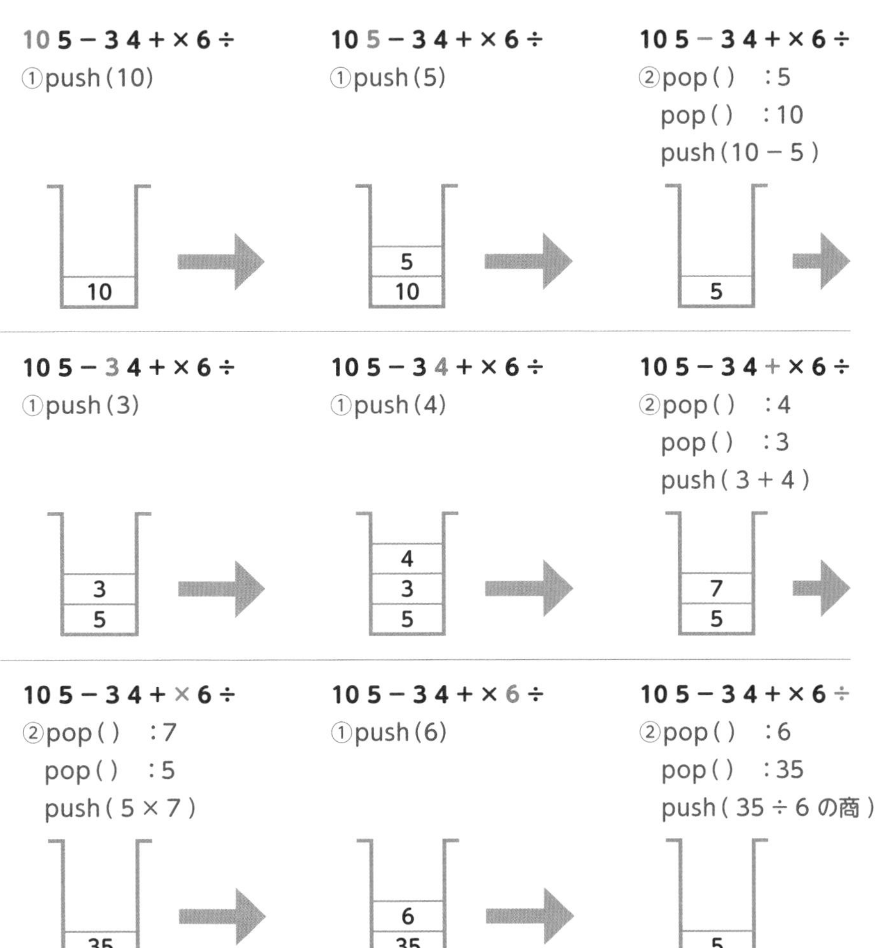

## ●空欄を考える

スタックによる処理を把握したら、プログラムと照らし合わせていきましょう。

- **空欄a …トークンが数字だけで構成されている**

条件isNumeric(token)がtrueの場合に実行されます。関数isNumericの戻り値がtrueになるのは、引数が数字だけで構成されている場合ですから、tokenはオペランドです。この場合は前ページの①の処理を行えばよいため、tokenを数値に変換しparseInt(token)、これをスタックにプッシュします。したがって空欄aには、**stack.push(parseInt(token))**が入ります。

- **空欄b …トークンが数字以外も含んでいる**

空欄bは、tokenが演算子であるときに実行されます。前ページの②の処理を行えばよいため、「スタックからオペランドを二つ取り出し（popする）、指定された演算を行って、その結果をスタックにpushする」処理を記述します。

演算処理は、関数computeで行います。関数側を見ると、引数としてop1、op2、operatorを指定しています。処理を行っているif〜endifを見ると、op1、op2の値をoperatorの内容によって振り分けて演算しています。

このとき注意しなければならないのは、演算子が"－"、または、"÷"の場合です。関数computeを実行すると、引数op1、op2を使って、op1－op2、または、op1÷op2の商が戻り値として返されます。このため、先にスタックから取り出したものをop2、後で取り出したものをop1としなければ、正しく計算できません。

したがって、空欄bは、次のように処理するのが適切です。

```
op2 ← stack.pop()
op1 ← stack.pop()
stack.push(compute(op1, op2, token))
```

以上より、空欄a、bの組合せは、「イ」が該当します。

〔解答　イ〕

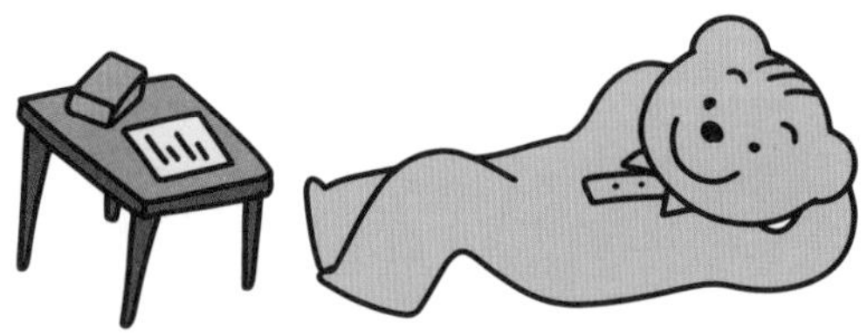

# 第9章　確認問題

**問**　次のプログラム中の [　　　] に入れる正しい答えを、解答群の中から選べ。二つの [　　　] には、同じ答えが入る。ここで、配列の要素番号は1から始まる。

Unicodeの符号位置を、UTF-8の符号に変換するプログラムである。本問で数値の後ろに"(16)"と記載した場合は、その数値が16進数であることを表す。

Unicodeの各文字には、符号位置と呼ばれる整数値が与えられている。UTF-8は、Unicodeの文字を符号化する方式の一つであり、符号位置が800(16)以上FFFF(16)以下の文字は、次のように3バイトの値に符号化する。

3バイトの長さのビットパターンを1110xxxx 10xxxxxx 10xxxxxxとする。ビットパターンの下線の付いた"x"の箇所に、符号位置を2進数で表した値を右詰めで格納し、余った"x"の箇所に、0を格納する。この3バイトの値がUTF-8の符号である。

例えば、ひらがなの"あ"の符号位置である3042(16)を2進数で表すと11000001000010である。これを、上に示したビットパターンの"x"の箇所に右詰めで格納すると、1110xx11 10000001 10000010となる。余った二つの"x"の箇所に0を格納すると、"あ"のUTF-8の符号11100011 10000001 10000010が得られる。

関数encodeは、引数で渡されたUnicodeの符号位置をUTF-8の符号に変換し、先頭から順に1バイトずつ要素に格納した整数型の配列を返す。encodeには、引数として、800(16)以上FFFF(16)以下の整数値だけが渡されるものとする。

〔プログラム〕

```
○整数型の配列: encode(整数型: codePoint)
  /* utf8Bytesの初期値は，ビットパターンの"x"を全て0に置き換え，
     8桁ごとに区切って，それぞれを2進数とみなしたときの値 */
  整数型の配列: utf8Bytes ← {224, 128, 128}
  整数型: cp ← codePoint
  整数型: i
  for (i を utf8Bytes の要素数 から 1 まで 1 ずつ減らす)
    utf8Bytes[i] ← utf8Bytes[i] + (cp ÷ [　　　] の余り)
    cp ← cp ÷ [　　　] の商
  endfor
  return utf8Bytes
```

解答群

| | | | | | |
|---|---|---|---|---|---|
| ア | ((4 − i)×2) | イ | (2の(4 − i)乗) | ウ | (2のi乗) |
| エ | (i× 2) | オ | 2 | カ | 6 |
| キ | 16 | ク | 64 | ケ | 256 |

出典：2022年12月公開　基本情報技術者試験 科目Bサンプル問題 問16

## 問　Unicode→UTF-8の符号変換

2進数の文字コード（Unicode）を別の体系の文字コード（UTF-8）に変換する問題です。元のビットパターンと変換するビットパターンでは桁数が異なるので、変換に必要な桁数をどのように取り出すかが問われています。

下図に、二つのコード体系のビットパターンと変換処理の概要を示します。

**●コード体系**

| | | | | | |
|---|---|---|---|---|---|
| Unicode　3042(16) | 0 0 1 1 | 0 0 0 0 | 0 1 0 0 | 0 0 1 0 | …2バイト |
| UTF-8 | 1 1 1 0 x x x x | 1 0 x x x x x x | 1 0 x x x x x x | | …3バイト |

**●変換処理の概要**

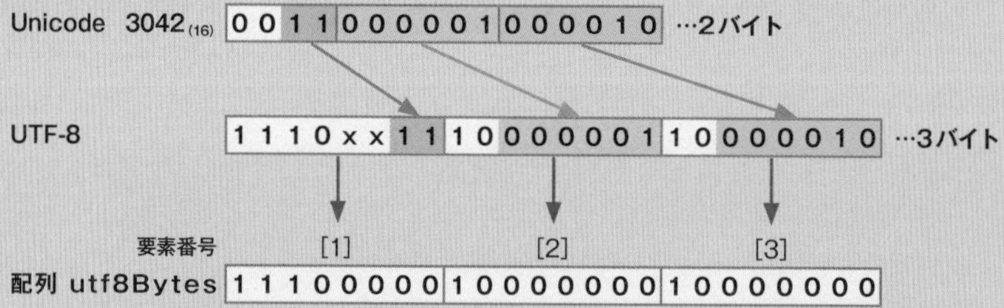


まず、二つのコード体系は、それぞれ長さが2バイトと3バイトで異なっています。そこで、UTF-8では長さの差を埋めるため、あらかじめ8ビット分の固定ビットを設けています。変換は、「変換処理の概要」で示すとおり、Unicodeを下位から6ビット、6ビット、2ビットに分け、それぞれをUTF-8を構成する8ビットの配列utf8Bytesに振り分けて格納します。なお、それぞれに格納する方法は、ビット操作を行うのではなく、utf8Bytesの元の値に加算する方法です。utf8Bytesにはあらかじめ決められた固定ビットになるように値（要素番号の順に224、128、128）が格納されています。

**●処理のポイント**

プログラムの処理を確認すると、配列utf8Bytesに格納する処理をfor〜endforのループ中で行っています。配列の要素は三つなので処理は3回行うのですが、注意したいのは、要素番号3、2、1と逆順に行っていることです。これは、Unicodeから6ビットずつ取り出すために「割り算の余り」を利用しているからです。つまり下位のビットパターンから取り出すため、配列への格納を要素番号の大きいほうから行っているのです。

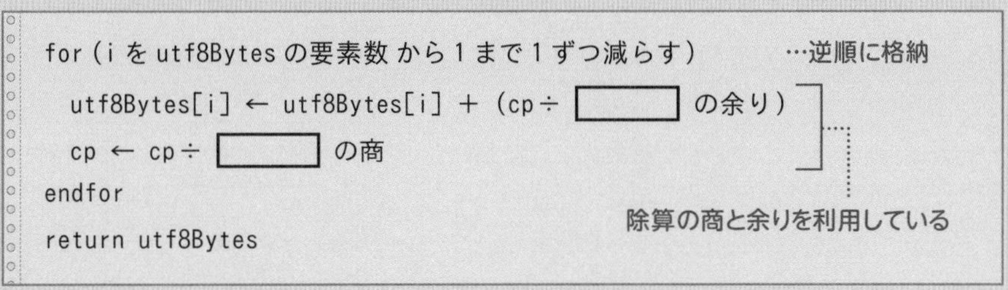


**●空欄を考える**

選択肢を見ると空欄の目安が付きますが、「元のビットパターンを何で割るか」がポイントです。さて、ここで思い出したいのは、p.238の「シフト演算を組み合わせる“ビット列の分割”」です。6ビット分右シフトを行えば、Unicodeから6ビットずつ取り出せます。右シフトは$2^n$で割ることですから6ビットなら$2^6$、つまり10進数の64で割るということです。問題のUnicode3042(16)なら、64で割った余りをutf8Bytesの要素に加算すれば、ビットパターン“10”(10進数の2)を格納したことになります。

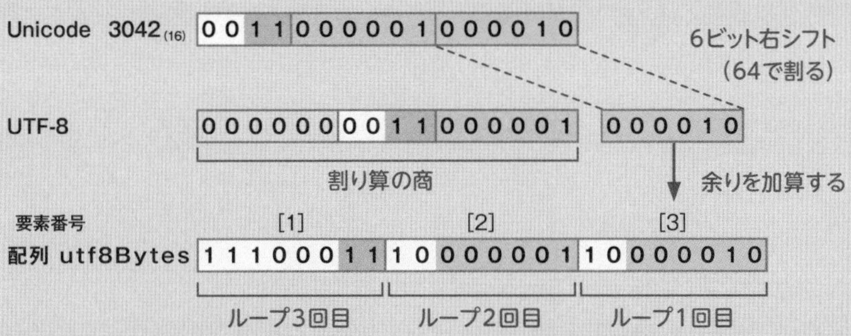


なお、右シフトとして考えるとループ3回目は6ビットに満たないのですが、実際の処理は除算をしているので1回目、2回目の処理と同様に扱うことができます。また、問題文の記述「余った“x”の箇所に、0を格納する」については、ビットパターンを値として扱っているので0で埋まります。

**解答** ク

■記号■



■英字■



■あ■



■か■



■さ■



■た■

●イエローテールコンピュータ
情報処理試験対策用の参考書や問題集をはじめ、IT関連書籍などの企画・執筆を幅広く手がける。
著書：「基本情報技術者 合格教本」(共著)、「基本情報技術者の新よくわかる教科書」、「基本情報技術者試験によくでる問題集【午前】」、「基本情報技術者 試験によくでる問題集【午後】」(共著) 技術評論社

●監修：角谷一成（かどたにかずなり）
イーアイエスプランニング代表。システムエンジニア、コンピュータ専門学校講師等を経て、教育支援&ソフトウェア開発会社を設立。情報処理技術者試験対策をはじめ、ネットワーク関連、プログラミングなど、主に企業向け研修を担当。
著書：「基本情報技術者 合格教本」(共著)、「基本情報技術者 試験によくでる問題集【午後】」(共著) 技術評論社

●カバーデザイン……………………渡辺 ひろし・小島 トシノブ
●カバー・本文イラスト……………渡辺 ひろし
●本文デザイン………………………渡辺 ひろし
●担当…………………………………熊谷 裕美子

基本情報技術者【科目B】
ゼロからわかるアルゴリズムと擬似言語

2023年　4月 8日　初版　第1刷発行
2024年　4月16日　初版　第2刷発行

著　者　イエローテールコンピュータ
監　修　角谷一成
発行者　片岡 巌
発行所　株式会社技術評論社
東京都新宿区市谷左内町21-13
電話　03-3513-6150　販売促進部
　　　03-3513-6166　書籍編集部

印刷／製本　昭和情報プロセス株式会社

定価はカバーに表示してあります。



造本には細心の注意を払っておりますが、万一、乱丁(ページの乱れ)や落丁(ページの抜け)がございましたら、小社販売促進部までお送りください。送料小社負担にてお取り替えいたします。

ISBN978-4-297-13447-1 C3055
Printed in Japan

●問い合わせについて

本書に関するご質問は、FAXか書面でお願いいたします。電話での直接のお問い合わせにはお答えできませんので、あらかじめご了承ください。また、下記のWebサイトでも質問用フォームを用意しておりますので、ご利用ください。

ご質問の際には、書籍名と質問される該当ページ、返信先を明記してください。メールをお使いになられる方は、メールアドレスの併記をお願いいたします。

お送りいただいたご質問には、できる限り迅速にお答えするよう努力しておりますが、場合によってはお時間をいただくこともございます。なお、ご質問は、本書に記載されている内容に関するもののみとさせていただきます。

◆問い合わせ先
〒162-0846
東京都新宿区市谷左内町21-13
株式会社技術評論社　書籍編集部
「ゼロからわかるアルゴリズムと擬似言語」係
FAX：03-3513-6183
Web：https://gihyo.jp/book

なお、ご質問の際に記載いただいた個人情報は質問の返答以外の目的には使用いたしません。また、質問の返答後は速やかに削除させていただきます。